輕鬆學Google雲端應用

第5版

全華研究室 編著

導讀

我們常常在學習中，得到想要的知識，並讓自己成長；學習應該是快樂的，學習應該是分享的。本書要將學習的快樂分享給你，讓你能在書中得到成長，本書共分為11章，每章都是一個獨立的主題，可以依據需求選擇要閱讀的內容。

若你是一位新手，建議從頭到尾的先把書的內容看過一次，先讓自己對Google的各種雲端應用有些概念，有了概念後再去挑選要閱讀的章節。本書精選了Google各大服務中必學的功能，你可以在電腦及行動裝置中，善用Google雲端工具，輕鬆運用在工作與生活。

善用Google

學習如何建立Google帳戶、Google Chrome及Google搜尋的使用。

Gmail

免費又好用的電子郵件信箱，可以隨時追蹤信件，杜絕垃圾郵件。

雲端硬碟與相簿

免費儲存空間，可以處理檔案、瀏覽檔案內容、管理檔案及共用檔案。

文件

不用安裝軟體，即可在雲端上處理文件、試算表、簡報等，還可以多人雲端共同編輯。

表單

可以輕鬆又快速的完成一份線上問卷調查表，還會自動整理出問卷統計結果及分析。

日曆

輕鬆掌握生活中所有行程，還能加上待辦事項提醒。

網際網路為人類社會帶來了前所未有的便利，同時也衍生出許多資訊安全上的問題，駭客的攻擊手法可說是花招百出，防不勝防。因此，在使用網路時必須加強對「資訊安全」的認知，了解駭客常用的攻擊手法，以防範駭客攻擊，確保電腦系統與資料不被破壞或竊取，才能無虞享受資訊生活帶來的便利。

全華研究室

Meet

無論是視訊會議還是線上教學都能輕鬆完成。

YouTube

可以上傳、觀看與分享影片，讓生活更有趣。

協作平台

輕輕鬆鬆就能建置個人、團隊及企業網站。

翻譯

網頁全文翻譯、即時口譯、圖片翻譯、即時鏡頭翻譯，再也不用擔心語言不通了。

地圖

尋找地點、美食、飯店、行程規劃、語音導航、實景導航、時間軸記錄、分享位置資訊等，地圖都能做得到。

目錄

CH01 善用Google

CH02 電子郵件─Gmail

CH03 雲端硬碟與相簿

目錄

CH05 雲端問卷—表單

CH06 隨身行事曆—日曆

CH07 視訊會議—Meet

CH08
影音平台—YouTube

CH09
網站建置—協作平台

目錄

CHAPTER 01

善用Google

1-1 Google帳戶

擁有Google帳戶，可以使用Gmail、YouTube、雲端硬碟、文件、相簿、日曆、地圖、Meet、Google Play等各項服務。

1-1-1 建立Google帳戶

要使用Google所提供的各項服務時，必須要有一個Google帳戶，才能在Google的各項服務中暢行無阻。

建立Google帳戶時，只要開啓瀏覽器軟體(IE、Microsoft Edge或Google Chrome等)，進入Google的**建立帳戶頁面**(https://accounts.google.com/signup)中，輸入帳戶相關資訊，即可依照步驟建立專屬的Google帳戶。

在建立帳戶時，若使用者名稱有重複，Google會提醒你更換。設定密碼時，密碼的長度至少要8個以上英數字的組合，以確保帳戶的安全。

1-1-2 編輯帳戶

Google帳戶建立好後，若要編輯帳戶時，只要按下右上角的使用者圖示，於選單中點選**管理你的Google帳戶**，即可進行帳戶的相關設定。

在**Google帳戶**頁面中，可以進行個人資訊、資料和個人化、安全性、使用者和分享內容、付款和訂閱等設定。

1-1-3 帳戶安全性設定

在使用網路時不可不重視資訊安全的問題，Google提供了登入及安全性設定，來確保帳戶安全。要設定時，只要進入**安全性**選項中，即可進行兩步驟驗證、帳戶救援等設定，或查看帳戶中最近登入的裝置等安全性相關活動。

1-1-4 登出帳戶

在使用完帳戶後，別忘了要進行**登出**的動作，以確保帳戶的安全。要登出Google帳戶時，按下右上角的使用者圖示，再按下**登出**按鈕，即可登出帳戶。

1-2 Google Chrome

Google Chrome是由Google所開發的免費網頁瀏覽器，提供了快速、簡單且安全的使用方式，還具有許多實用的內建功能。

1-2-1 下載Google Chrome

Google Chrome是一套免費的網頁瀏覽器，可以至「http://www.google.com/chrome」網站中免費下載使用。

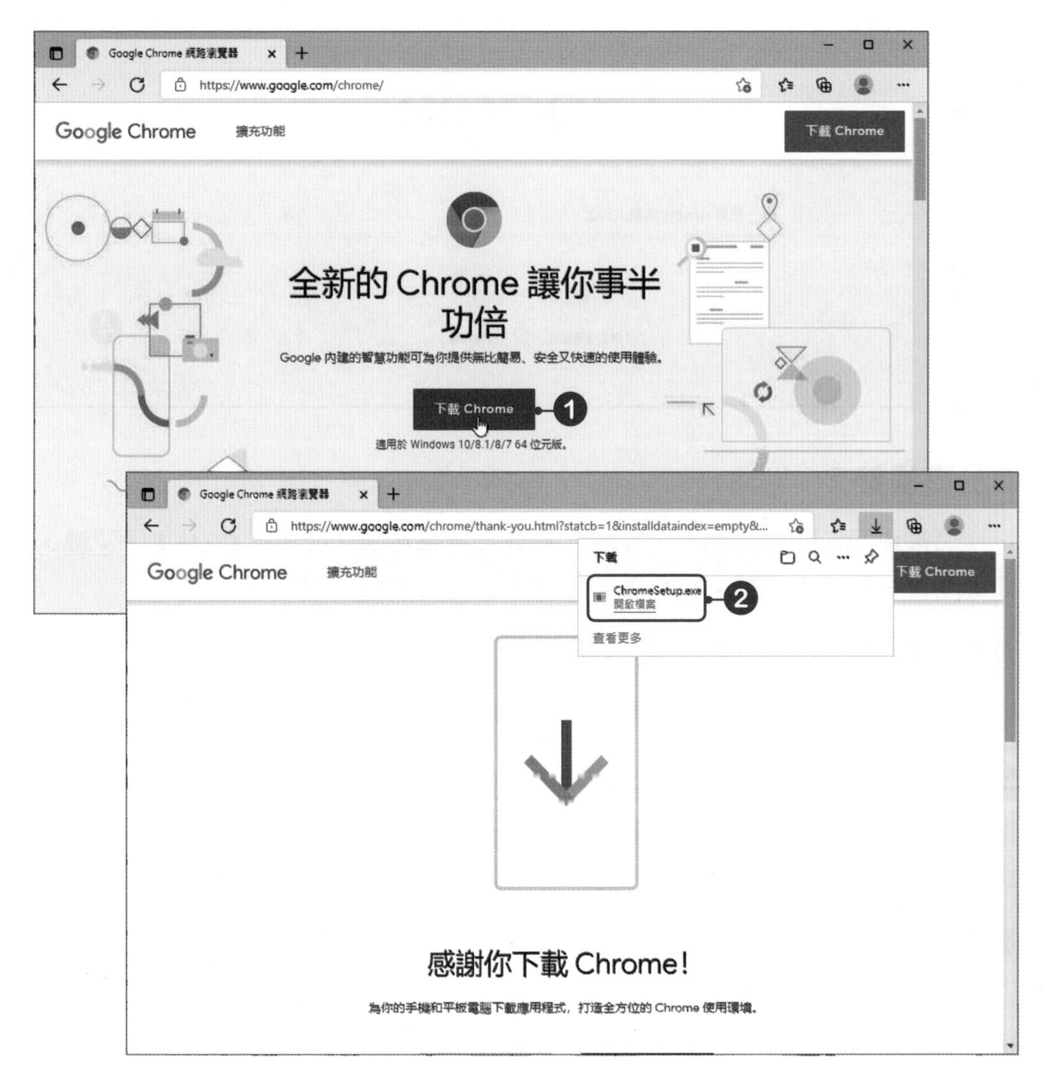

1-2-2 Google Chrome的操作環境

安裝完Google Chrome瀏覽器後，在**所有應用程式**選單中就會有**Google Chrome**選項，點選該選項，即可開啟Google Chrome。在使用前，先來認識一下它的操作環境。

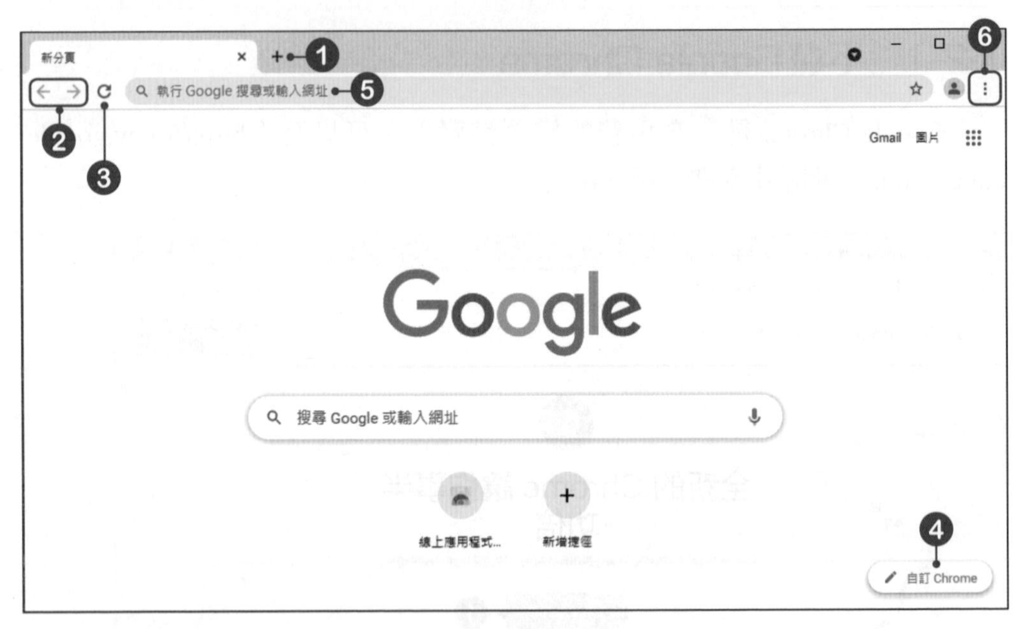

❶分頁標籤

這裡會顯示開啟的網頁，若按下 + **分頁標籤**按鈕，或按下**Ctrl+T**快速鍵，即可開啟一個新的分頁，在此頁面中會顯示最常瀏覽的網站。

❷上一頁←、下一頁→工具鈕

利用←及→按鈕，可以回到上一個瀏覽過的網頁與下一個瀏覽過的網頁。

❸重新載入此頁C

當瀏覽器在載入要瀏覽的網頁時出現錯誤訊息，或是無法正常顯示頁面內容，可以按下C**重新載入此頁**按鈕，重新載入網頁內容。

❹自訂Chrome

按下此鈕可以自訂喜歡的瀏覽器背景、快速鍵，以及套用的頁面顏色與主題，讓你的瀏覽器頁面看起來更多采多姿。

❺網址列

在網址列中，可以直接輸入網站或網頁的「網址」來開啓WWW或是FTP。網址列還提供了**「自動完成」**功能，輸入網址時，會根據以往的記錄，找出開頭相同的網址讓你選擇。除此之外，網址列還具有**「搜尋」**功能，可以直接輸入要搜尋的關鍵字，即可進行搜尋的動作。

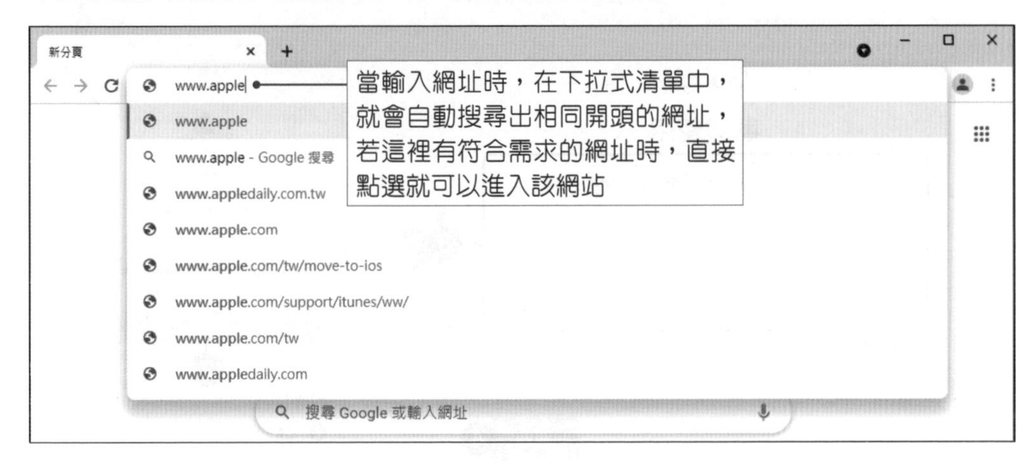

❻自訂及管理 ⋮

若要進行一些基本設定時，例如：列印、縮放頁面、查看瀏覽記錄、書籤管理等，只要按下 ⋮ **自訂及管理**按鈕，即可在選單中選擇要設定的功能選項。

1-2-3 登入Google Chrome

使用Google Chrome時，可以用Google帳戶登入至該瀏覽器中，這樣在瀏覽器中所進行的各項設定，都可以同步到Google帳戶，或是其他行動裝置中。

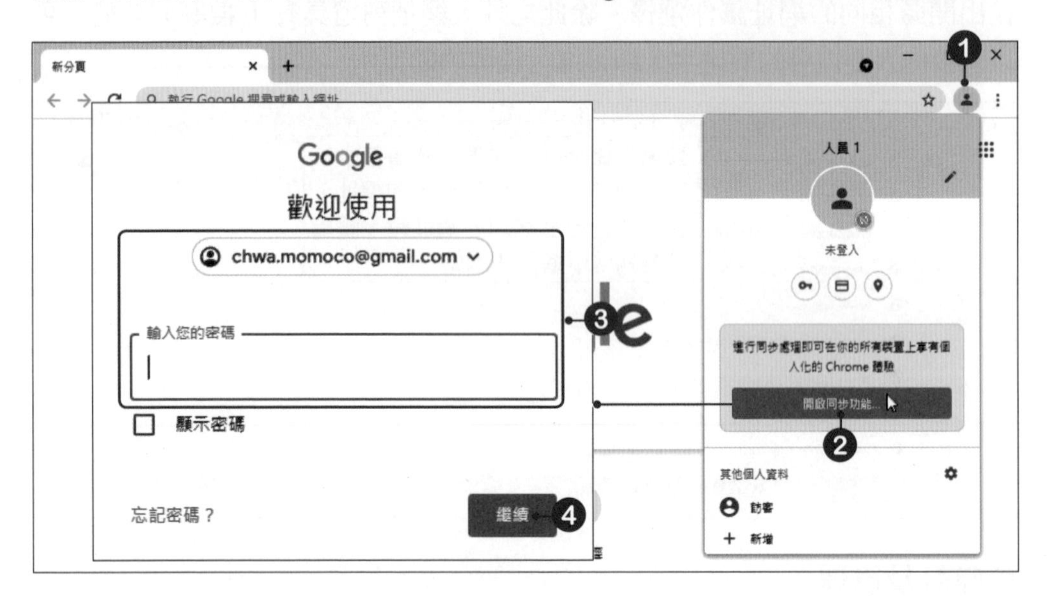

1-2-4 首頁及起始畫面設定

一般來說，我們會將自己常用的網站設定爲預設的**首頁**，當設定了首頁之後，無論目前正在瀏覽哪個網頁，只要按下⌂按鈕，或是按下**Alt+Home**快速鍵，瀏覽器就會回到預設的首頁網站。

而**起始畫面**則是指在開啓瀏覽器時所呈現的畫面，可將起始畫面設定爲新分頁、特定網頁，或是上次開啓的網頁，當每次開啓瀏覽器時，都會自動直接進入設定的網站畫面。

STEP01 開啓Google Chrome瀏覽器，按下⋮按鈕，點選**設定**功能。

STEP02 在**外觀**選項中，有一個**顯示[首頁]按鈕**的選項，該選項在預設下是停用的，請拖曳開關將此選項開啓，開啓後，在瀏覽器上就會顯示⌂按鈕。

顯示 [首頁] 按鈕 已停用	按著**滑鼠左鍵**不放往右拖曳，即可啓用該選項

STEP03 開啓後即可在**輸入自訂網址**欄位中，輸入指定的網址。

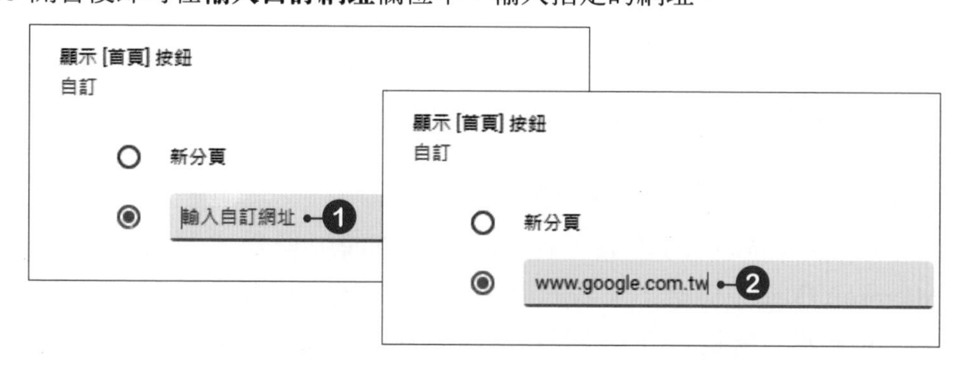

STEP04 首頁設定完畢後，接著到**起始畫面**選項中，進行起始畫面的設定。選**開啓某個特定網頁或一組網頁**選項，接著在**新增網頁**上按一下滑鼠左鍵，輸入欲設定的網址，輸入好後按下**新增**按鈕，完成設定。

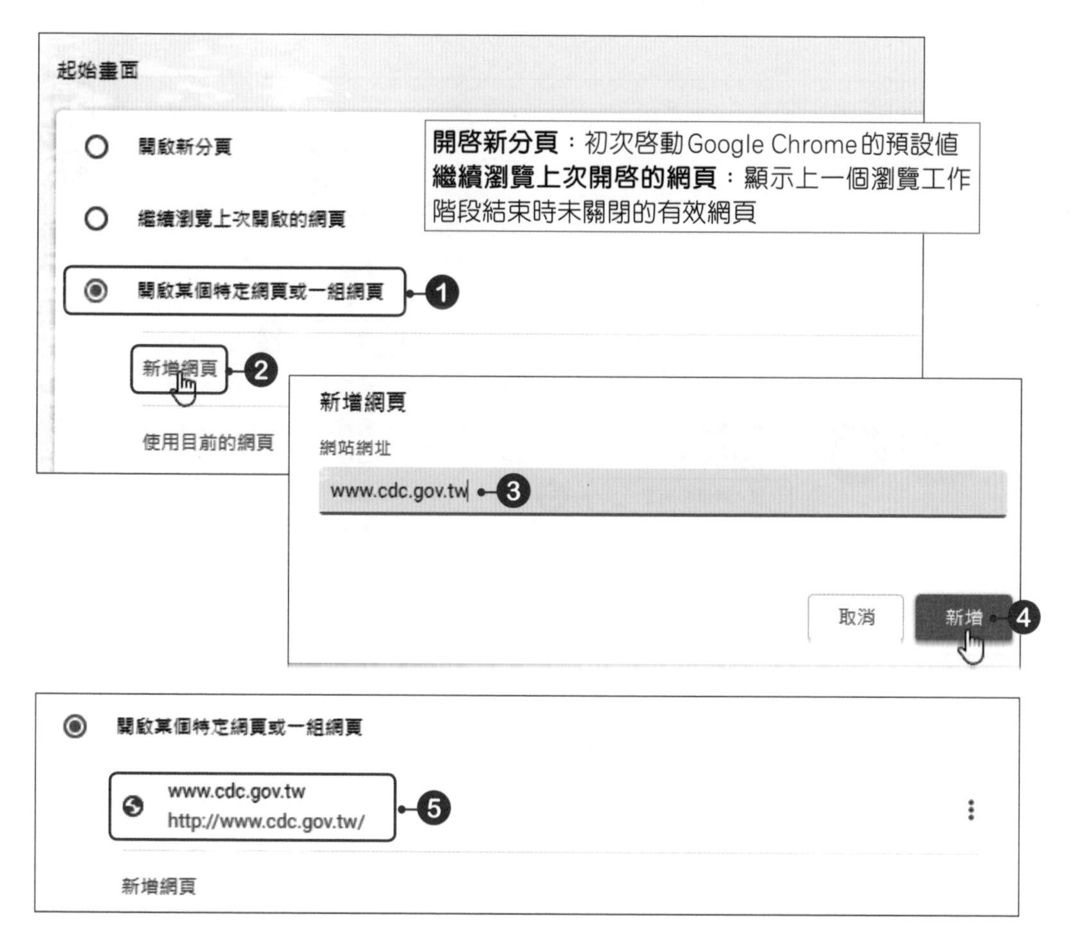

1-2-5 書籤與閱讀清單的使用

「**書籤**」功能可以方便使用者將常用的網頁連結記錄下來，以便日後連結。「**閱讀清單**」則可以收藏想閱讀，但還沒有時間瀏覽的網頁。

匯入Microsoft Edge書籤

Google Chrome的書籤，在Microsoft Edge中稱爲「我的最愛」，當在Microsoft Edge中集結了「我的最愛」名單，若改用Google Chrome後，無須一一重新建立書籤名單，只要利用Google Chrome的「**匯入書籤和設定」**功能，即可將Edge、IE、Firefox等瀏覽器的書籤清單、已儲存的密碼及網頁瀏覽紀錄等個人化設定，匯入Google Chrome中。

STEP01 開啓Google Chrome瀏覽器，按下 ⋮ 按鈕，於選單中點選**書籤→匯入書籤和設定**。

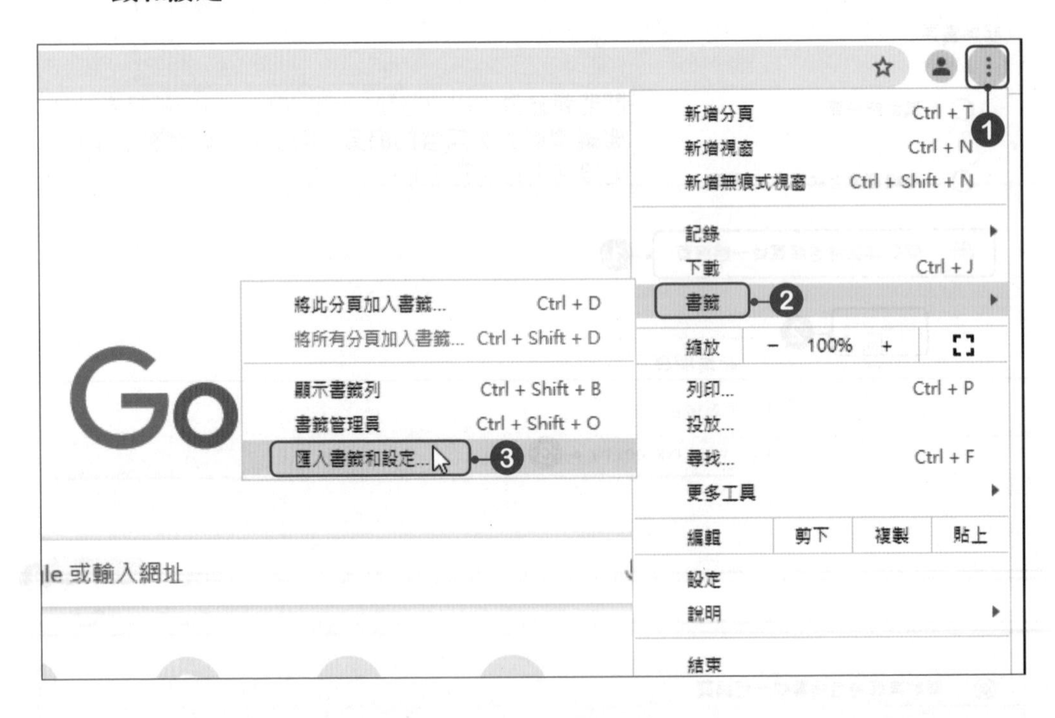

STEP02 進入**匯入書籤和設定**頁面後，按下**來源**選單鈕，於選單中選擇要匯入的瀏覽器，再選取要匯入的項目，選擇好後按下**匯入**按鈕，便會開始進行匯入。

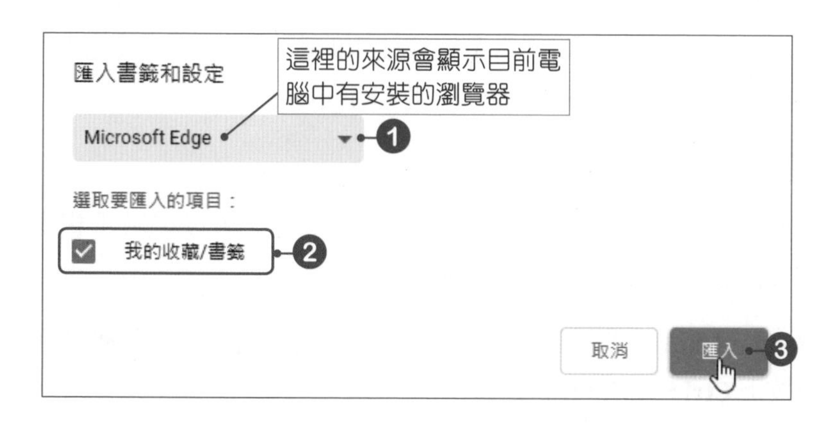

STEP03 匯入完成後，請將**顯示書籤列**選項開啓，並按下**完成**按鈕，被匯入的書籤就會顯示於**書籤列**中。

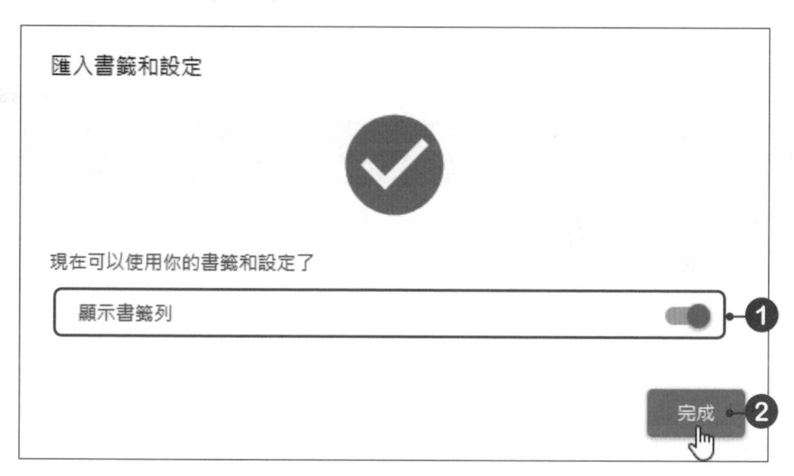

書籤列及其他書籤

書籤列是指一個可放置Google Chrome中建立的所有書籤和書籤資料夾的區域，可以將書籤列固定在瀏覽器視窗頂端的網址列下方，方便隨時使用。在Windows作業系統中，除了按下 ⋮ →**書籤**→**顯示書籤列**指令來開啓書籤列外，也可以使用**Ctrl+Shift+B**快速鍵，來切換是否顯示書籤列。

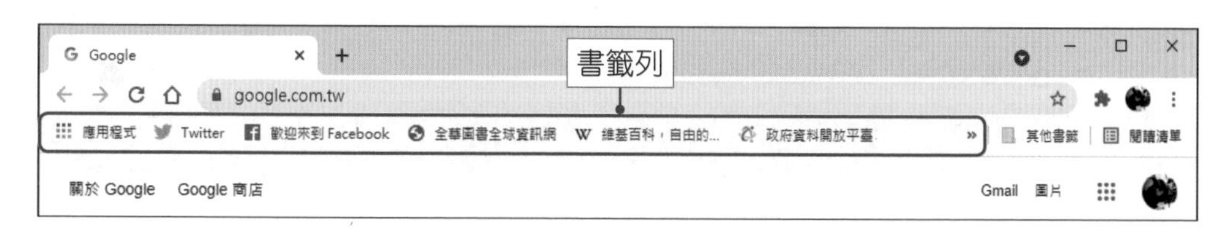

除了書籤列外，通常還會將經常瀏覽或使用的網頁，加入至**其他書籤**中，只要按下**其他書籤**選項，即可看到所有被加入的網頁。

書籤管理員

當書籤數量越來越多，為了更有效率地管理書籤，可以透過**「書籤管理員」**功能，對書籤進行妥善的分類與維護。

STEP01 開啟Google Chrome瀏覽器，按下 ⋮ 按鈕，點選**書籤→書籤管理員**功能，或按下**Ctrl+Shift+O**快速鍵。

STEP02 進入書籤管理員後，即可進行書籤位置的調整。選取要移動的書籤，按著**滑鼠左鍵**不放，拖曳至**任一書籤資料夾**中，完成調整的動作。

STEP03 若要在書籤中加入新資料夾時，可以按下視窗右上角的**整理**按鈕。

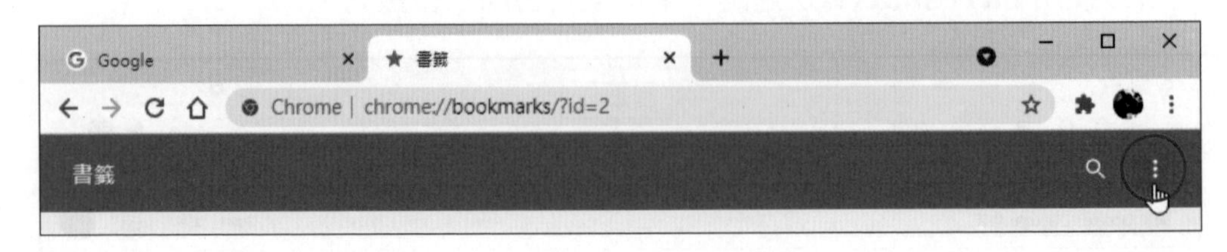

STEP04 於選單中點選**新增資料夾**，開啟**新增資料夾**視窗後，於**名稱**欄位中直接輸入資料夾名稱，輸入好後按下**儲存**按鈕。

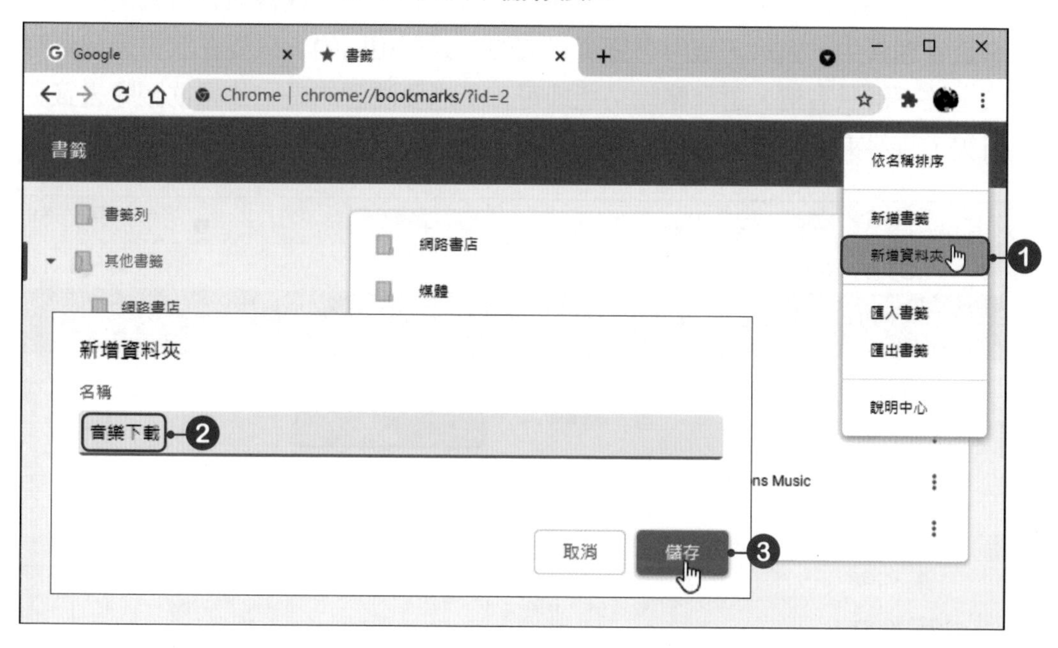

STEP05 資料夾建立好後，即可將要存放於該資料夾的書籤加入。

刪除網頁書籤

當某些書籤連結已失效或不再使用，可以將該書籤或書籤資料夾刪除。在書籤管理員中，刪除書籤與書籤資料夾的方式是相同的，只要在該書籤或資料夾上按下**滑鼠右鍵**，選擇**刪除**功能即可。不過要注意的是，如果欲刪除書籤資料夾，資料夾中的書籤也將一併被刪除。

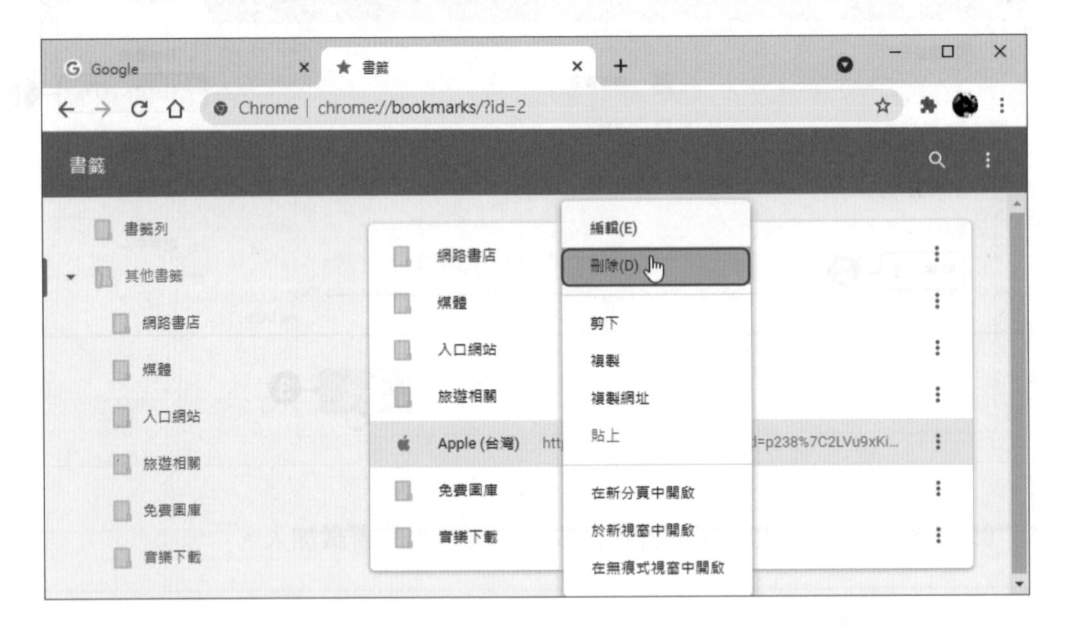

將目前網頁新增至書籤

若正好瀏覽到有趣或是需經常使用的網頁，可把它收藏至書籤中，以便後續連結使用。

STEP01 按下網址列右側的 ☆ 按鈕，於選單中選擇**新增書籤**，或直接按下鍵盤上的**Ctrl+D**快速鍵，開啓「已新增書籤」對話方塊。

STEP02 在此設定將書籤名稱及儲存資料夾，按下**完成**按鈕即可將目前所在網頁加入至書籤中。

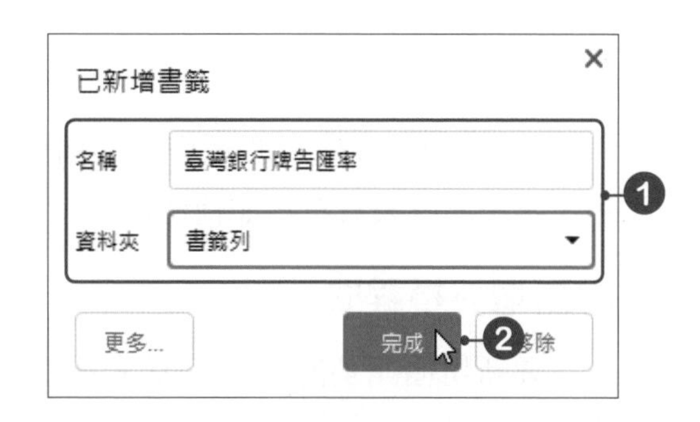

將目前網頁加入至閱讀清單

「閱讀清單」的功能與「書籤」一樣可以用來儲存網站頁面，主要差別在於「書籤」適用於需長期保存或使用的資料，而「閱讀清單」則是將當下沒時間閱讀的網頁先暫時儲存起來，以便稍後隨時點擊前往閱讀。

STEP01 按下網址列右側的 ☆ 按鈕，於選單中點選**加入閱讀清單**，即可將該網站加入至「閱讀清單」中。

STEP02 日後只要按下**閱讀清單**選項，即可看到所有被儲存的頁面，點擊網頁便可前往。點擊該網站之後，就會自動將它標示為「你看過的網頁」。

1-2-6 擴充功能

Google Chrome有許多好用的擴充功能，讓使用者可以安裝在瀏覽器中使用，這小節就來看看該如何使用。

新增外掛程式

要新增擴充功能時，只要透過Chrome線上應用程式商店，即可下載非常豐富的外掛程式和佈景主題。

STEP01 點選書籤列上的 應用程式 ，進入應用程式頁面後，點選**線上應用程式商店**；或是直接進入Chrome線上應用程式商店(https://chrome.google.com/webstore/category/apps)網站中。

STEP02 點選**擴充功能**選項，選擇要新增的外掛程式。

STEP 03 開啟外掛程式頁面後，按下**加到Chrome**按鈕。出現確認訊息，請按下**新增擴充功能**按鈕，就會開始進行安裝。

STEP 04 安裝完成後，在網址列右側便會出現該擴充功能的按鈕圖示。

Google推出的「儲存至Google雲端硬碟」瀏覽器擴充功能，方便使用者快速將網路上的網頁、圖片、音樂或影片等內容，一鍵儲存到自己的Google雲端硬碟中。操作方法非常簡單，只要在想要儲存的檔案格式上按下**滑鼠右鍵**，點選**儲存至Google雲端硬碟**選項，即可將檔案儲存至Google Drive。

若想要儲存一整個網頁內容，則可按下網址列後方的 **擴充功能**按鈕，在開啓的選單中點選**儲存至Google雲端硬碟**，就能將整個網頁內容另存成圖片(.png)檔，並儲存至Google Drive。也可在擴充功能選項中，設定儲存爲.html、.mht或Google文件相容的格式。

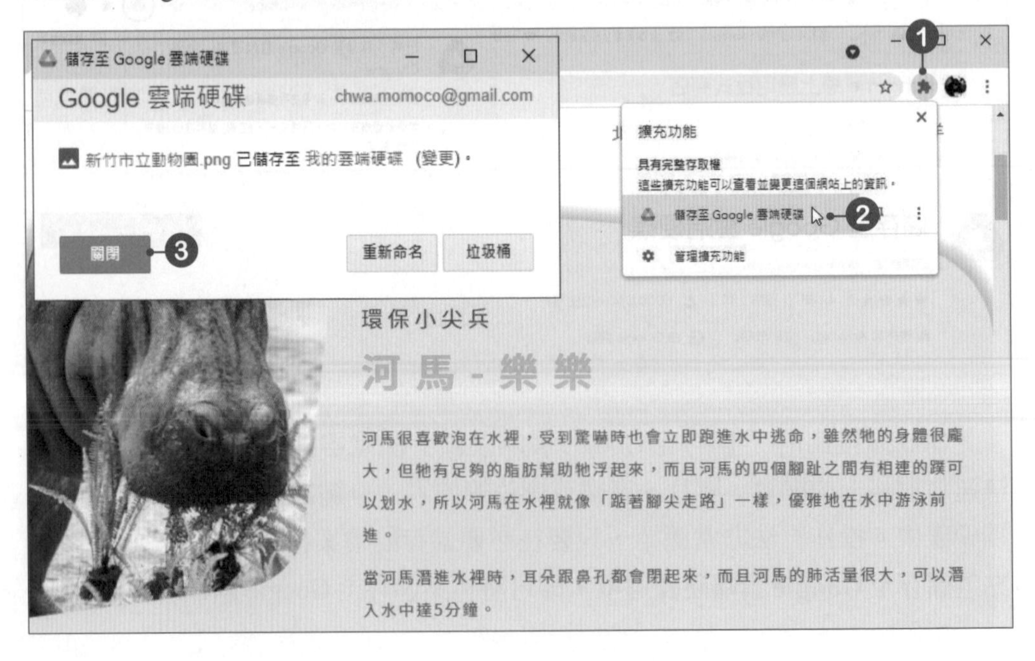

管理或移除擴充功能

要管理或移除擴充功能時，只要按下網址列後方的 **擴充功能**按鈕，於選單中點選**管理擴充功能**選項，或是直接在網址列中輸入「**chrome://extensions/**」網址，即可進入擴充功能頁面中，進行擴充功能的設定與移除等動作。

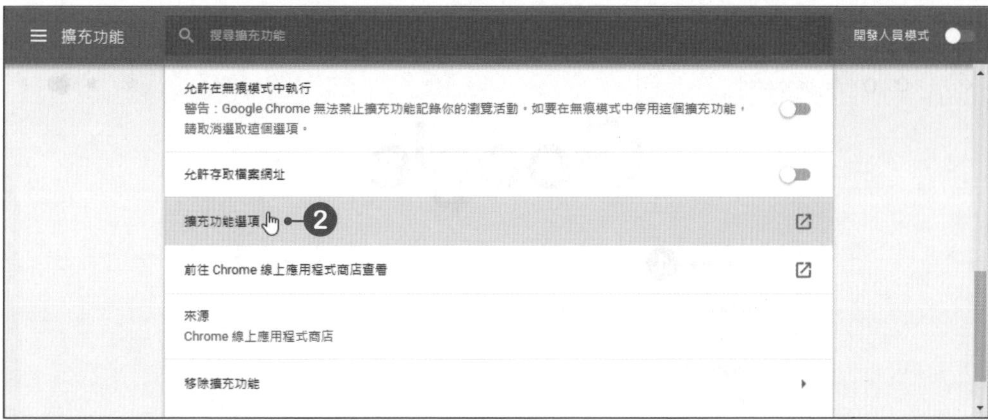

1-3 Google搜尋

Google搜尋引擎是全世界最受歡迎的搜尋引擎，根據Alexa的流量排名統計，Google始終維持在全球第一。這節將以Google搜尋引擎為例(使用Google Chrome瀏覽器)，介紹如何在網路上搜尋出各式各樣的資料。

1-3-1 關鍵字搜尋

在搜尋網路中的資料時，通常會以「關鍵字」做為搜尋條件，輸入關鍵字即可找到符合關鍵字的網頁資料。關鍵字可以是中文，也可以是英文或其他語言，而Google的英文搜尋不分大小寫，搜尋結果會是一樣的。

STEP01 在網址列中輸入**www.google.com.tw**網址，輸入完後按下**Enter**鍵，進入Google搜尋網頁中，於搜尋欄位中輸入關鍵字，輸入完後按下**Google搜尋**按鈕，或按下**Enter**鍵。

STEP 02 完成搜尋後，會顯示出搜尋的結果。

STEP 03 當完成搜尋時，在網頁的上方有個**工具**按鈕，可以進行一些篩選設定，以搜尋出更符合需求的網頁。

1-3-2 詞組搜尋

在搜尋時Google雖然會將與關鍵字相符合的網頁尋找出來，但是Google可能會將原本的關鍵字拆成兩種關鍵字來搜尋。例如：搜尋「自由軟體」可能會被拆成「自由」與「軟體」兩種關鍵字來檢索，若想避免這樣的情形，可以在關鍵字前後加上「"」詞組搜尋語法，也就是輸入「"自由軟體"」，這樣Google就只會針對這四個字進行搜尋了。

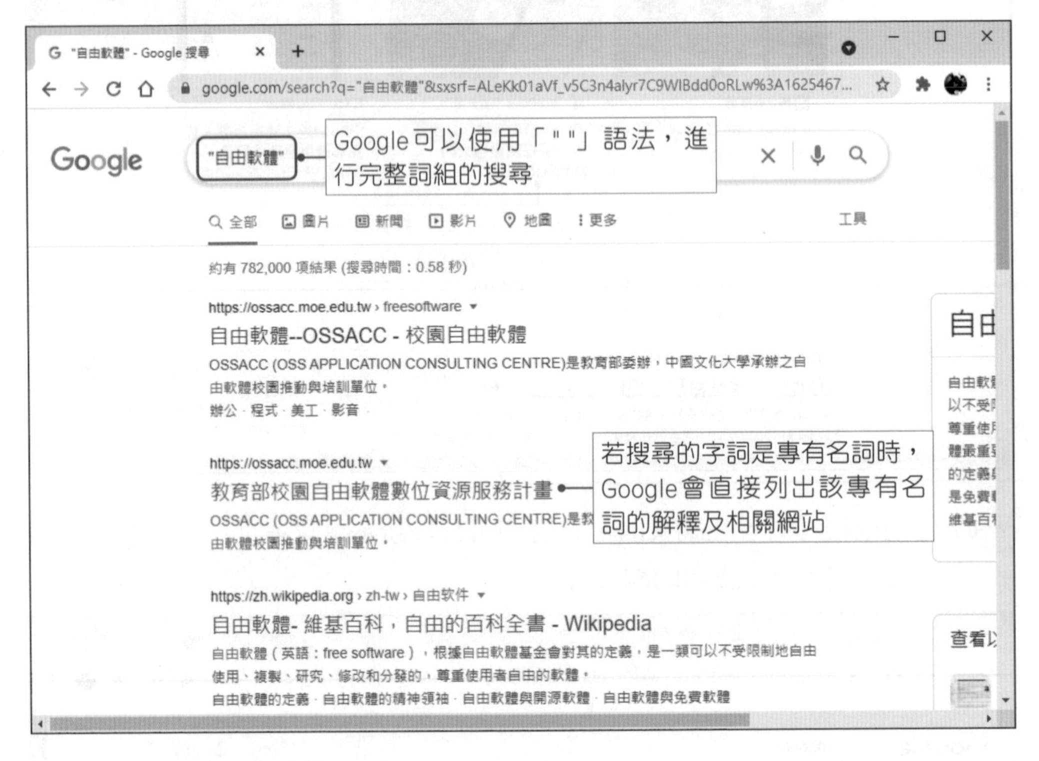

1-3-3 增加或刪除的搜尋技巧

想要找兩種類型或以上的資料時，大部分的搜尋網站可以使用「檢索符號」來配合搜尋。

增加：+或空格

使用**「＋」**或**「空格」**表示前、後之關鍵字須同時出現於查詢的網頁。例如：要查詢「峇里島」與「長灘島」方面的資訊，可以輸入**「峇里島 長灘島」**讓查詢的範圍擴大。

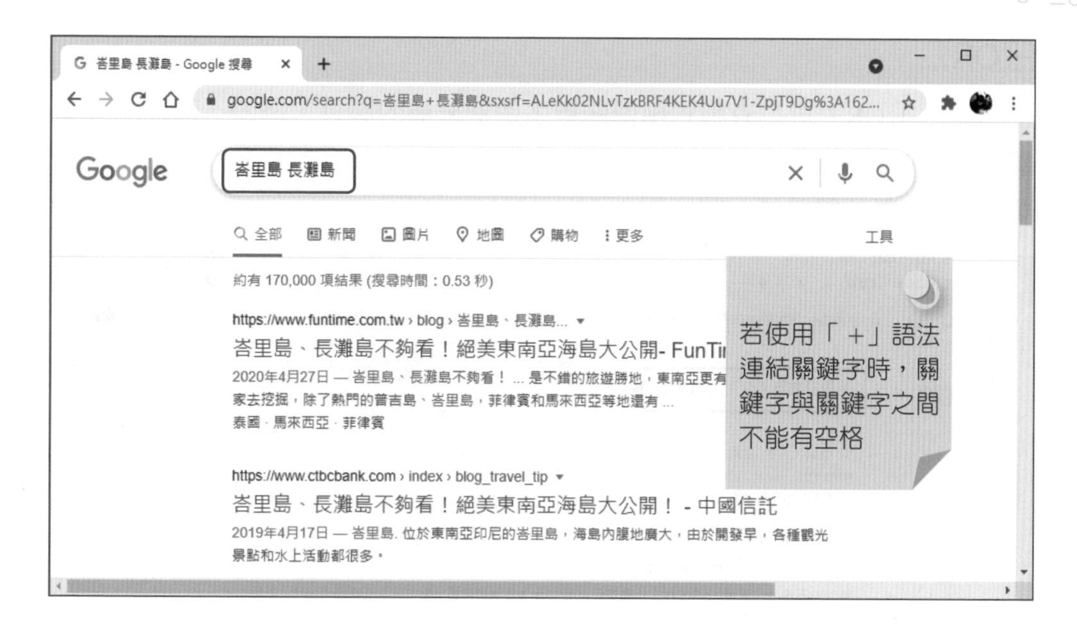

排除：－

若要排除一些不必要的查詢結果，則可以使用「**-**」來查詢。例如：查詢「咖哩食譜」的相關資料，但不想看到有關「咖哩雞」的部分時，可以輸入**「咖哩食譜 -咖哩雞」**來查詢。

OR

使用「OR」可以**查詢到兩個關鍵字個別分屬的網頁**。例如：輸入「苗栗露營區 OR 新竹露營區」將會查詢到「苗栗露營區」、「新竹露營區」及「苗栗露營區+新竹露營區」的資料。

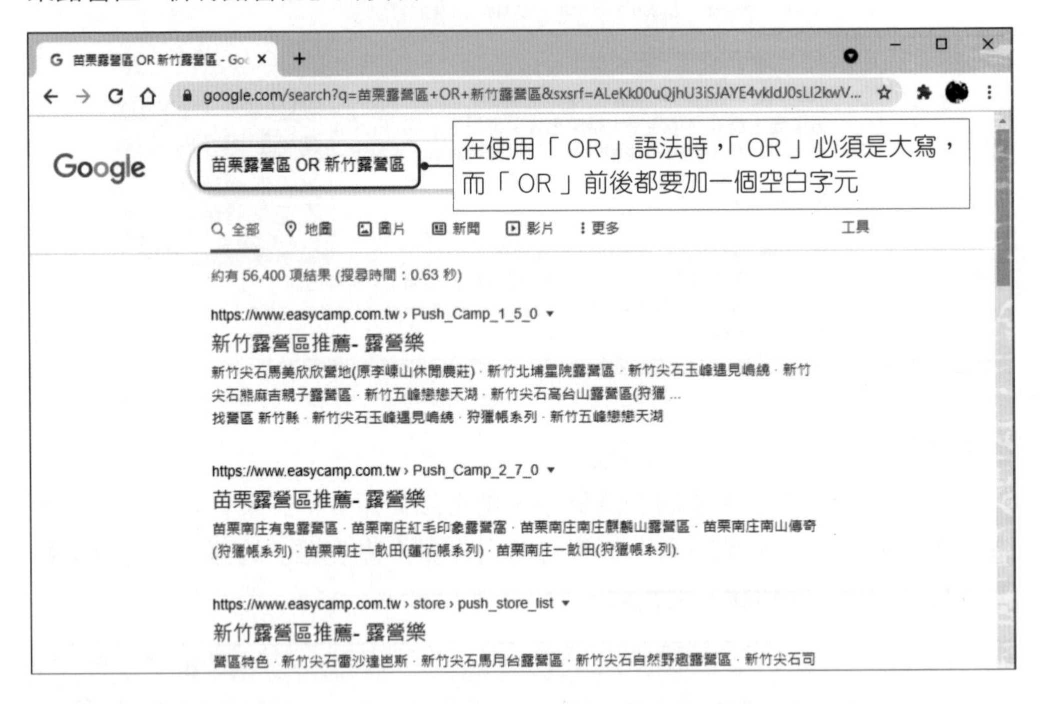

增加與刪除

增加(+)與刪除(-)的搜尋技巧，除了單獨使用外，也可以合併使用。例如：輸入**「食譜+牛肉 -青椒」**關鍵字，則可搜尋出不含「青椒」的「牛肉」料理食譜。

NOTE 在使用Google搜尋時，若輸入的關鍵字包含標點符號，Google會將標點符號排除在外，並不會列入搜尋範圍，而@#%^()=[]\等特殊字元也都會被排除在外。

萬用字元「*」

「*」可以代表一個或多個字元，當在鍵入要搜尋的關鍵字時，若不確定是「周杰倫」或「周傑倫」時，就可以使用萬用字元「周*倫」，來尋找「周*倫」的相關資訊。「*」可以在關鍵字的前面或後面，沒有侷限於在關鍵字的中間。Google在英文部分並不支援萬用字元的使用。

1-3-4 在特定網站上搜尋資料

當確定某個網站有所需的資料，而該網站又沒有提供搜尋功能，此時可以利用Google所提供的「**site:**」語法，指定網站位置與關鍵字來進行搜尋。例如：要搜尋「衛生福利部疾病管制署」網站中與「COVID-19」相關的資訊，可以輸入「**COVID-19 site:www.cdc.gov.tw**」語法查詢。**使用「site」語法時，關鍵字後要留一個空白，再接語法。**

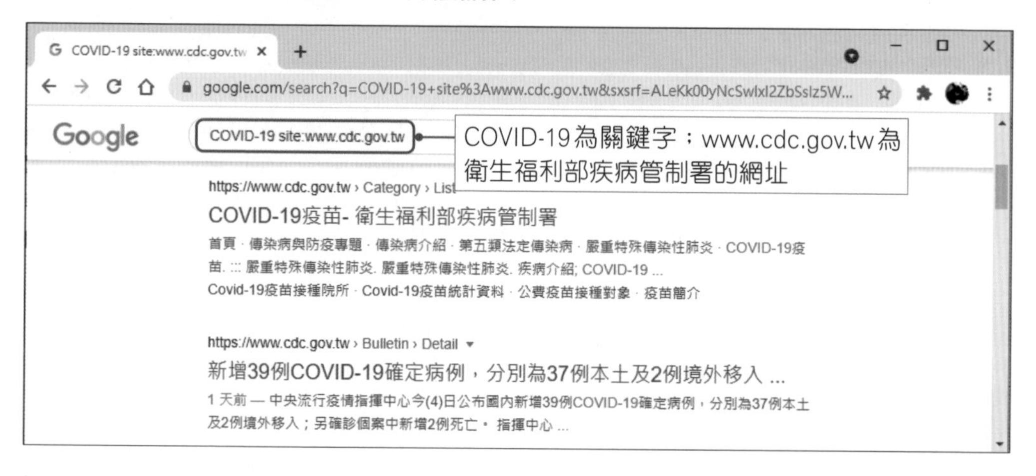

1-3-5 數字範圍搜尋

Google還可以利用「數字範圍」進行搜尋，例如:要搜尋價格介於$15,000到$25,000之間的「智慧型手機」，可使用「**智慧型手機$15000..$25000**」語法進行搜尋，其中**數字與數字之間必須使用兩個句點隔開(不需空格)**。使用數字範圍搜尋時，可以設定任何種類的範圍，像是日期、重量等。

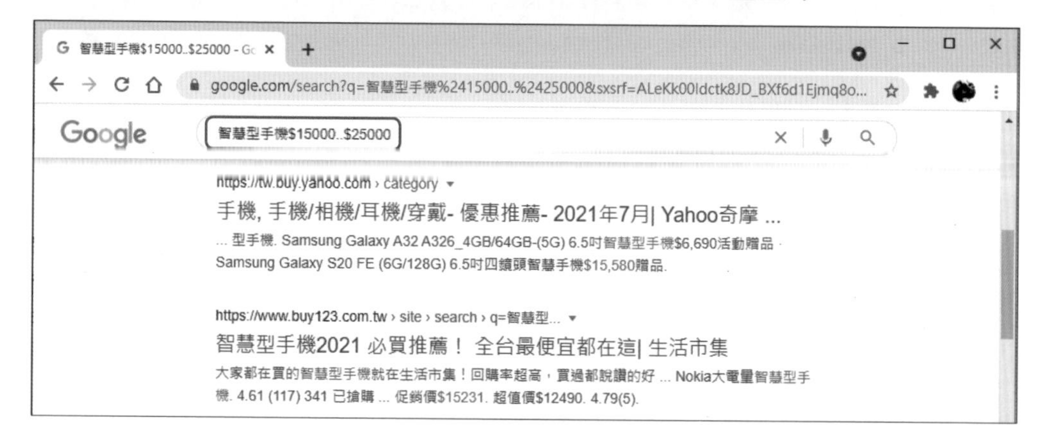

1-3-6 搜尋特定檔案格式

Google除了可以搜尋網頁外，還可以搜尋特定的檔案格式。Google目前提供的檔案格式有：PDF、DOC、PPT、XLS、TXT、RTF、SWF、DWF等。搜尋特定檔案格式時，可以使用「**filetype:**」語法，例如：「**近場通訊 filetype:pdf**」，「近場通訊」為關鍵字，關鍵字後要留一個空白，再接「filetype:」語法。

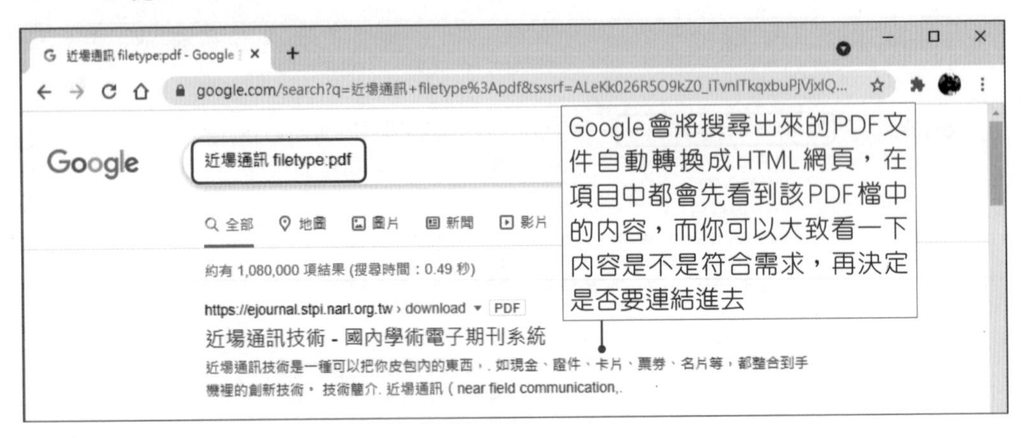

1-3-7 搜尋專有名詞

若想要知道某個專有名詞的意義時，可以使用「**define:**」語法或是「**什麼是**」。例如：「define:塑化劑」或「什麼是 塑化劑」，「什麼是」後面須空一格，再接「專有名詞」。

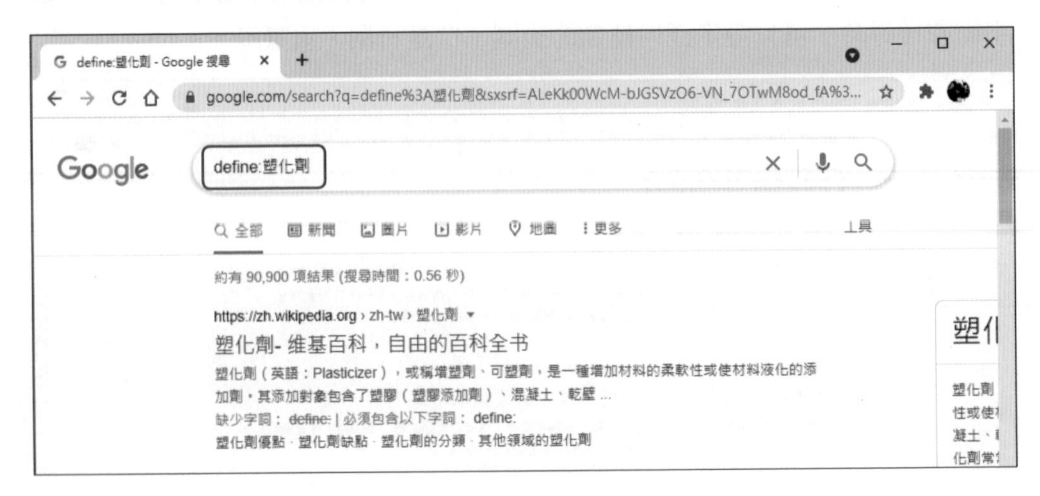

1-3-8 Google的計算功能

Google搜尋引擎提供了計算功能，可以直接在搜尋欄位中輸入計算式，然後，再按下**搜尋**按鈕，即可得到計算結果，並顯示Google的計算機功能。

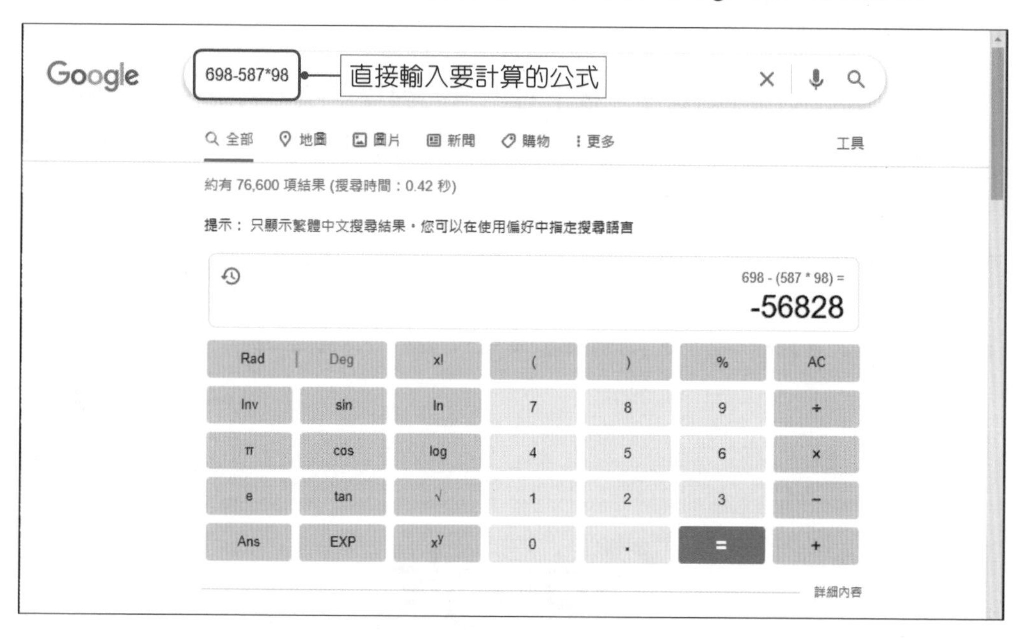

除此之外，Google還可以換算各式各樣的度量衡單位，包括匯率兌換、長度、重量、體積等。例如：要換算5980日圓約為多少臺幣時，只要輸入「5980日圓」，Google就會依據當天匯率直接進行即時匯率計算，快速換算成本地貨幣，同時也會顯示匯率走勢圖。

1-3-9 圖片的搜尋

使用Google提供的「**圖片搜尋**」服務，可以在網路上快速找到想要的圖片，不過在使用圖片時，還是要尊重智慧財產權，千萬別使用未經合法授權的圖片進行商業行為。

STEP01 進入Google搜尋網頁中，按下右上角的**圖片**選項，或是在網址列輸入**images.google.com**網址，進入**圖片搜尋**頁面中，輸入**臺中捷運路線圖**關鍵字，再按下**搜尋**按鈕。

STEP02 Google便會搜尋出相關圖片，此時可以按下**工具**選項，指定圖片大小、背景顏色、圖片類型、時間、使用權等。

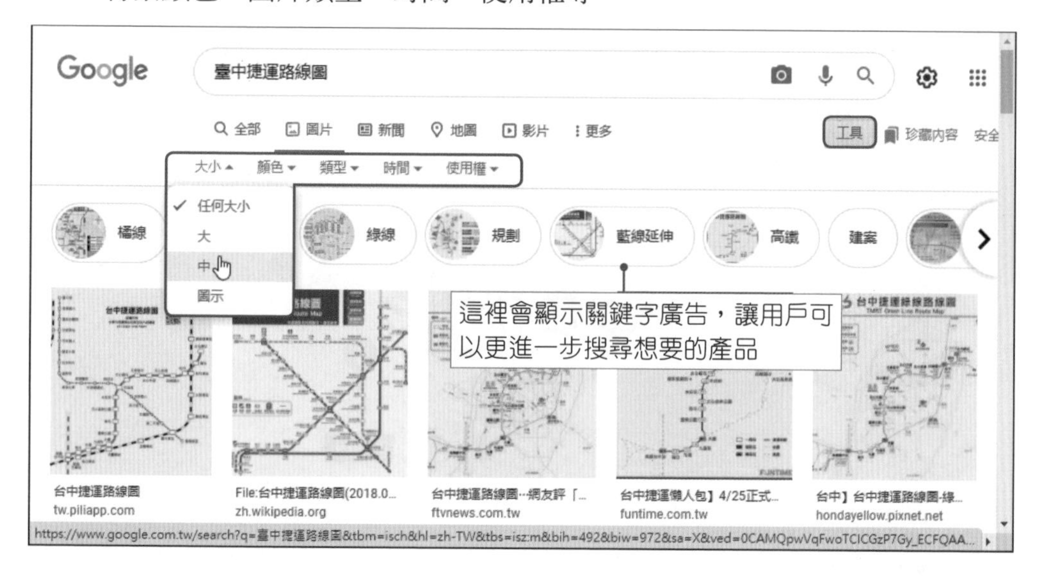

STEP03 點選想預覽的圖片，便可以使用大圖來預覽該圖片，及查看該圖片的相關資訊。

STEP04 若要預覽下一張圖片時，只要按下鍵盤上的→方向鍵，或是 按鈕，即可跳至下一張圖片；按下 按鈕，則可進行**分享**、**新增至**等更多功能。最後只要按下圖片左上角的 按鈕，即可離開預覽模式。

除了在搜尋欄位輸入關鍵字尋找相關圖片外，還可以使用「以圖搜尋」功能，來搜尋圖片。

STEP01 進入**Google圖片搜尋**頁面中，按下搜尋欄位上的 **以圖搜尋**按鈕。

STEP02 點選**上傳圖片**選項，按下**選擇檔案**按鈕，選擇要搜尋的圖片，Google便會自動搜尋出與該圖片相關的網站及圖片。

選擇題

( )1. 使用Google Chrome時，可以在下列哪個選項功能中查看目前執行的應用程式有哪些？(A)工作管理員 (B)擴充功能 (C)書籤管理員 (D)記錄。

( )2. 使用Google Chrome時，若要回到設定好的首頁時，可以使用下列哪組快速鍵？(A) Alt+Home (B) Ctrl+Home (C) Shift+Home (D) Tab+Home。

( )3. 使用Google Chrome時，要在網頁中尋找特定關鍵字，可以使用下列哪組快速鍵？(A) Ctrl+A (B) Ctrl+F (C) Ctrl+D (D) Ctrl+H。

( )4. 使用Google Chrome時，於網址列中輸入「chrome://extensions/」網址，會進入下列哪個管理頁面中？(A)工作管理員 (B)擴充功能 (C)書籤管理員 (D)記錄。

( )5. 使用Google Chrome時，若要將目前網頁加入書籤中，可以使用下列哪組快速鍵？(A) Ctrl+A (B) Ctrl+F (C) Ctrl+D (D) Ctrl+H。

( )6. 在Google網站中若要搜尋「流行」方面的資訊，但不要「流行性感冒」方面的資訊時，該如何輸入查詢字串？(A)流行 -流行性感冒 (B)流行 and 流行性感冒 (C)流行 #流行性感冒 (D)流行 !流行性感冒。

( )7. 下列針對Google的「site」語法，何者敘述錯誤？(A)可在特定網站上搜尋資料 (B)使用該語法時，關鍵字後要留一個空白，再接語法 (C)語法為：H1N1 site,www.gov.tw (D)一次只能設定一個網站位址。

( )8. 使用Google可以搜尋特定檔案格式，請問是下列哪個格式？(A) PDF (B) DOC (C) TXT (D)以上皆可。

( )9. 下列關於Google圖片搜尋功能的敘述何者正確？(A)可設定圖片大小 (B)可設定圖片色彩 (C)可設定圖片類型 (D)以上皆是。

( )10. 要使用Google搜尋一些特定的檔案格式時，可以使用哪個語法進行搜尋？(A) AND (B) OR (C) filetype: (D) site:。

( )11. 韓劇《來自星星的你》播出後佳評如潮，劇情掀起網友熱烈討論。如果要上網搜尋相關劇情，使用下列哪一組關鍵字，可最精準地搜尋到資料？(A)來自星星的你＋劇情 (B)來自星星的你 –劇情 (C)來自星星的你 OR 劇情 (D)來自星星的你 & 劇情。

(　　) 12. 在Google中可以利用「數字範圍」進行搜尋，下列何者敘述錯誤？
(A)可以設定日期　(B)無法設定重量範圍　(C)數字與數字之間必須使用兩個句點隔開　(D)語法為：數位相機$10000..$12000。

實作題

1. 請下載並安裝Google Chrome網頁瀏覽器，並進行以下操作：
   (1)設定你的瀏覽器首頁為「國立臺灣圖書館」網址(www.ntl.edu.tw)。
   (2)將「維基百科」網頁(https://zh.wikipedia.org/)加入你的網頁書籤列。
   (3)利用瀏覽器搜尋一則你覺得有趣的笑話或故事，並將該網頁新增至你的閱讀清單中。

2. 利用Google Chrome網頁瀏覽器，搜尋出下列各大網站的唯一原始網址。

網站名稱	網站位址
國立故宮博物院	
勞動力發展署	
YouTube	
國立海洋生物博物館	

3. 利用Google Chrome提供的「圖片搜尋」服務，搜尋臺灣特有種鳥類「金翼白眉」與「火冠戴菊鳥」相關圖片。

金翼白眉
(出處：由 Sammy Sam - Picasa Web Albums, CC BY-SA 3.0, https://commons.wikimedia.org/w/index.php?curid=10651671)

火冠戴菊鳥
(出處：廖東坤 中國時報 2010.06.03 http://city.udn.com/52614/3998221)

CHAPTER 02

電子郵件—Gmail

2-1 Gmail的基本操作

Gmail是Google所提供的免費電子郵件信箱，無論在哪裡，只要開啓Gmail網頁就可以進行電子郵件的各項操作。

2-1-1 登入與登出Gmail

在使用Gmail前，必須先進行登入，而使用完畢後最好要進行登出，以確保帳戶的安全性。

STEP01 進入Google首頁，按下右上角的**Gmail**選項，或直接輸入http://mail.google.com網址，進入登入頁面中。

STEP02 接著請輸入密碼，輸入好後按下**繼續**按鈕即可。

STEP03 若是第一次進入Gmail信箱，會先進入備援選項頁面中，這裡可以設定備援電話及備援電子郵件，以防止帳戶被盜用或忘記密碼時使用。

STEP04 備援選項設定好後，就會進入Gmail信箱中，第一次進入會顯示Gmail介紹頁面。

STEP05 使用完Gmail後，點選右上角的使用者圖示，於選單中點選**登出**按鈕，即可完成登出。

2-1-2 Gmail的操作環境

登入Gmail後，便會看到如下圖所示的操作環境，在開始使用前，讓我們先了解Gmail的操作環境。

2-1-3 撰寫郵件、轉寄、接收郵件及刪除郵件

這一小節將說明如何撰寫郵件、轉寄、接收郵件及刪除郵件等基本操作。

撰寫郵件

在Gmail中要撰寫郵件時，只要按下**撰寫**按鈕，即可進行郵件的撰寫。

STEP01 按下左上角的**撰寫**按鈕。

STEP02 開啓一個空白的新郵件視窗。

STEP03 輸入收件者地址、信件主旨、信件內容等資料，輸入好後選取輸入的文字，按下 A **格式選項**按鈕，進行文字格式的大小、樣式、顏色等設定。

STEP04 設定好後，按下**傳送**按鈕，即可將電子郵件寄出。

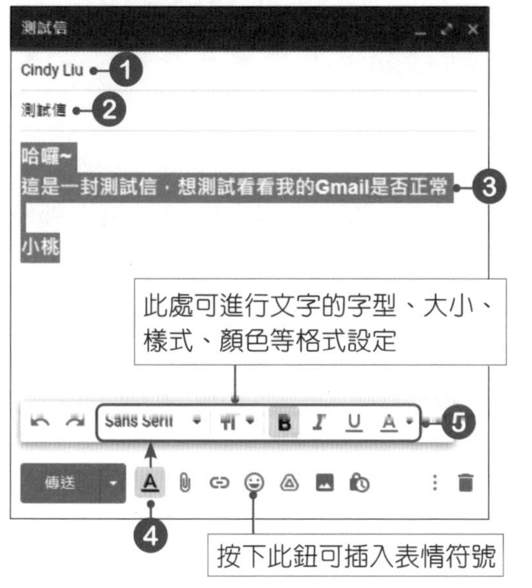

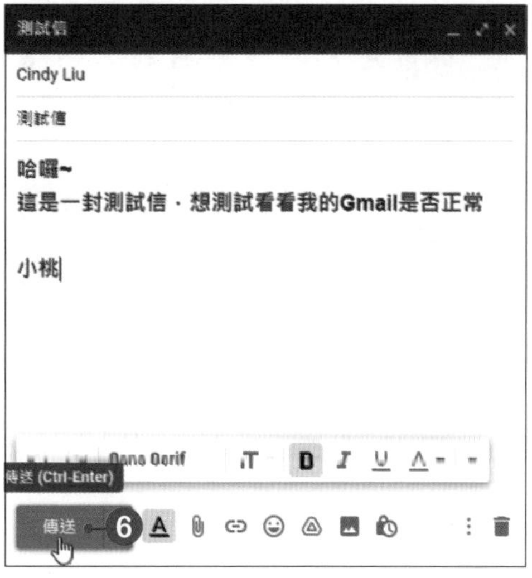

在郵件收件者中可分爲**收件者**、**副本**、**密件副本**三類，各種收件者可以是多個人，但彼此之間必須要以「**;**」或「**,**」分隔。

- **收件者：**是信件的主要收件者。
- **副本：**寄信給主要收件者時，可以順便寄給副本的收件者。
- **密件副本：**與副本相似，只是在密件副本中的聯絡人，並不會顯示於該封郵件上。所以當「收件者」和「副本」收到該封郵件時，並不會看到還有哪些「密件副本」的收件者也收到此封郵件。

取消傳送

如果在郵件送出後突然改變心意，可以在短時間內(預設爲5秒)按下郵件下方的**取消傳送**按鈕，即可立即撤回郵件，取消傳送的動作。

NOTE

⊙ 設定取消傳送期限

Gmail預設的取消傳送期限只有短短5秒，若是想要延長這段時間，可以透過以下設定來延長取消傳送期限。

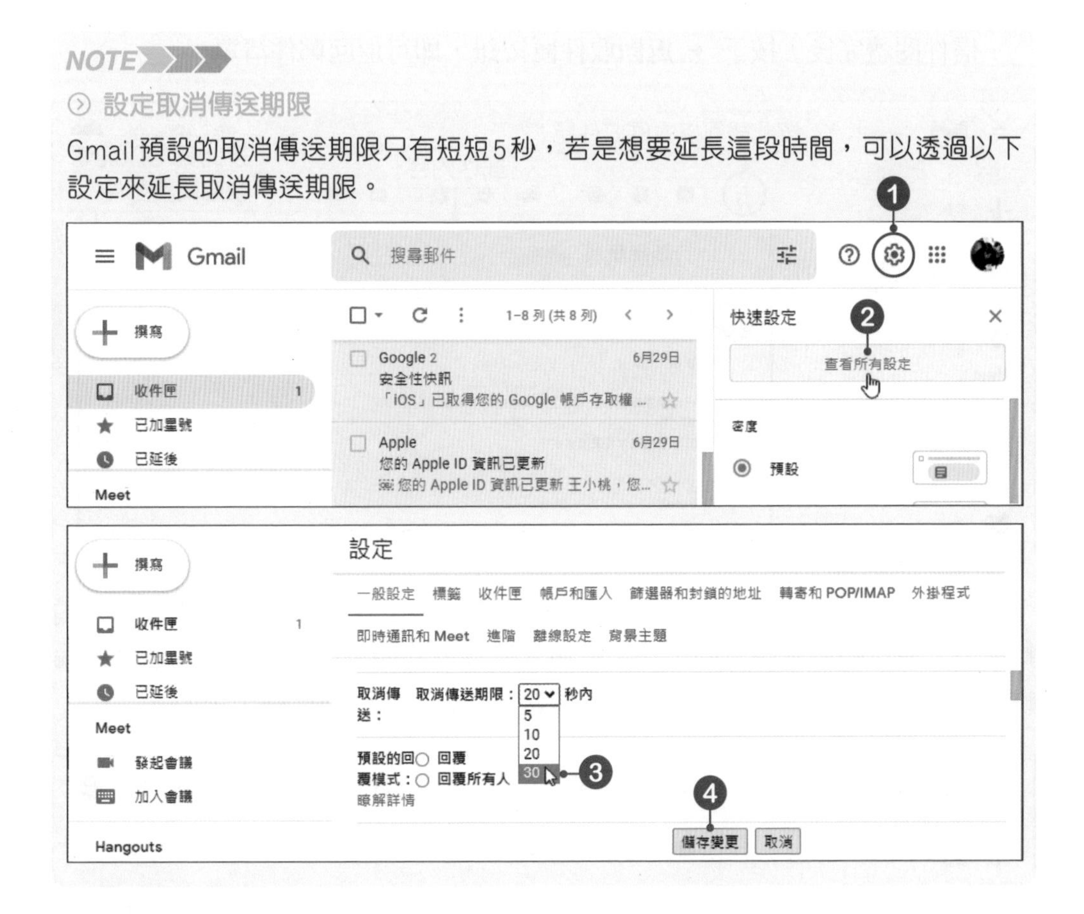

閱讀與回覆郵件

當Gmail收到郵件後，會將郵件存放於收件匣中，要閱讀郵件時，只要切換到收件匣，就可以看到有哪些信件未閱讀。若要閱讀，直接點選郵件標題，即可展開郵件內容。

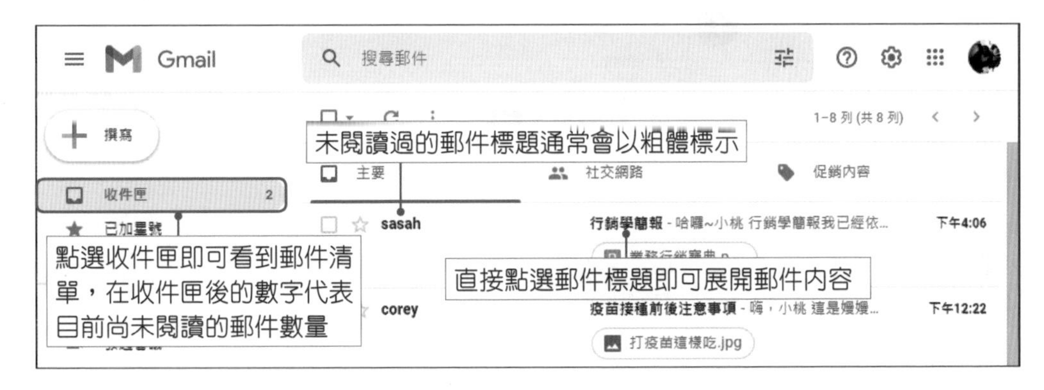

信件閱讀完後，按下 ← **返回收件匣**按鈕，即可返回郵件清單。

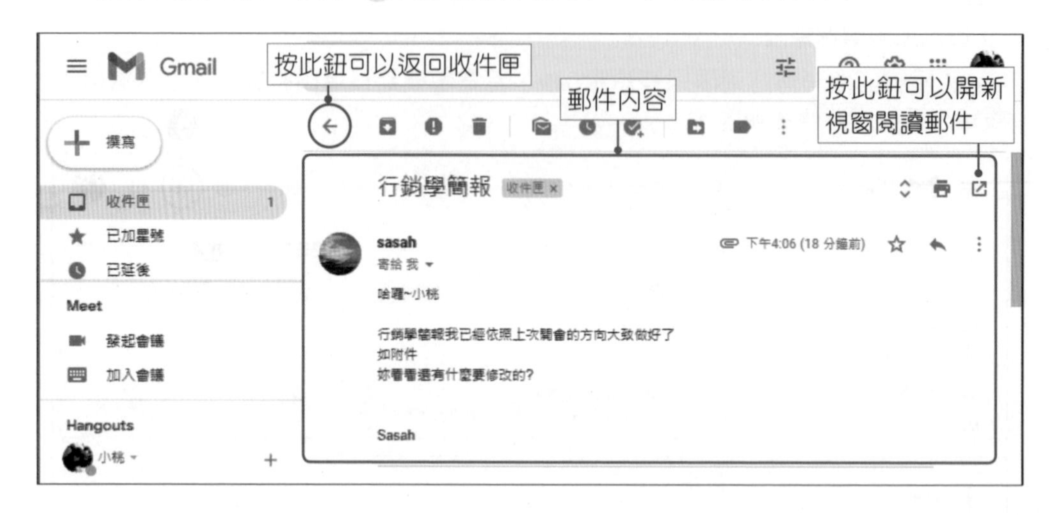

如果想要回覆該信件，可以按下 ↩ **回覆**按鈕，在郵件的下方便會開啟編輯窗格，並自動將寄件人的郵件帳號填入收件者的欄位中，此時只要在郵件編輯窗格中輸入要回覆的內容，再按下**傳送**按鈕就可以將回信寄出了。

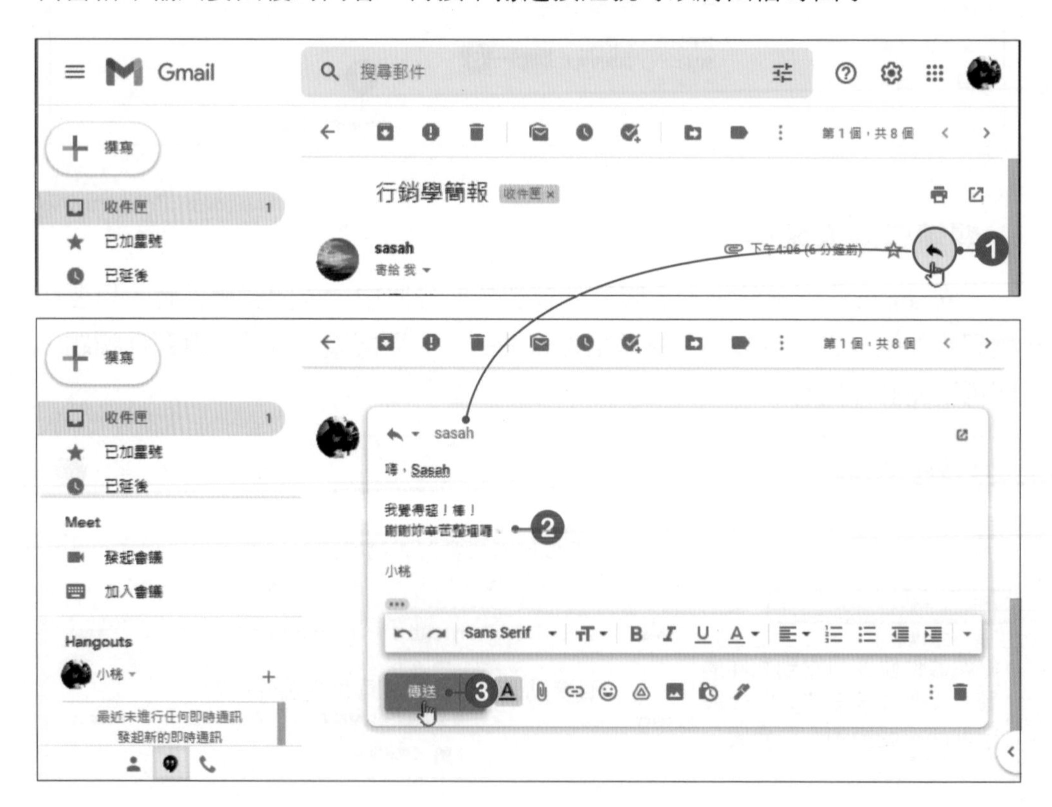

回覆郵件後，Gmail會自動將同一標題的郵件串成一個群組，方便我們可以直接閱讀，不必爲了尋找郵件而煩惱，並可了解該信件來來回回了多少次。

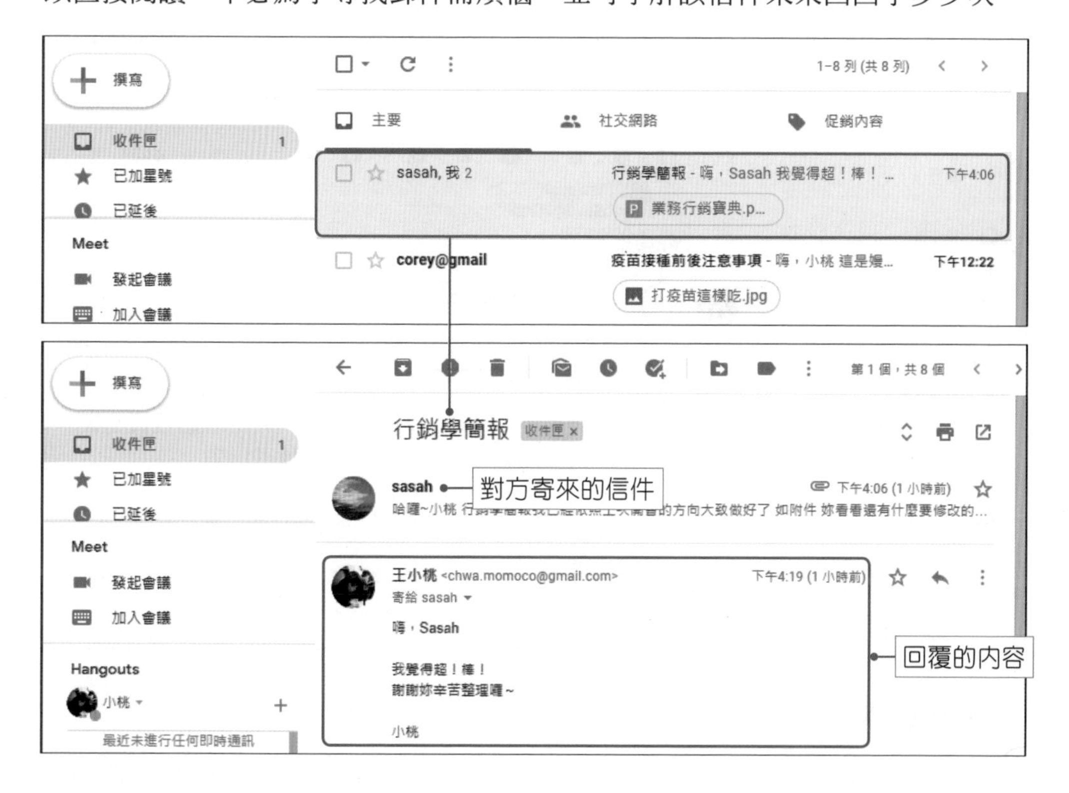

轉寄郵件

「轉寄」郵件的功能與「回覆」郵件有點類似，它是用來將收到的信件，再發送給其他人，而它與「回覆」郵件最大的不同是：必須自行設定收件者的E-mail。

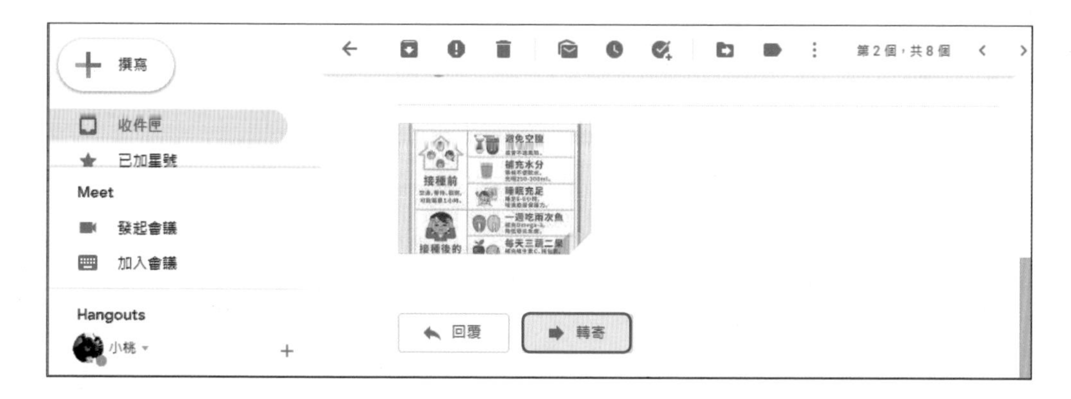

轉寄郵件時，同樣也會在轉寄信件的編輯區中，將原來信件的內容重新複製一份，若信件中有附加檔案時，也會跟著被寄出，而信件中還會附上原寄件者的基本資料。基於保護原寄件者的隱私，強烈建議你將這些資料刪除後再轉寄出去。

刪除郵件

要刪除郵件時，先勾選要刪除的郵件，再按下 按鈕，即可將郵件刪除至**垃圾桶**資料夾中。而在**垃圾桶**資料夾中的郵件，在**30天後會自動清除**。

若想要立即清除的話，進入**垃圾桶**資料夾中，按下**立即清空「垃圾桶」**選項，即可清除垃圾桶中的郵件。

2-1-4 附加檔案

在撰寫郵件時，還可以在郵件中附加想要傳送給對方的檔案，可以是Office文件、圖片等各種類型的檔案。

在郵件中加入附加檔案

STEP01 按下**撰寫**按鈕，開啟新郵件視窗，輸入收件者、主旨及內文，在下方的工具列按下 **附加檔案**按鈕，選擇要加入的附加檔案。

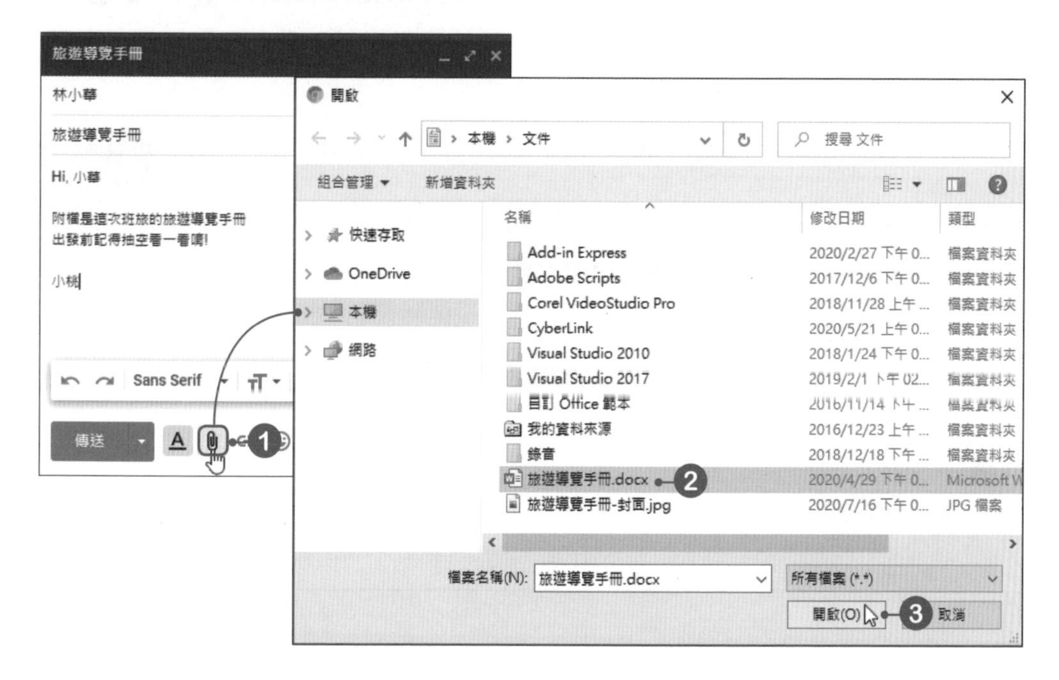

STEP02 接著就會開始進行檔案上傳，上傳完成後，在郵件視窗中就會列出該檔案。

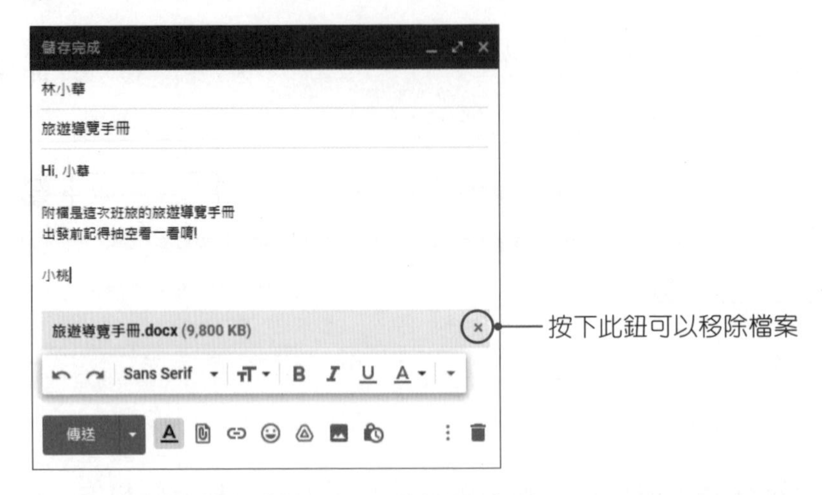

STEP03 按下 **插入相片**按鈕，開啓插入相片視窗，在**上傳**頁面中，可以按下**選擇要上傳的相片**按鈕，於電腦中選擇要上傳的相片，或是直接將要上傳的相片拖曳到上傳相片的視窗中。

STEP04 相片開始進行上傳，上傳完成後，相片就會自動加入於信件中，附加檔案都加入後，按下**傳送**按鈕，即可將郵件傳送出去。

Gmail可傳送的檔案附件大小上限爲25 MB，若郵件夾帶的檔案大小超過25 MB，Gmail會先將檔案上傳到Google雲端硬碟，並自動在電子郵件中新增Google雲端硬碟連結，而不會以附件形式加入檔案。而Gmail可接收的電子郵件大小爲50 MB，不過還是建議一封郵件不要附加太大的檔案，因爲不是每個人的信箱都能接收那麼大的檔案喔！

閱讀有附加檔案的郵件

當Gmail收到有附加檔案的郵件時，在郵件標題的下方就會列出所有附加的檔案。

如果附加的是一般常見的圖檔或Office文件檔，當閱讀郵件時，會直接顯示該檔案的縮圖讓我們預覽。若直接點選檔案，Gmail便會根據檔案的類型自動選擇適當的應用程式開啓該檔案。

直接編輯郵件中的Office附加檔案

在郵件中所附加的檔案若是Office文件時，只要在檔案縮圖上按下 按鈕，Gmail就會直接以Google所提供的文件、試算表、簡報服務來開啓Office檔案，讓用戶直接在雲端進行編輯檔案的動作。

而編輯後的文件會以原本的Office檔案格式儲存，並以副本儲存在你的雲端硬碟空間中。

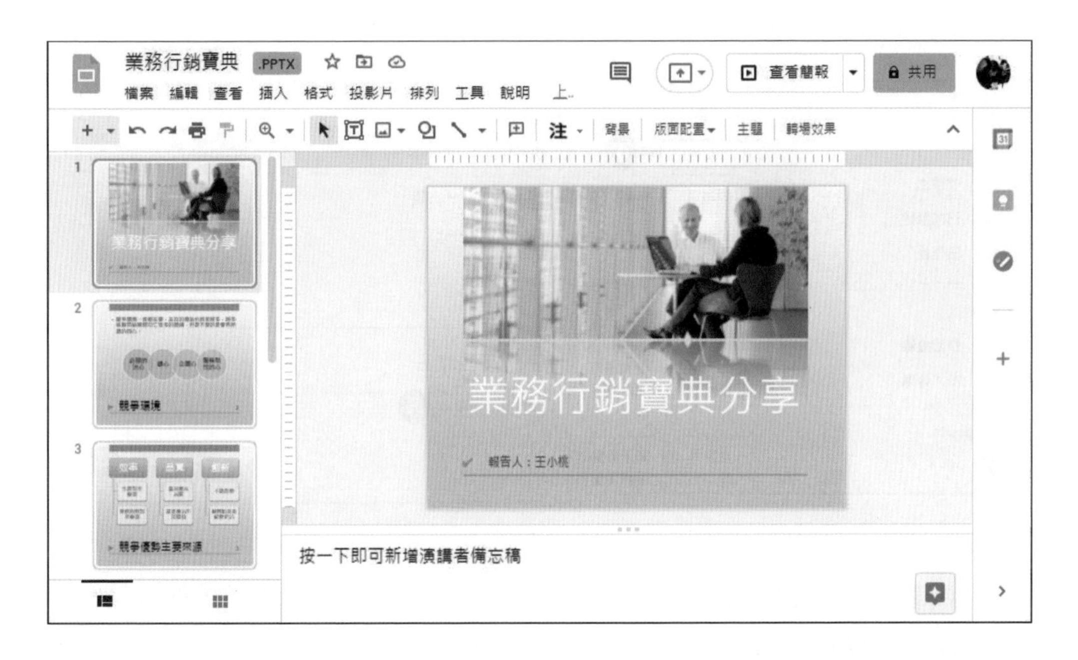

2-1-5 簽名檔設定

在Gmail中可以設定一個專屬的簽名檔，這樣在撰寫郵件時，就會自動將簽名附加在信件最後，簽名檔可以是純文字或是圖片。

STEP01 進入Gmail中，按下 ⚙ **設定**按鈕，點選**查看所有設定**按鈕。

STEP02 於**設定**頁面中，點選**一般設定**標籤頁，找到**簽名**選項，於簽名欄位中點選**建立新標籤**按鈕，在開啓的視窗中先為簽名檔命名，再按下**建立**按鈕，開始建立簽名檔內容。

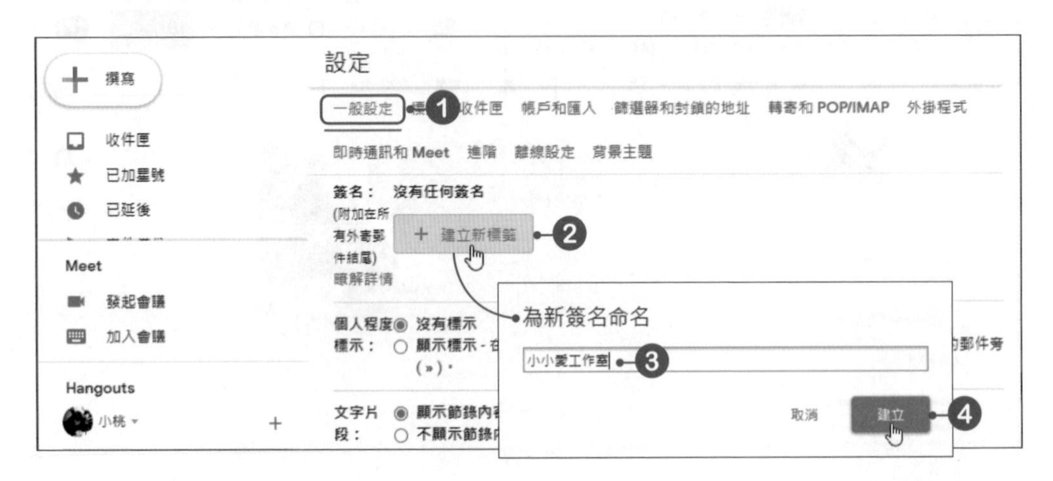

STEP03 接著輸入簽名資料，並設定文字格式。若簽名檔中有電子郵件或是網址時，可以將其加上超連結。只要選取要建立連結的網址文字，直接按下格式工具列上的 **連結**按鈕，即可加入連結。

STEP04 簽名資料設定完成後，再設定簽名的預設使用時機。可針對新郵件或回覆/轉寄的電子郵件上，選用不同的簽名。

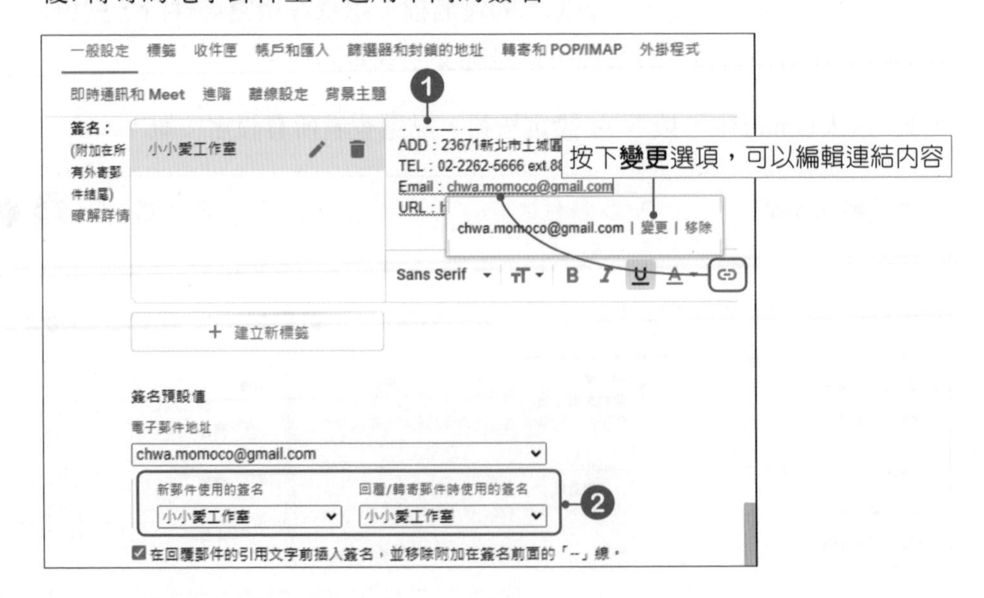

STEP 05 設定好後，於頁面最下方按下**儲存變更**按鈕，完成簽名檔的設定。

STEP 06 之後在撰寫新的電子郵件時，便會自動加入簽名檔。若該信件不想加入簽名檔，可以點選 **插入簽名**按鈕，於選單中點選**沒有簽名**，即可取消該郵件的簽名內容。

2-2 郵件管理

若善用Gmail所提供的郵件管理功能，在使用Gmail時就能更得心應手。

2-2-1 讓郵件自動分類

Gmail提供了郵件自動分類功能，可以將郵件自動分類到**主要**、**社交網路**或**促銷內容**等預設分頁中，這樣便能更有效率地找到相關的郵件。

在預設下，Gmail已經啟動了自動分類功能。若在郵件檢視清單中沒有看到**主要**、**社交網路**及**促銷內容**等預設分頁的話，可以按下 **設定**按鈕，點選**查看所有設定**按鈕。接著於選單中點選**收件匣**選項，進行設定。

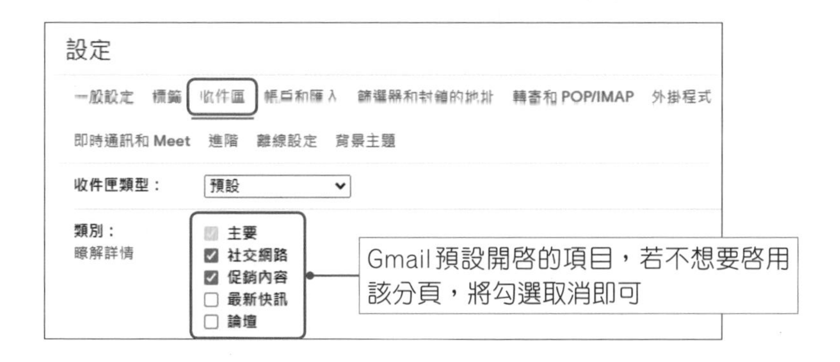

若覺得預設的分類不夠時，則可以自行手動建立需要的標籤頁，讓郵件依指定條件加上標籤並分類管理。

STEP01 按下Gmail頁面左側的**更多**，於展開的清單中點選**建立新標籤**。在**新標籤**頁面中輸入新的標籤名稱，輸入好後按下**建立**按鈕。

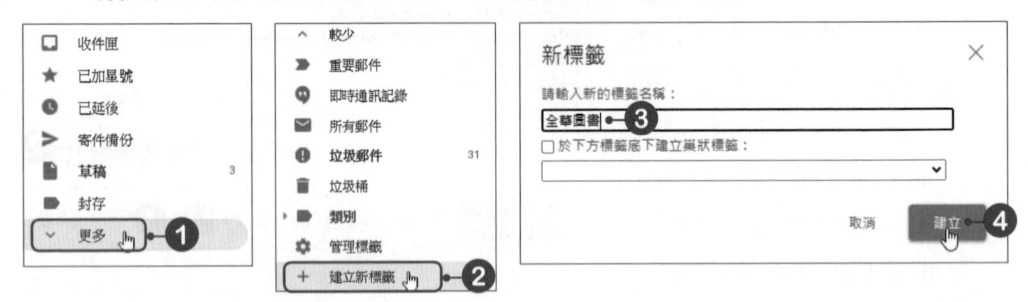

STEP02 於郵件檢視清單中，選取要加入新標籤頁中的郵件，按下**更多→篩選這類的郵件**選項。

STEP03 在篩選器頁面中，寄件者資料會自動填入，若沒有問題，請按下**建立篩選器**按鈕。

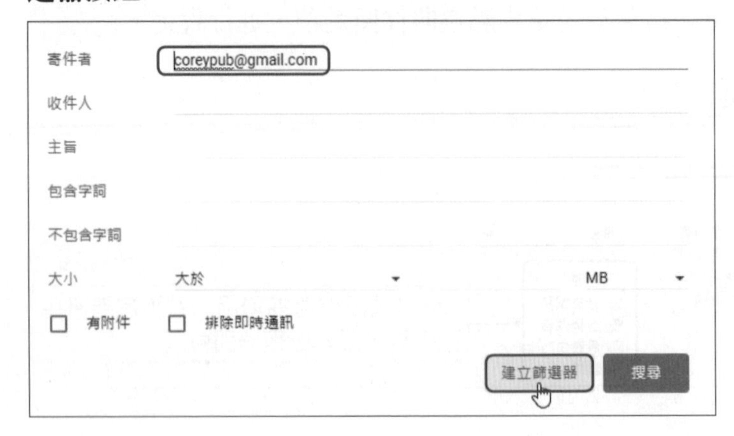

STEP04 將**套用標籤**勾選，並選擇剛剛建立的新標籤，再將**將篩選器同時套用到 1 個相符的會話群組**勾選，最後按下**建立篩選器**按鈕，完成設定。

← 當郵件完全符合搜尋條件時：

☐ 略過收件匣 (將其封存)
☐ 標示為已讀取
☐ 標上星號
☑ 套用標籤： 全華圖書 ❶
☐ 轉寄郵件 新增轉寄地址
☐ 刪除它
☐ 永不移至垃圾郵件
☐ 永遠將其標示為重要
☐ 永不標示為重要
☐ 分類為： 選擇類別...
☑ 將篩選器同時套用到 2 個相符的會話群組。 ❷

勾選此選項才會把之前收取的郵件篩選出來

建立篩選器 ❸

STEP05 回到收件匣後，會發現郵件已標示剛剛建立的新標籤名稱，而相關的郵件就會被歸到新標籤中。

2-2-2 設定休假回覆

Gmail有一個貼心的服務，就是當我們出差或出國旅遊時，可以設定**休假回覆**，來告知寄件者這段期間人不在，所以無法回覆郵件的訊息。按下⚙**設定**按鈕，點選**查看所有設定**按鈕。接著於選單中點選**一般設定**標籤頁，在休假回覆欄位中點選**開啓休假回覆**，即可設定休假期間的日期、信件主旨、郵件內容等，設定好後按下**儲存變更**按鈕即可。

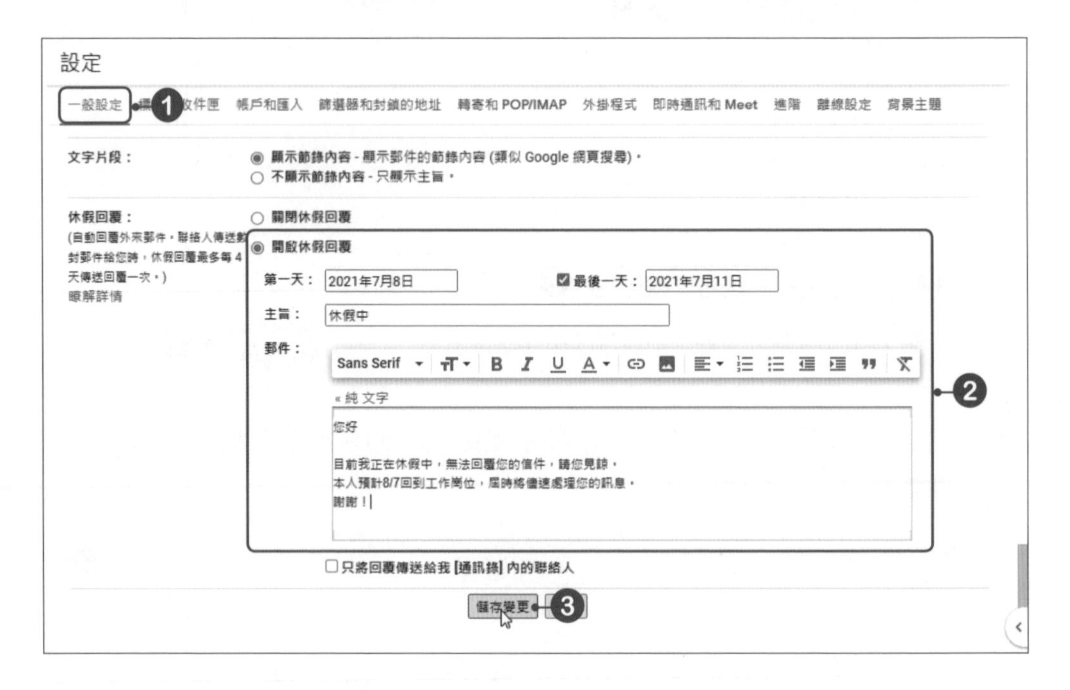

在設定好休假回覆之後，Gmail就會自動回覆外來郵件，只要是休假期間所有寄信給你的收件者，都會同時收到如右圖所示的休假回覆通知(同一寄件人最多每4天會傳送一次休假回覆通知)。

2-2-3 垃圾郵件

在使用Gmail時，不用擔心垃圾郵件問題，Gmail會自動判斷該郵件是否爲垃圾郵件，若被判斷爲垃圾郵件時，Gmail會直接將郵件移至**垃圾郵件**中。

若要刪除垃圾郵件或取回被誤判爲垃圾郵件的郵件時，點選左側選單中的**垃圾郵件**，點選**立即刪除所有垃圾郵件**選項，即可將垃圾郵件資料夾內的郵件全部刪除。

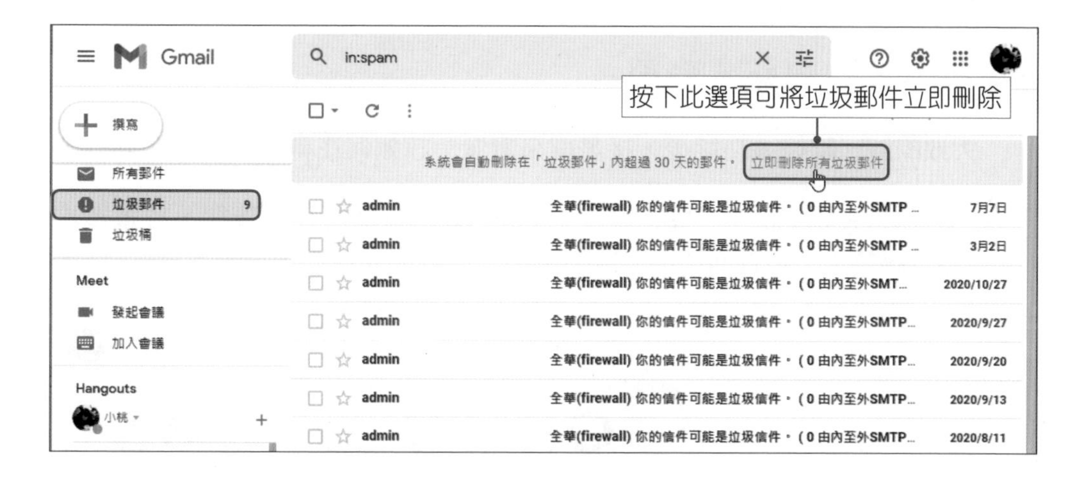

若被歸類到**垃圾郵件**中的郵件不是垃圾郵件時，只要將該郵件勾選後，按下**非垃圾郵件**按鈕，就可將它取回至收件匣中。

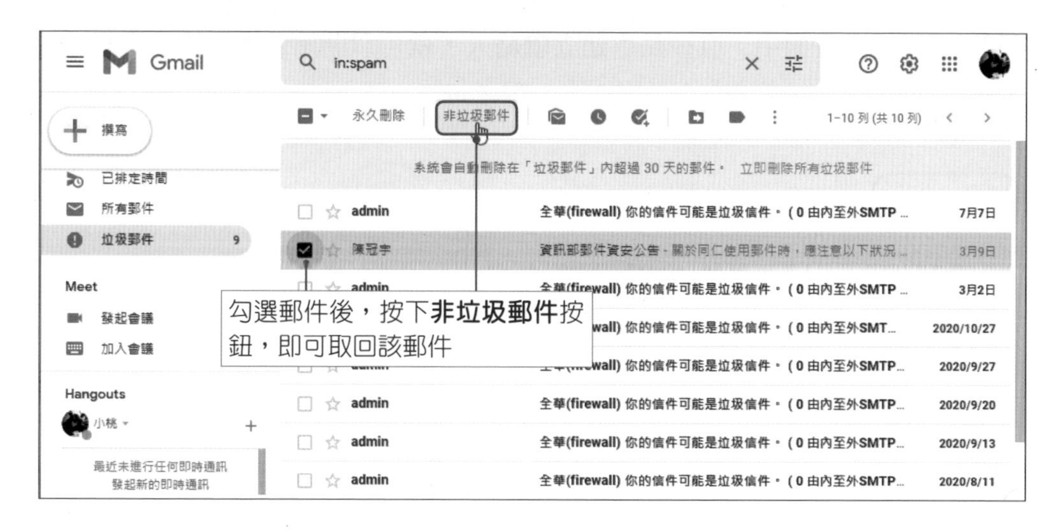

2-3 聯絡人的使用

聯絡人正如我們日常生活中的通訊錄、電話簿一樣，用來儲存親朋好友、公司同事、合作廠商等通訊資料，唯一不同的是，聯絡人是將資料儲存在電腦中而不是記錄在紙張上。聯絡人除了可以記錄通訊資料外，也能用來記錄E-mail，當我們使用Gmail時，就可以直接使用聯絡人中的E-mail資料，省去輸入E-mail的時間。

2-3-1 建立聯絡人資料

大致瞭解了聯絡人功能後，接著就來看看，該如何在聯絡人中建立資料。

STEP01 進入Google頁面中，按下右上角的 **Google應用程式**按鈕，於選單中點選**聯絡人**，將頁面切換至聯絡人中。

STEP02 在聯絡人頁面中，直接點選**建立聯絡人**，就可以開始新增聯絡人資料。

STEP03 輸入聯絡人相關資料，輸入完後按下**儲存**按鈕即可。

STEP04 按下**儲存**按鈕後，即完成新增聯絡人的動作。若要修改或更新聯絡人資料，按下**編輯**按鈕，即可進行編輯的動作。

STEP05 返回**聯絡人**頁面後，就會看到剛剛建立的聯絡人。若要再繼續新增其他聯絡人，再按下**建立聯絡人**按鈕即可。

STEP06 若是常用或重要的聯絡人，可以按下聯絡人資料中的星星圖示，就會將該聯絡人加入至重要聯絡人清單，排列在所有聯絡人清單的最上方。

2-3-2 刪除聯絡人

若要刪除聯絡人時，進入**聯絡人**頁面中，點選要刪除的聯絡人，按下該聯絡人的 ⋮ **更多動作**按鈕，於選單中點選**刪除**，即可將該聯絡人刪除。

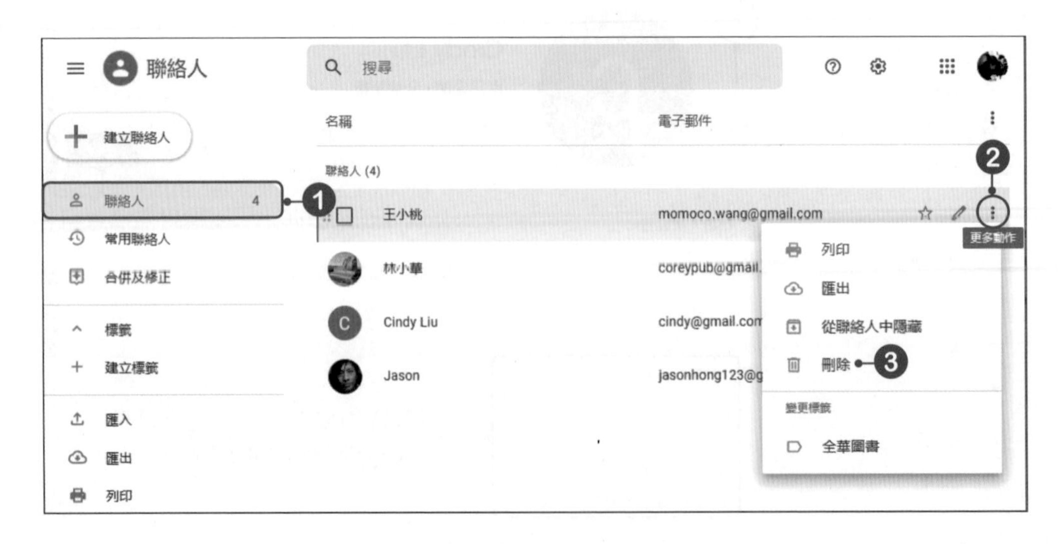

2-3-3 建立標籤

當聯絡人越來越多時，可以利用**標籤**功能，將聯絡人進行分類，這樣在查看時也會比較方便。

STEP01 按下**建立標籤**按鈕，於**建立標籤**頁面中輸入標籤名稱，輸入好後按下**儲存**按鈕。

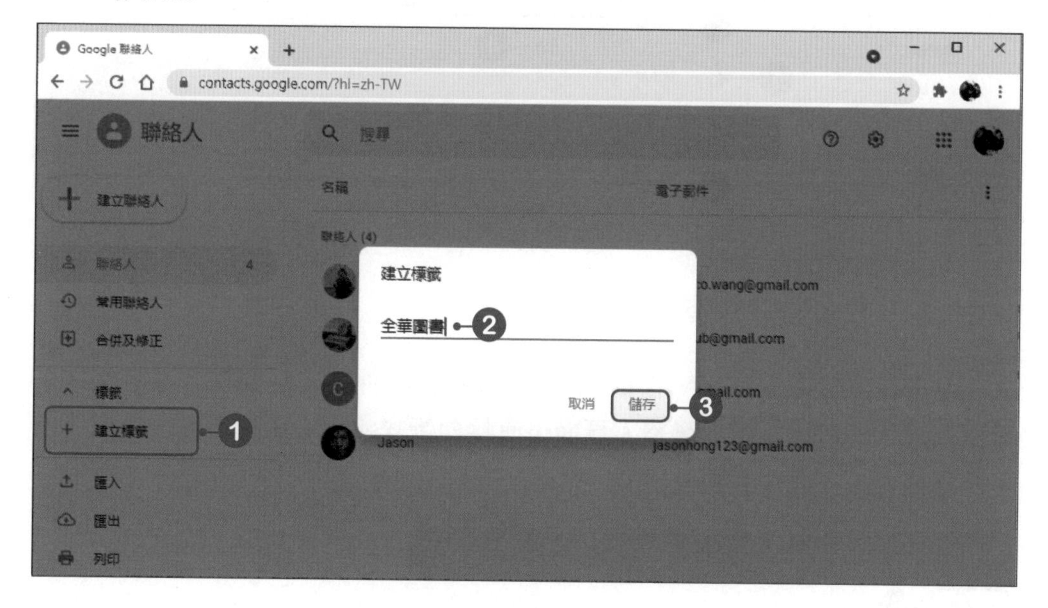

STEP02 標籤建立好後，於標籤選項中就會多了一個剛剛建立的標籤。

STEP03 勾選要加入標籤的聯絡人，按下 ▷ 按鈕，於選單中點選標籤名稱，點選後，再按下**套用**，即可將聯絡人加入標籤中。

2-3-4 聯絡人的使用

當聯絡人建置完成後，在Gmail中若要撰寫郵件時，只要在收件者上按下**滑鼠左鍵**，即可進入**選取聯絡人**頁面，直接勾選聯絡人，再按下**插入**按鈕，即可將聯絡人加入收件者欄位中。

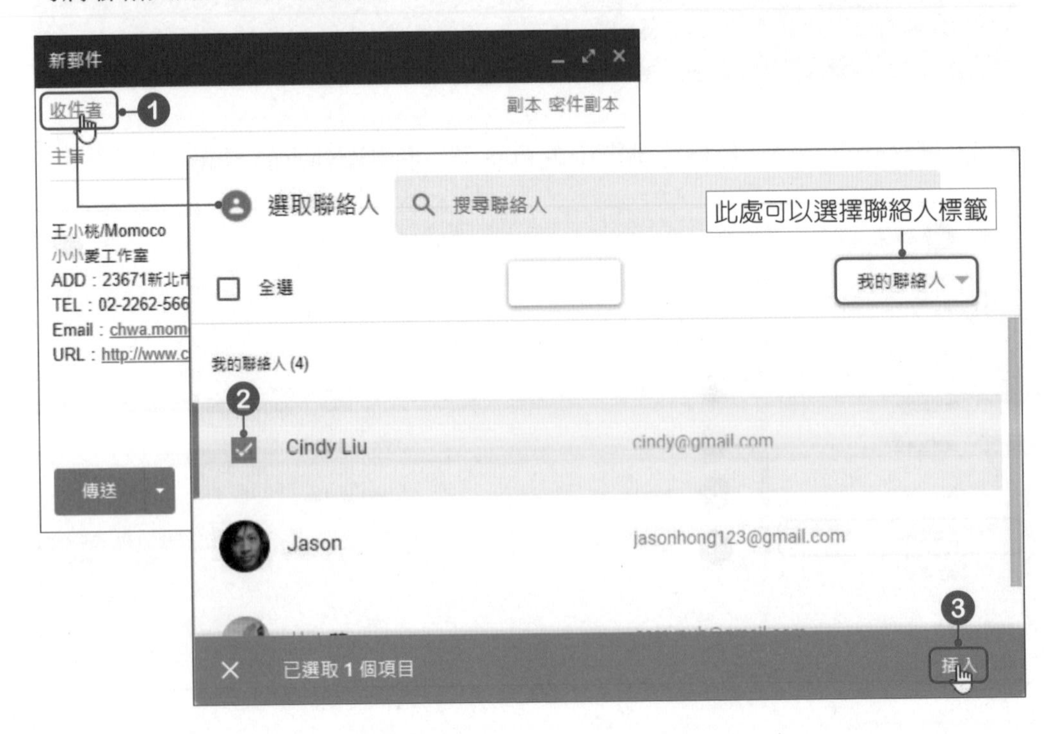

2-4 Gmail App的使用

Gmail除了可在電腦上使用之外，也可以在行動裝置中使用，這節將以Gmail App爲例，說明如何在行動裝置中收發Gmail電子郵件。

2-4-1 在行動裝置中同步收發Gmail

Gmail也提供了行動裝置使用的App，而使用方式與電腦版大致相同。若使用的是Android系統的行動裝置，那麼該系統已內建了Gmail應用程式；若使用的是iOS系統，那麼可以安裝Gmail應用程式。以下

STEP01 安裝並點選**Gmail**，開啓Gmail App，進行帳號的登入。

NOTE

若使用Android系統的行動裝置，可以至Google Play下載，或是直接用行動裝置掃描本書所提供的QR Code，進行下載及安裝的動作。

若使用iOS系統的行動裝置，可以至App Store下載，或是直接用行動裝置掃描本書所提供的QR Code，進行下載及安裝的動作。

Android

iOS

STEP02 接著選擇**Google**電子郵件，依指示輸入Gmail的**電子郵件地址**，輸入完後按下**繼續**，再輸入電子郵件的**密碼**，輸入好後按下**繼續**。

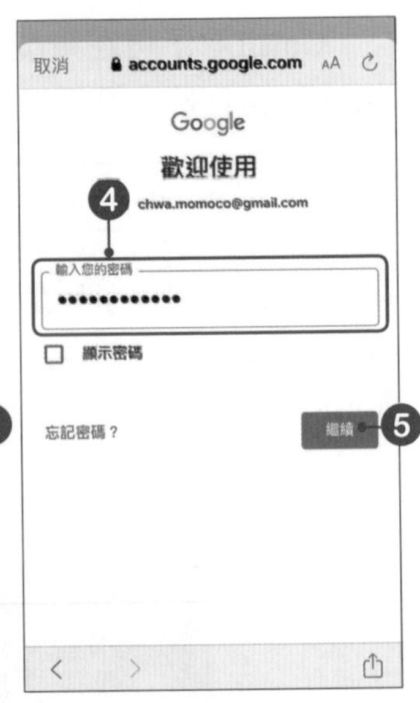

STEP03 首次登入後，會先顯示介面提示說明，接著就可以在Gmail App中看到與Gmail同步顯示的所有郵件內容。在預設下會直接進入「主要」收件匣，按下左上角的☰按鈕，即可開啓郵件匣選單，進行切換與檢視。

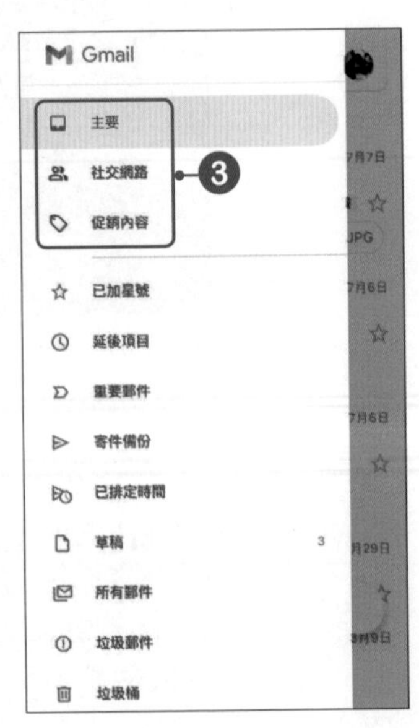

2-4-2　閱讀郵件

要閱讀郵件時，進入收件匣後，直接點選要閱讀的郵件即可開啟該郵件；若該郵件標題為粗體標示，表示該封郵件尚未讀取過。

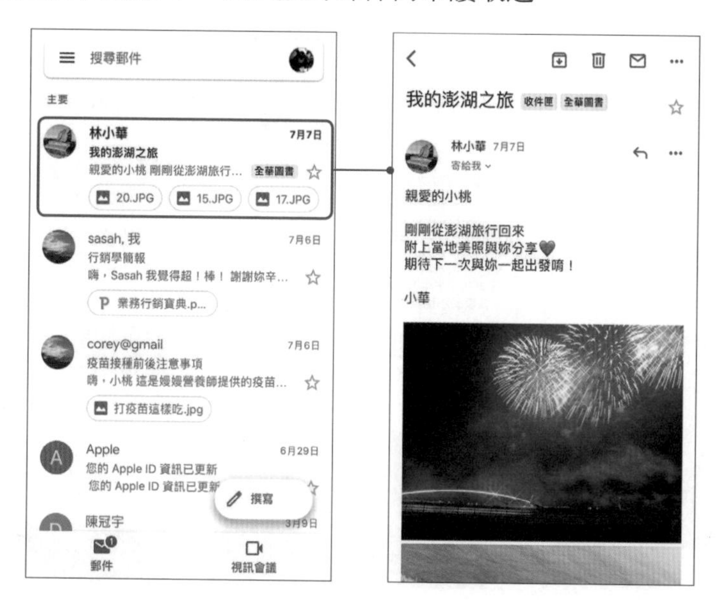

2-4-3　撰寫郵件

若要撰寫新郵件時，直接點選右下角的**撰寫**按鈕，即可開啟新郵件頁面，進行郵件撰寫。

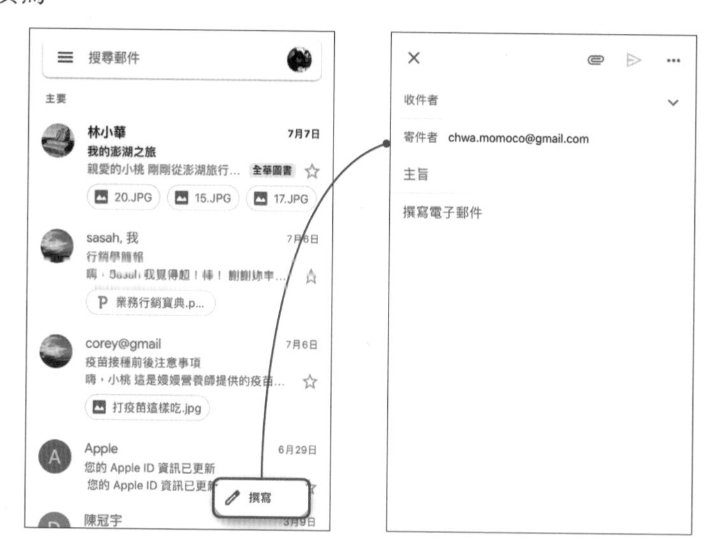

2-4-4 回覆或轉寄郵件

進入郵件後，點選 ↶ 圖示即可回覆該郵件；若要轉寄郵件，則按下 ··· 圖示，於開啓的選單中點選想要執行的動作即可。

2-4-5 刪除郵件

要刪除郵件時，只要用手指長按想要刪除的郵件，待它顯示藍色勾勾表示被選取，此時按下上方的 🗑 圖示，即可將該封郵件刪除。

自我評量

選擇題

(　　)1. 下列有關E-mail的敘述，何者有誤？ (A)寄發電子郵件必須要有收信人的E-mail Address　(B) E-mail傳送時，沒有指定主旨的信一定無法傳送　(C) E-mail可以附加檔案傳送　(D)發信人可以同時將信件傳送給二位以上的收信人。

(　　)2. 某電子郵件之位址為momo@msa.hinet.net，由此可知？ (A)IP位址是momo　(B)使用者名稱是momo@msa　(C)郵件伺服器是msa.hinet.net　(D)使用者名稱是msa。

(　　)3. 下列有關Gmail之敘述，何者不正確？ (A)Gmail是Google提供的免費電子郵件服務　(B)不需要申請Google帳號也能使用Gmail服務　(C)透過手機也能同步使用Gmail服務　(D)可以直接編輯收到的電子郵件中附加的OFFICE檔案。

(　　)4. 如果想把電子郵件寄送給許多人，卻又不想讓收件者彼此之間知道你寄給哪些人，可以利用哪項功能做到？ (A)收件者　(B)副本　(C)密件副本　(D)做不到。

(　　)5. Gmail的「取消傳送」功能，最長可設定在寄出郵件之後幾秒之內必須收回？ (A) 5　(B) 15　(C) 30　(D) 60。

(　　)6. 將Gmail中的郵件刪除後，該郵件會在「垃圾桶」資料夾中保留多少天後，就會自動刪除？ (A) 15　(B) 20　(C) 25　(D) 30。

(　　)7. 在Gmail中撰寫郵件時，加入的附加檔案若超過多少MB，會先將檔案上傳到Google雲端硬碟，再於郵件中加入下載連結，讓收件者下載？ (A) 15　(B) 20　(C) 25　(D) 30。

(　　)8. 下列有關Gmail簽名檔之敘述，何者有誤？ (A)可以是純文字　(B)可以插入超連結　(C)可以插入圖片　(D)一個帳號只能設定一個簽名檔。

(　　)9. 下列何者為Gmail所提供的功能？ (A)可以設定簽名檔　(B)可以設定休假回覆　(C)可以在一定時間內將傳送出去的郵件取消傳送　(D)以上皆是。

(　　)10. 下列關於Gmail的敘述，何者不正確？ (A)可以在使用Android系統的行動裝置上使用　(B)無法在使用iOS系統的行動裝置使用　(C)具有郵件自動分類功能　(D)可以免費申請使用。

實作題

1. 請向三位同學、老師或親友索取他們的電子郵件信箱，透過你的Gmail建立他們的聯絡人資料，並為他們建立分類標籤(例如：「XX高中」或「家人」)。

2. 請登入你的Gmail，撰寫一封簡短的自我介紹信給你的同學或老師，別忘了還要附上一張你最帥最美的個人照喔！

CHAPTER 03

雲端硬碟與相簿

3-1 認識Google雲端硬碟

隨著雲端的興起，各家電腦廠商也都推出了「雲端硬碟」的服務，提供了許多免費的儲存空間，讓使用者儲存各式各樣的檔案。目前較為大家所熟悉的雲端硬碟有：Dropbox、OneDrive、Google雲端硬碟等，而本章將介紹Google所提供的雲端硬碟(https://www.google.com/intl/zh-TW/drive/)。

使用Google雲端硬碟，不管人在辦公室、家裡或是戶外，只要連上網路，便可隨時存取Google雲端硬碟的內容。Google提供了**15GB的免費儲存空間，這些空間由Gmail、雲端硬碟及相簿共用**。

- **Gmail：**所有郵件與附件，包含「垃圾郵件」和「垃圾桶」中的郵件。若用戶的儲存空間用盡，將無法收發電子郵件。
- **雲端硬碟：**儲存在雲端硬碟中的檔案，例如：Google文件、試算表和簡報、PDF、圖片和影片等，還有「垃圾桶」中的項目，都會佔用儲存空間。
- **相簿：**所有以**原始畫質、壓縮畫質、快速備份畫質**等選項上傳及備份的相片與影片，都會佔用Google帳戶儲存空間。

Google雲端硬碟支援使用Windows、macOS、Android及iOS等作業系統平台，可以從電腦或行動裝置中即時同步檔案。用戶可透過個人的Google帳戶(個人用途)或Google Workspace帳戶(企業用途)使用Google雲端硬碟。

3-2 雲端硬碟的使用

初步認識Google雲端硬碟之後，這一小節將說明以個人Google帳戶存取雲端硬碟的各種技巧。

3-2-1 登入雲端硬碟

要使用Google雲端硬碟服務，必須先擁有Google帳戶才能登入使用。在Google首頁中，按下 **Google應用程式**，於選單中點選**雲端硬碟**，在Google雲端硬碟網頁中點選**前往雲端硬碟**，即可進行登入。

登入後，即可進入雲端硬碟頁面中。

3-2-2 上傳資料夾或檔案至雲端硬碟

登入Google雲端硬碟後，即可將電腦中的檔案或整個資料夾上傳至雲端硬碟。

STEP01 按下**新增**按鈕，於選單中點選**檔案上傳**，於**開啓**對話方塊中選擇要上傳的檔案，選擇好後按下**開啓**按鈕。

STEP02 接著就會開始進行上傳，檔案上傳完成後，在雲端硬碟中即可看到剛剛上傳的檔案，此時可以按下 × 按鈕，關閉訊息對話框。

STEP03 若要直接上傳整個資料夾內的檔案時，可以在**新增**選單中點選**資料夾上傳**，於**選取要上傳的資料夾**對話方塊中，點選要上傳的資料夾，選擇好後按下**上傳**按鈕。

STEP04 出現警告訊息，若沒問題請直接按下**上傳**按鈕，進行上傳的動作。

STEP05 上傳完成後，在雲端硬碟中就會看到剛剛上傳的資料夾，在資料夾上**雙擊滑鼠左鍵**，即可進入該資料夾，查看所有的檔案。

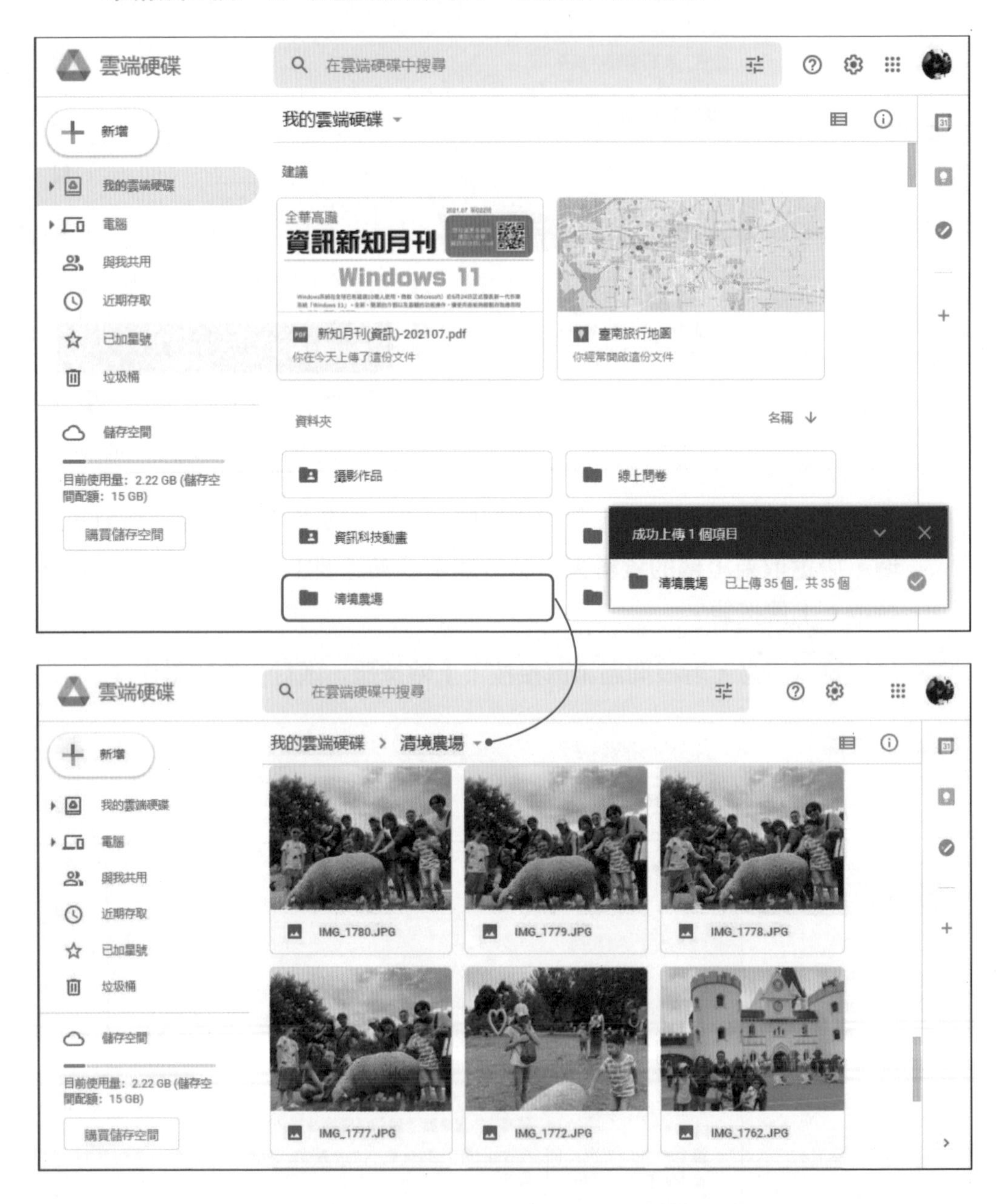

3-2-3 用資料夾分類管理檔案

在Google雲端硬碟中，可以自行建立資料夾，來管理檔案的存放位置。

STEP01 點選「**新增→資料夾**」選項，開啟**新資料夾**頁面，於欄位中輸入資料夾名稱，輸入好後按下**建立**按鈕。

STEP02 完成資料夾的建立後，即可進行檔案管理的設定。選取要加入資料夾的檔案或資料夾，若要選取多個檔案時，可以按著**Ctrl**鍵不放，再一一去點選，檔案選取好後，直接將檔案拖曳至要擺放的資料夾即可。

STEP03 也可以按下 ⋮ **更多動作**按鈕(或是在要移動的檔案或資料夾上按下**滑鼠右鍵**)，於選單中點選**移至**選項，即可於選單中選擇要移至的資料夾，選擇好後按下**移動**按鈕，被選取的檔案便會移至該資料夾中。

STEP04 針對比較急迫或是不同主題的資料夾，可以設定不同的資料夾顏色來方便管理與區分。若想爲資料夾加上顏色，可以先選定資料夾，接著按下 ⋮ **更多動作**按鈕(或是直接在資料夾上按下**滑鼠右鍵**)，於選單中點選**變更顏色**，接著在色票中點選想要設定的顏色即可。

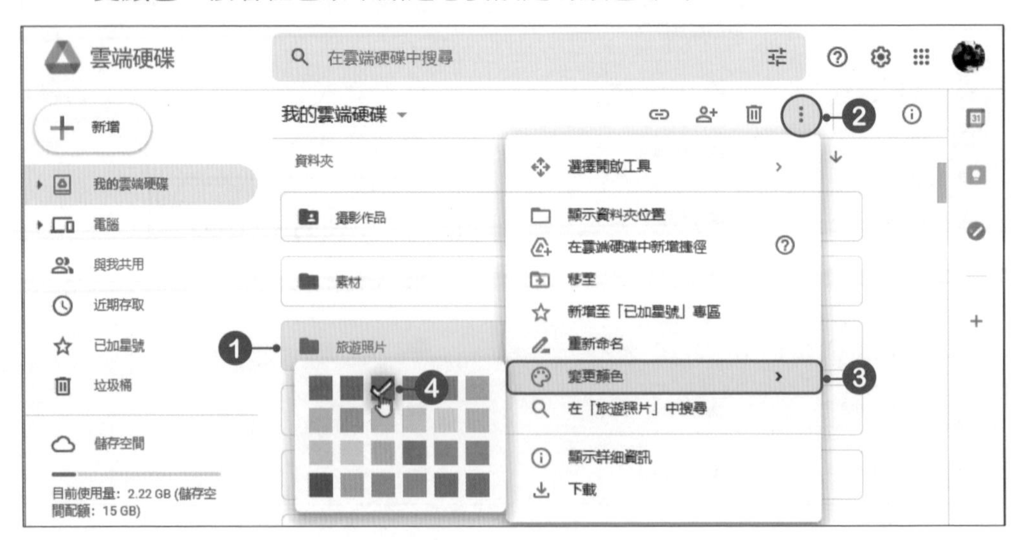

3-2-4 開啟雲端硬碟中的檔案

Google雲端硬碟能開啓的檔案格式相當多，不管是影片、圖片、PDF、Microsoft Office檔案等，都能直接在雲端硬碟中開啓、瀏覽，甚至編輯。

STEP01 進入**我的雲端硬碟**中，先點選在要瀏覽或開啓的檔案上，按下 **預覽**按鈕，即可開啓Google雲端硬碟檢視器進行瀏覽。

STEP02 接著會開啓Google雲端硬碟檢視器來瀏覽檔案內容。

STEP03 若欲開啓的檔案類型屬於Office文件，可以在檔案上**雙擊滑鼠左鍵**，直接以Google所提供的文件、試算表、簡報服務來開啓檔案並進行編輯。

STEP04 若想透過其他應用程式開啓，可以在要開啓的檔案上按下**滑鼠右鍵**，於選單中點選**選擇開啓工具**，即可在選單中點選適合的應用程式來開啓。

3-2-5 刪除及還原雲端硬碟中的檔案

要刪除雲端硬碟中的檔案時，只要點選該檔案，再按下 **移除**按鈕，此時Google雲端硬碟會將要刪除的檔案移至**垃圾桶**中。

若要還原被刪除的檔案時，先到**垃圾桶**中點選該檔案，再按下 按鈕，即可將被刪除的檔案還原。

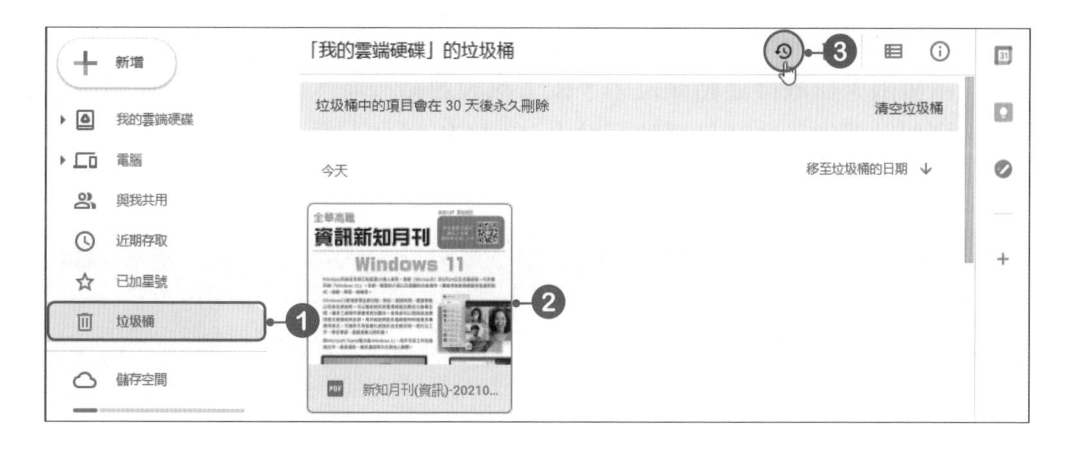

而垃圾桶中的檔案會被保留30天，30天後便會永久刪除，若要手動清空垃圾桶，只要進入到**垃圾桶**中點選**清空垃圾桶**，即可將檔案永久刪除。

3-2-6 分享及共用雲端硬碟中的檔案

要將檔案或資料夾分享給朋友時，可以將檔案或資料夾設定為**共用**，或是取得檔案共用連結，來進行分享。

STEP01 選取要設定共用的資料夾或檔案，按下 **取得連結**按鈕，進入與使用者和群組共用及取得該檔案共用連結網址的設定畫面。

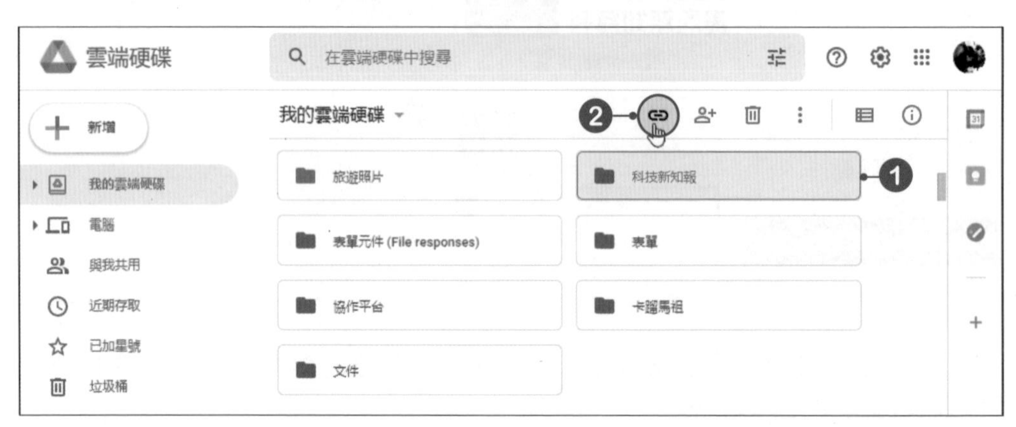

STEP02 在**與使用者和群組共用**的欄位中，可設定共用對象清單，同時設定其共用權限；在**取得連結**欄位中，按下**複製連結**按鈕，即可將共用連結複製到剪貼簿中，此時只要執行**貼上(Ctrl+V)**指令，便可將此連結傳送給其他使用者，他們便能取得共用權限。

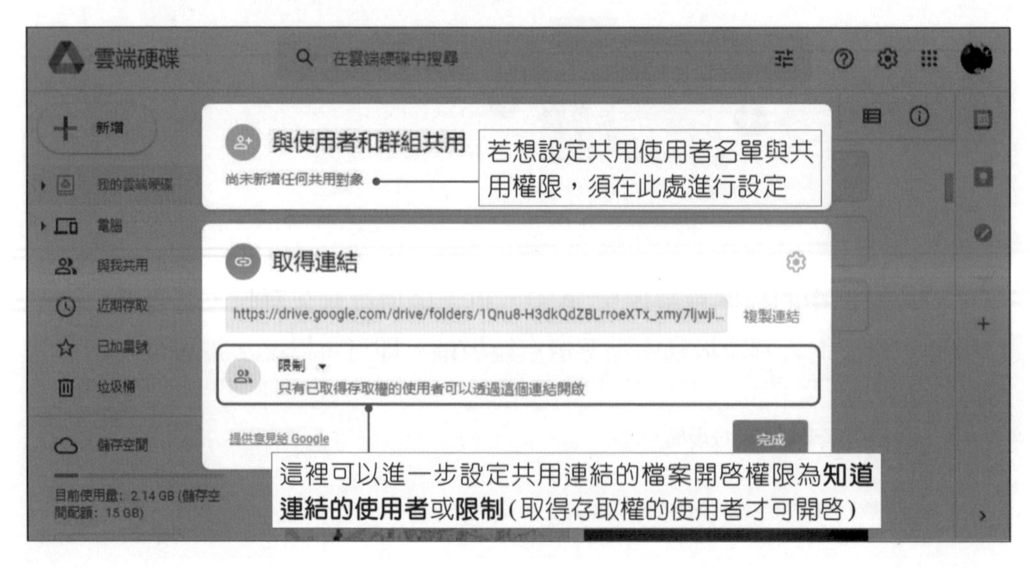

STEP03 在設定共用對象時，在**新增使用者和群組**欄位中輸入要傳送共用連結的電子郵件地址或使用者，輸入好後，按下**傳送**按鈕，即可將共用連結傳送出去。

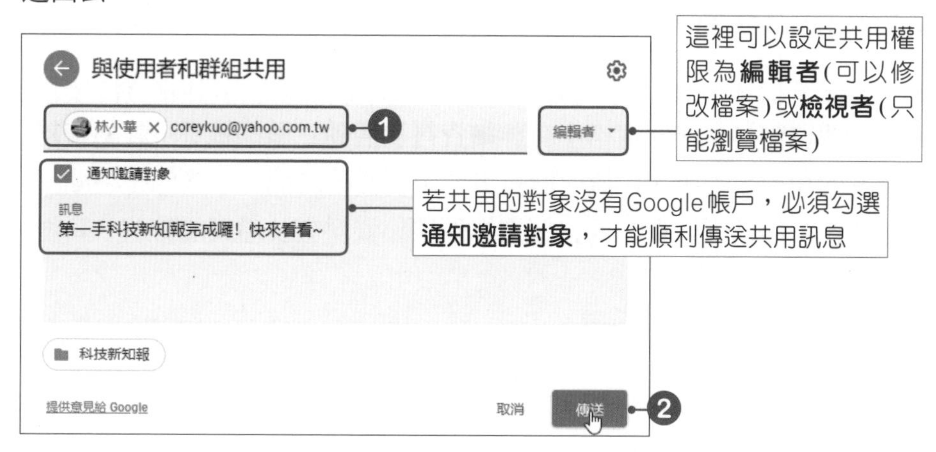

STEP04 當對方透過電子郵件信箱收到共用訊息後，只要點選**開啓**選項，即可連結至該資料夾或檔案。

3-2-7 檢視雲端硬碟中檔案和資料夾的活動

在Google雲端硬碟中可以隨時檢視檔案的**詳細資料**及**活動**，這樣就可以清楚地了解該檔案何時更動了什麼內容。

要了解檔案的詳細資料及活動時，可以按下 ⓘ **顯示詳細資料**按鈕，在右側就會開啓窗格，在此窗格中有**詳細資料**及**活動**二個標籤頁，**詳細資料**中記錄了檔案的類型、大小、位置、擁有者、上次修改時間、上次開啓時間、建立日期等資訊；**活動**中則會記錄整個雲端硬碟、資料夾及檔案的修改、新增、移除等資訊。

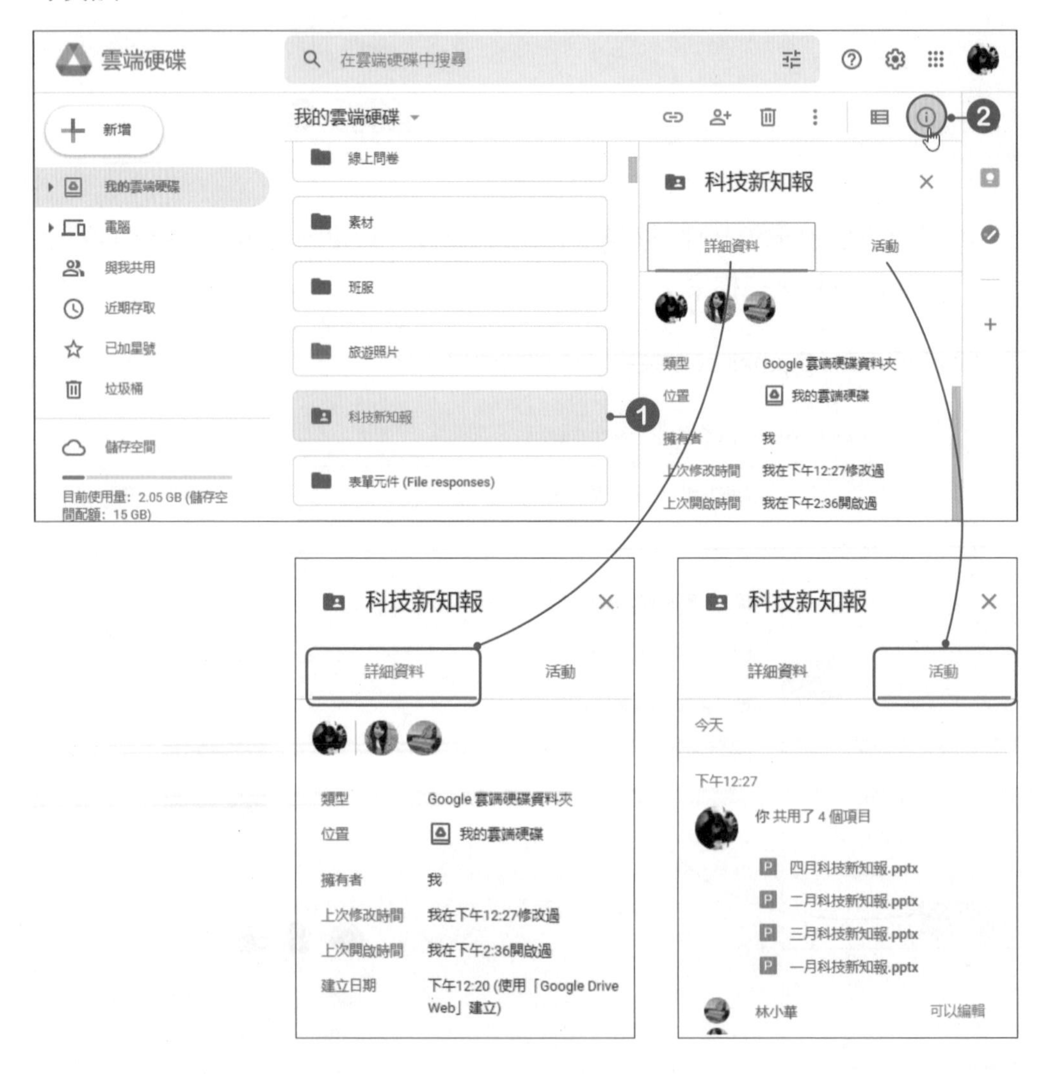

3-2-8 搜尋雲端硬碟中的檔案

當雲端硬碟中的檔案越來越多，可以利用**搜尋工具**，來搜尋特定的檔案，使用時可以依指定檔案類型或是關鍵字進行搜尋。

關鍵字搜尋

在Google雲端硬碟主畫面上方的**在雲端硬碟中搜尋**欄位中，輸入要搜尋的關鍵字，即可找出相符的檔案、資料夾或檔案內文有此關鍵字的檔案。

進階搜尋

按下搜尋欄右側的 **搜尋選項**鈕，可設定檔案類型、擁有者、檔案位置、修改日期、……等更詳細的搜尋條件，設定完成後按下**搜尋**按鈕，即可依設定條件進行搜尋。

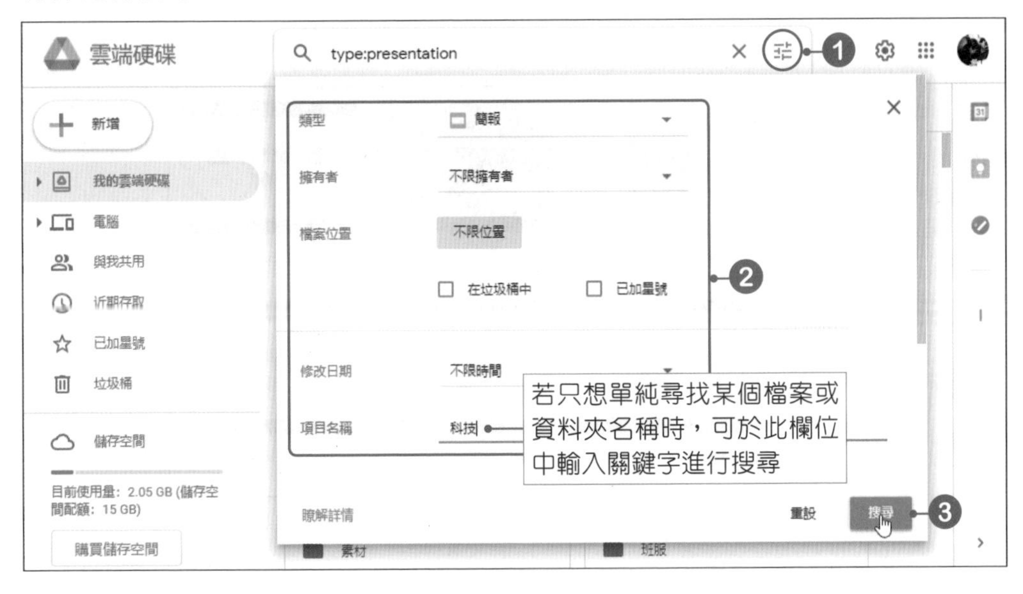

搜尋指定檔案類型

除了使用搜尋欄的 搜尋選項鈕來指定檔案類型之外，還有一個更快速的方式，只要在搜尋欄位中按一下**滑鼠左鍵**，會列出一些常見的檔案類型選項，直接點選想要尋找的檔案類型，就會自動搜尋出相關檔案。

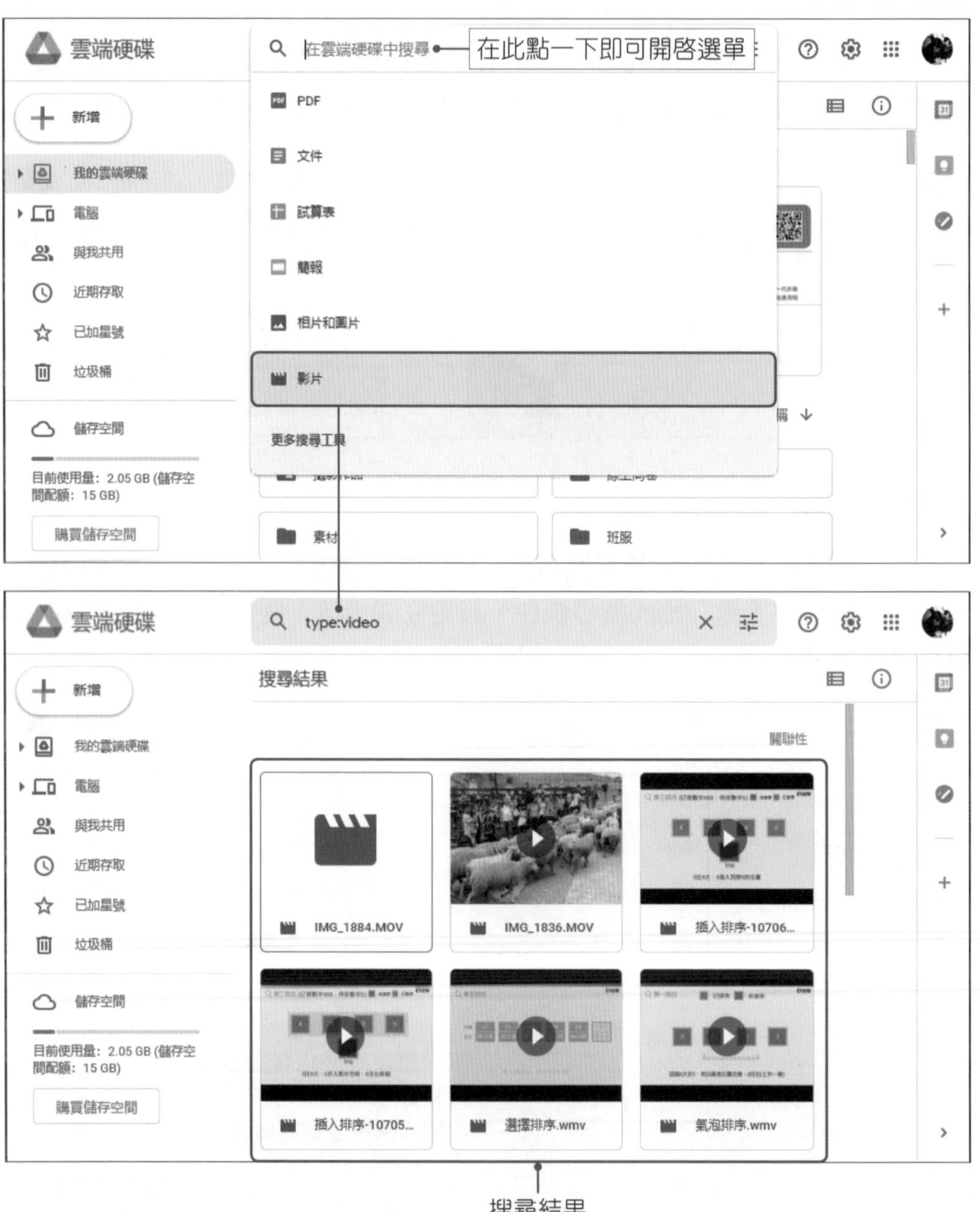

3-3 Google雲端硬碟App的使用

Google雲端硬碟支援使用iOS及Android系統的行動裝置，只要安裝相關App，即可在行動裝置中使用Google雲端硬碟。

3-3-1 下載Google雲端硬碟App

Android

iOS

Android系統的行動裝置已預設安裝Google雲端硬碟，若沒看到此App，可以至Google Play下載，或是直接用行動裝置掃描本書所提供的QR Code，進行下載及安裝。

若使用iOS系統的行動裝置，可以至App Store下載，或是直接用行動裝置掃描本書所提供的QR Code，進行下載及安裝。

3-3-2 登入Google雲端硬碟App

在行動裝置上安裝好Google雲端硬碟App後，即可開始使用，使用方法其實與線上版大同小異，這裡將以iOS系統示範。

STEP01 點選主畫面的**雲端硬碟**App，進入該應用程式中。

STEP02 若是第一次啓用**雲端硬碟**App時，須先輸入Google帳號密碼進行登入。

STEP03 登入成功後，便會將雲端上的所有檔案同步到雲端硬碟App中。

雲端硬碟App中的檔案會與電腦版同步，若在此增加或刪除檔案，電腦版也會跟著變動

3-3-3 上傳檔案

雲端硬碟App可以直接上傳行動裝置中的檔案，或是直接使用相機功能上傳照片，除此之外，還可以直接建立Google文件、試算表及簡報等。

STEP01 點選右下角的 + 按鈕，於選單中即可選擇要上傳的項目。點選**上傳**選項，可選擇要透過哪個應用程式上傳相關資料到雲端硬碟App中，而這裡會顯示行動裝置中有安裝的應用程式。

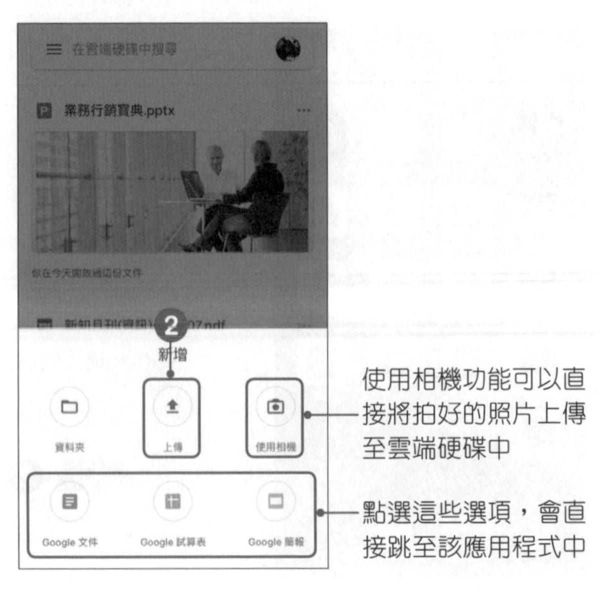

STEP 02 首先點選要透過哪個應用程式上傳檔案。若要上傳行動裝置中的相片和影片，應點選**相片和影片**應用程式，此時會出現App授權視窗，此處需選擇**選取照片**或**允許取用所有照片**，才能順利進入手機相簿目錄中，點選想要上傳的照片後，按下**上傳**按鈕，即可將照片上傳。

3-3-4 分享檔案

在雲端硬碟App中也可以輕鬆將檔案分享給好友。只要在欲分享的檔案中，點選右上角的⋯按鈕，即可在清單中選擇要分享檔案的方式，例如：點選**複製連結**，雲端硬碟App就會將該檔案的共用連結複製到剪貼簿中，此時便可進入某應用程式，像是LINE或電子郵件，將連結貼上，即可將連結傳送給朋友。

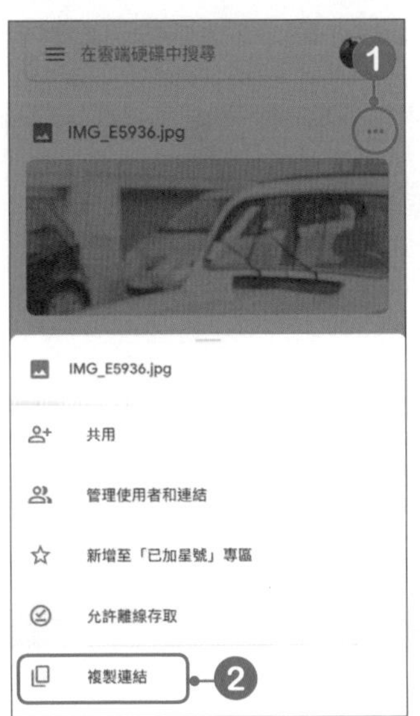

3-4 Google相簿的使用技巧

Google相簿是存放在網路上的雲端相簿，只要擁有Google帳戶，即可使用這項服務。Google提供每位用戶15 GB的免費儲存空間，可供Gmail、雲端硬碟及相簿共用使用。

Google相簿可以備份相片及影片，且可以使用電腦、智慧型手機或是平板電腦等裝置存取相片或影片。在Google相簿中的所有相片都會由系統自動進行安全備份、歸類整理以及加上標籤，讓我們在尋找相片時，更快也更容易，除此之外，還能依照喜愛的方式與他人分享相片。這節將介紹Google相簿的各種使用技巧。

3-4-1 登入Google相簿

要登入Google相簿時，進入Google首頁中，按下右上角的 **Google應用程式**，於選單中點選**相片**，進入Google相簿首頁中，按下**前往GOOGLE相片**按鈕，即可進行登入。

❖https://www.google.com/photos/about/

登入成功後，即可進入Google相簿的主畫面中。

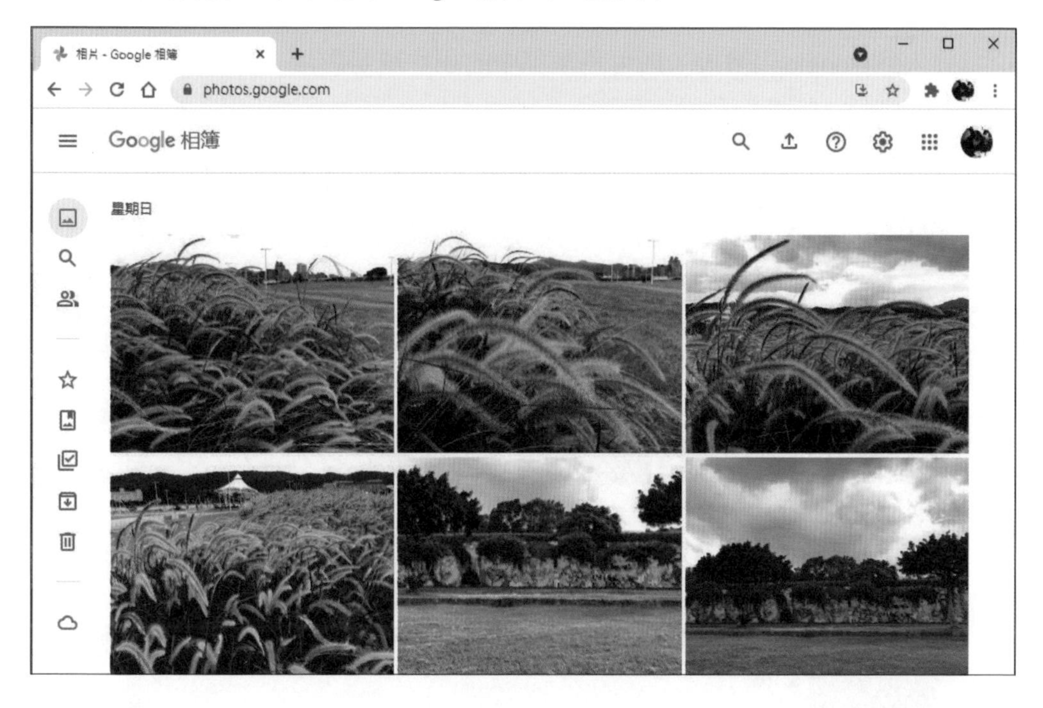

3-4-2 設定相片和影片的上傳大小

按下右上角的 設定按鈕，於**相片和影片的上傳大小**項目中，可設定上傳檔案的畫質。選擇**壓縮畫質**(原稱為**高畫質**)選項時，會以略低的畫質儲存相片和影片(將相片大小調整為 1600 萬像素以內；影片解析度降低為1080p以內)，以便儲存更多相片與影片，但品質不會有太大的差異。

3-4-3 上傳電腦中的相片

登入到Google相簿後，即可將電腦中的相片或是影片上傳。

STEP01 要將相片或影片上傳至Google相簿時，只要按下右上角的 **上傳相片** 按鈕，在選單中選擇要上傳的檔案所在位置，即可將照片上傳至雲端相簿中。

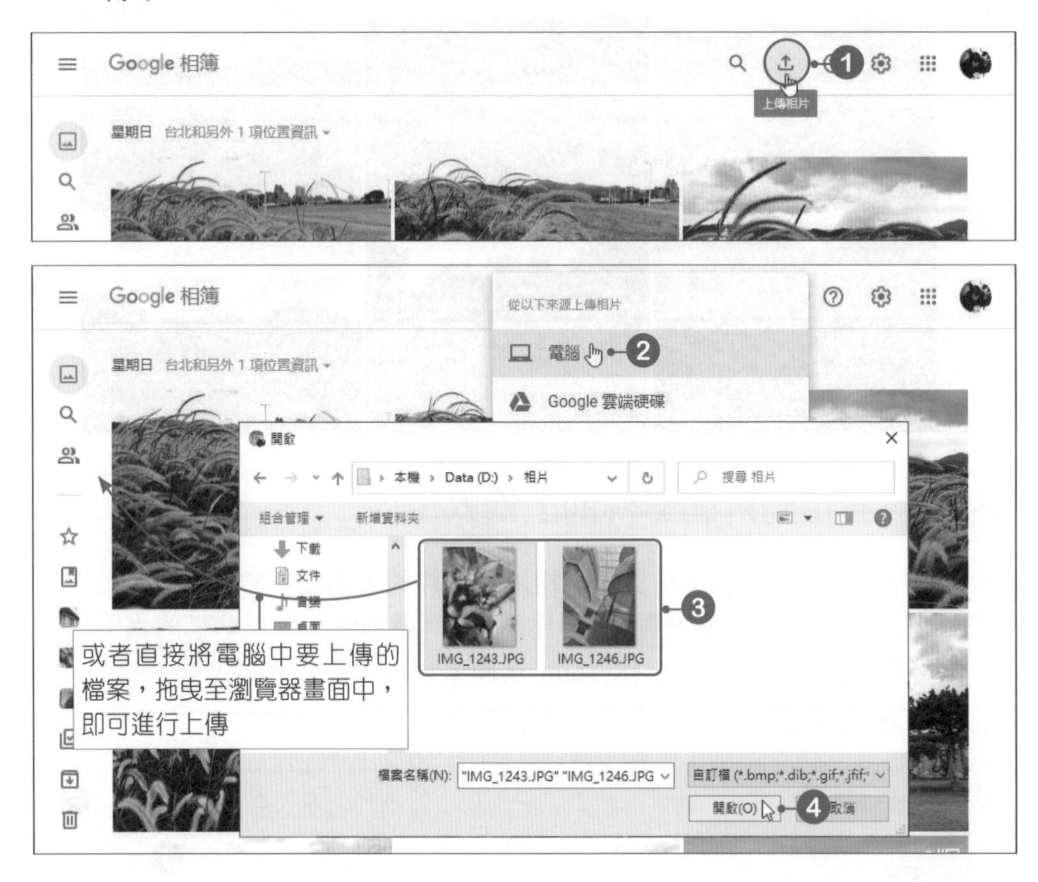

STEP02 接著就會開始進行上傳的動作，在畫面的左下角會顯示上傳進度。若上傳的檔案中有非相片或影片的檔案，Google相簿會自動排除該檔案。

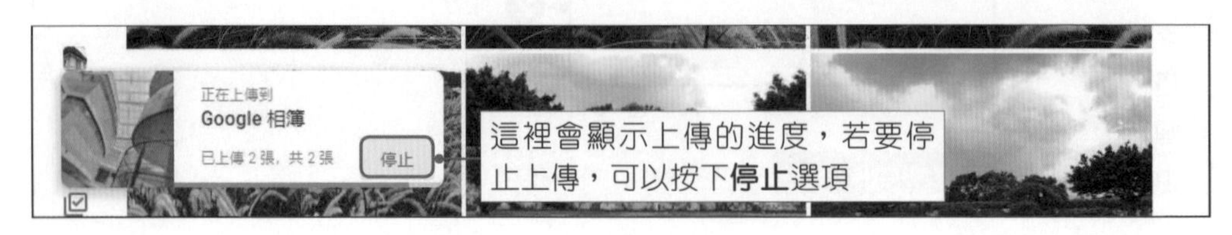

STEP03 上傳完成後，Google相簿會自動依照拍攝時間由新到舊來為相片排序。點選**相片**，即可檢視所有相片。只要將滑鼠移至視窗右側，就會出現時間軸，捲動時間軸就能很方便地檢視各時間點所拍攝的相片。

STEP04 雙擊要瀏覽的相片，進入檢視模式中，即可針對相片進行共享、編輯、縮放、查看資訊及刪除等動作。

3-4-4 刪除相片

要將Google相簿中的相片刪除時，會先將該相片移至垃圾桶中，而垃圾桶中的相片會被保留60天，60天後便會永久刪除。

STEP01 要刪除相片時，按下相片左上角的✔按鈕，將相片勾選，接著再按下右上方的 🗑 **刪除**按鈕。

STEP02 在開啟的刪除訊息中，按下**移到垃圾桶**，即可將相片移至垃圾桶中。

若要救回誤刪的相片時，在垃圾桶中選取相片後，按下 **還原**按鈕，即可將相片還原回相片庫中。

3-4-5 建立新相簿

在Google相簿中，可以在上傳相片時就直接將相片新增到相簿中，也可以在上傳完相片後，再建立相簿，將相片進行分類的動作。

從相簿中新增相簿

STEP01 在**Google相簿**主畫面中，按下左方的**相簿**選項，進入相簿後，按下右上方的**建立相簿**按鈕。

STEP02 請於**無標題**欄位中輸入此相簿要使用的名稱，輸入好後選擇要如何新增相片，這裡請點選**選取相片**。

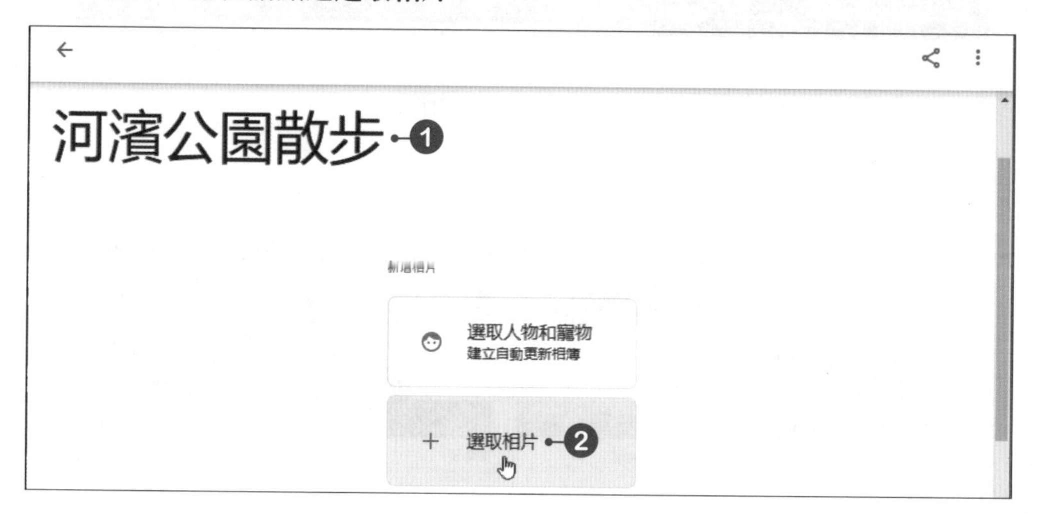

STEP03 選取要加入相簿的相片，按下**完成**按鈕，完成相簿的建立。

STEP04 進入**相簿**中，就會多了一個剛剛建立的相簿。

將相片加入現有的相簿中

若要將相片加入現有的相簿時，可依以下步驟進行。

STEP01 選取要加入相簿的相片，按下右上方的**+**按鈕，於選單中點選**相簿**。

STEP02 開啟**新增至**頁面，於頁面中選擇要加入的相簿，即可將選取的相片都加入該相簿中。

刪除相簿

若要刪除相簿時，只要進入該相簿，按下相簿右上角的 ⋮ **更多選項**圖示，於選單中點選**刪除相簿**，即可將該相簿刪除，不過相簿中的相片和影片都還會被保留在相片庫中喔！

3-4-6 相片搜尋及人臉辨識搜尋

Google相簿具有強大的辨識功能，會分析相片內容，可以自動辨識出相片裡的人物、景色、地點及情境等。

只要點選上方的 **搜尋你的相片**按鈕，進入搜尋頁面。在**搜尋欄**中輸入關鍵字後，按下鍵盤上的**Enter**鍵，即可搜尋出相關的照片。

Google相簿還會自動幫我們依據人物臉孔或場景做出分類，查看不同人物或事物的相關照片。只要點選 進入**探索**頁面，在**人物**類別中，可以看到被辨識出的人物臉孔，點選該人物後，即可搜尋出與該人物相關的所有相片。

3-4-7 共享相簿

在Google相簿中可以單獨分享一張相片或是整個相簿給朋友。要分享相片時，只要點選該相片，進入檢視模式中，按下右上角 **共享**按鈕，即可進行共享設定；若要分享整個相簿時，先進入相簿中，再按下 **共享**按鈕，即可進行共享的設定。

相簿分享出去後，該相簿中會新增「已共享」的標註；而點選左側的**共享**選項，可看到所有共享的相片及相簿。

接受共享的朋友，也可以在其Google相簿的**共享**選項中，看到共享出來的相片庫、相片或相簿，按下滑鼠左鍵，即可瀏覽該相簿中的相片。

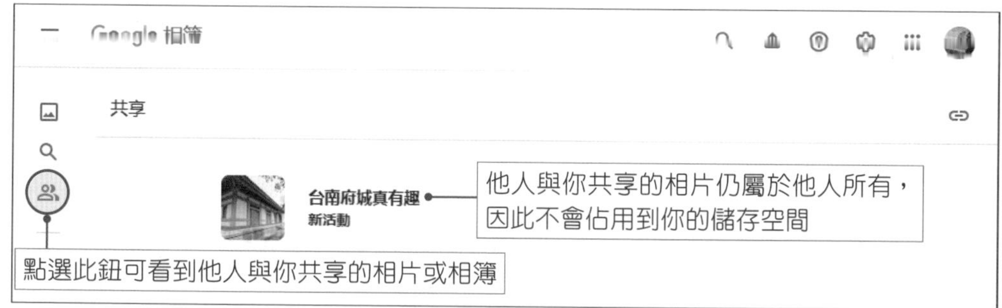

3-5 備份與同步處理工具的使用

Google推出了「備份與同步處理」工具，整合「Google雲端硬碟」應用程式及「Google相簿」應用程式，可將電腦中任何資料夾的檔案或相片備份至雲端空間中。

3-5-1 安裝備份與同步處理應用程式

要在電腦中使用「備份與同步處理」工具時，必須先安裝該應用程式，安裝完成後即可在電腦中使用。

STEP01 進入Google雲端硬碟，按下右上角的 設定按鈕，點選**取得Backup and Sync Windows**，瀏覽器會開啟另一個新的分頁，進入下載網頁中，找到個人版的「備份與同步處理」工具後，按**下載**按鈕。

NOTE 要下載備份與同步處理應用程式時，也可以直接進入下載網站中下載應用程式。(網址：https://www.google.com/intl/zh-TW/drive/download/)

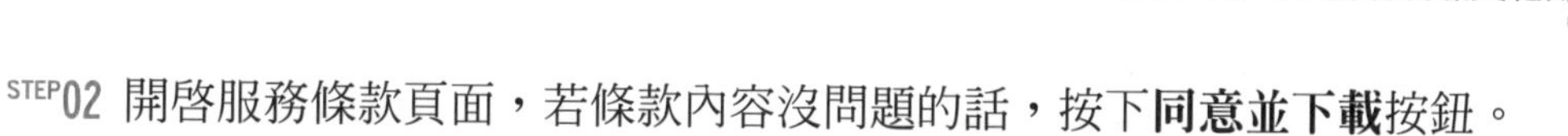

STEP02 開啟服務條款頁面，若條款內容沒問題的話，按下**同意並下載**按鈕。

STEP03 下載完成後，在視窗的下方會顯示下載完成的檔案，直接在檔案上按下**滑鼠左鍵**，執行該安裝檔，便會進行安裝。

STEP04 接著開始進行應用程式的安裝，安裝完成後，按下**關閉**按鈕。

STEP05 開啓「歡迎使用備份與同步處理」視窗後，按下**開始使用**按鈕。

STEP06 依照指示到瀏覽器中依序輸入帳號及密碼，完成帳號的設定。

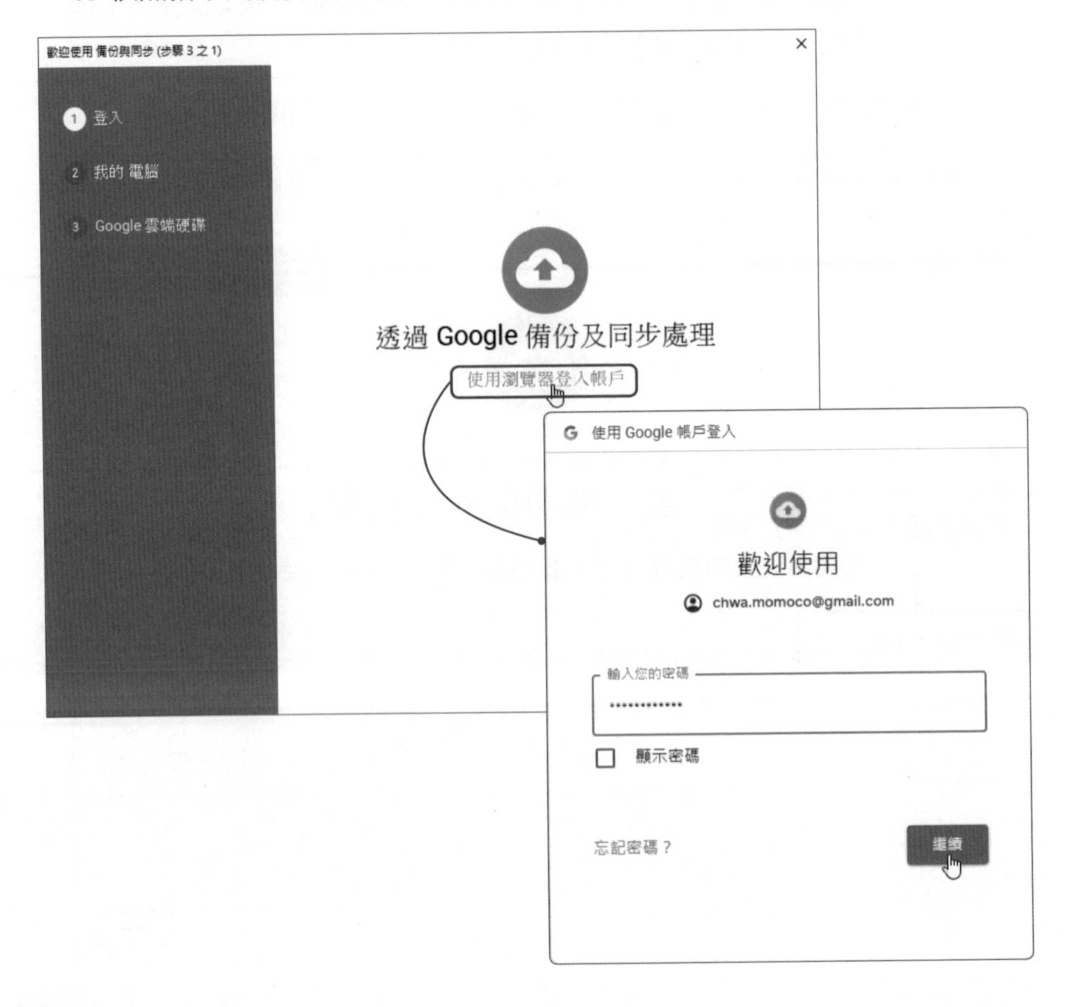

STEP07 登入成功後，回到「歡迎使用備份與同步處理」視窗，會開啓說明視窗，這裡直接按**我知道了**按鈕。

STEP08 接著設定電腦中哪些資料夾內的檔案要備份到Google雲端硬碟中的**電腦**項目中，及相片和影片上傳時的檔案大小，設定好後按**下一步**按鈕。

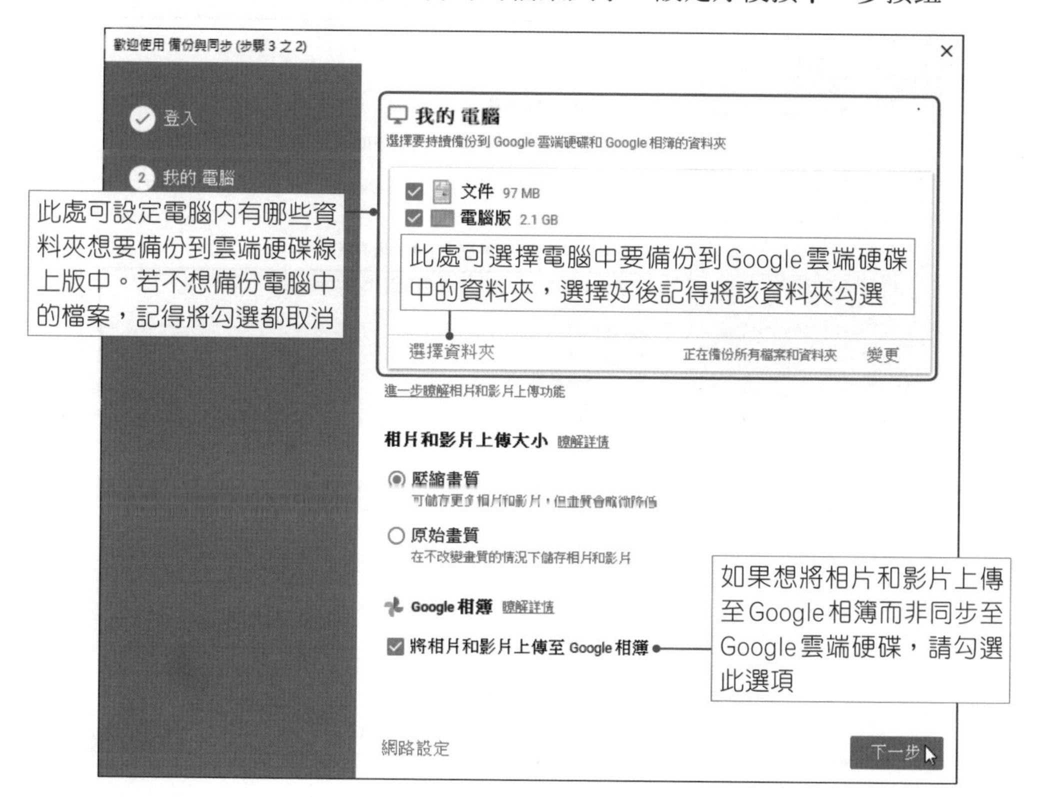

STEP09 開啓說明視窗，這裡直接按**我知道了**按鈕。

STEP10 設定**Google雲端硬碟**資料夾內的檔案是否要與線上版的**我的雲端硬碟**同步，設定好後按下**開始**按鈕，完成設定，接著便會開始進行同步。

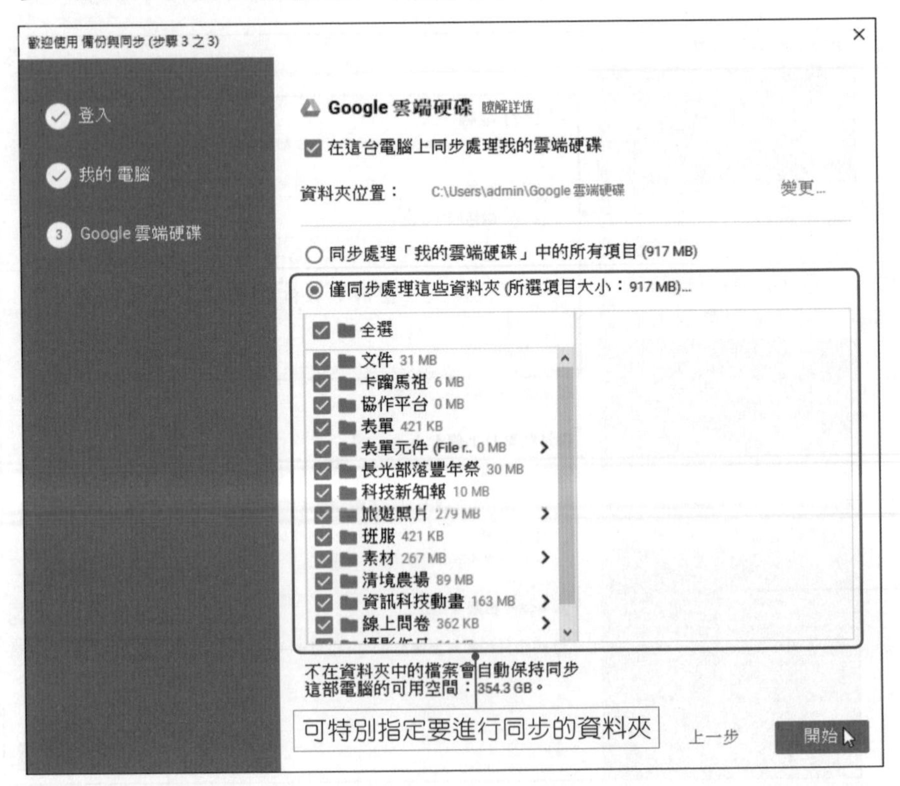

STEP11 在通知區域中會多了一個**Google備份與同步處理**圖示，點選該圖示，即可查詢相關訊息。

STEP12 完成同步之後，電腦上傳的資料會出現在雲端硬碟中的「電腦」分類。

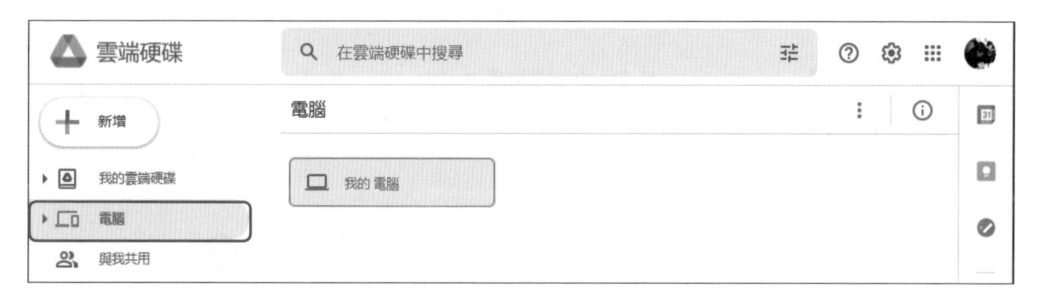

STEP13 而雲端硬碟上的檔案也會同步至電腦中的「Google雲端硬碟」資料夾中。

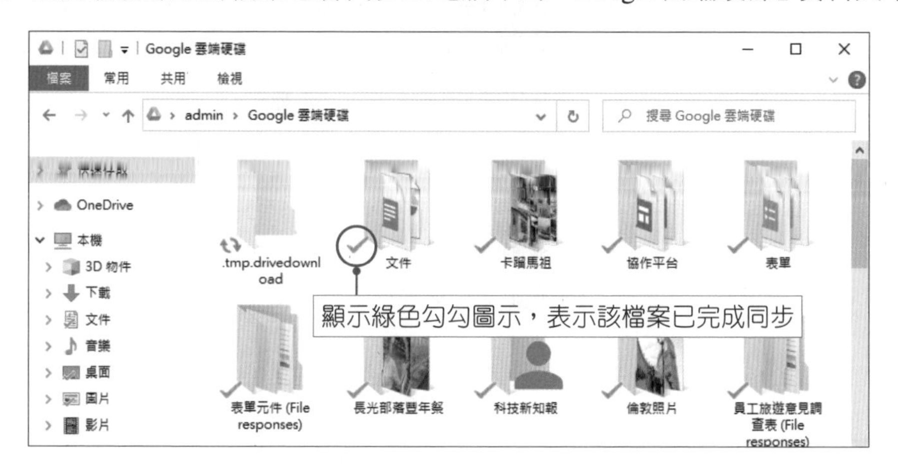

3-5-2 同步處理設定

在進行同步處理時，預設下是同步處理雲端硬碟中的所有項目。若只想同步某些資料夾時，可以依下列步驟進行設定。

STEP01 按下通知區域的 圖示，開啓選單後，按下 **設定**按鈕，於選單中點選**偏好設定**。

STEP02 點選**Google雲端硬碟**標籤頁，點選**僅同步處理這些資料夾**，即可選擇要同步的資料夾。

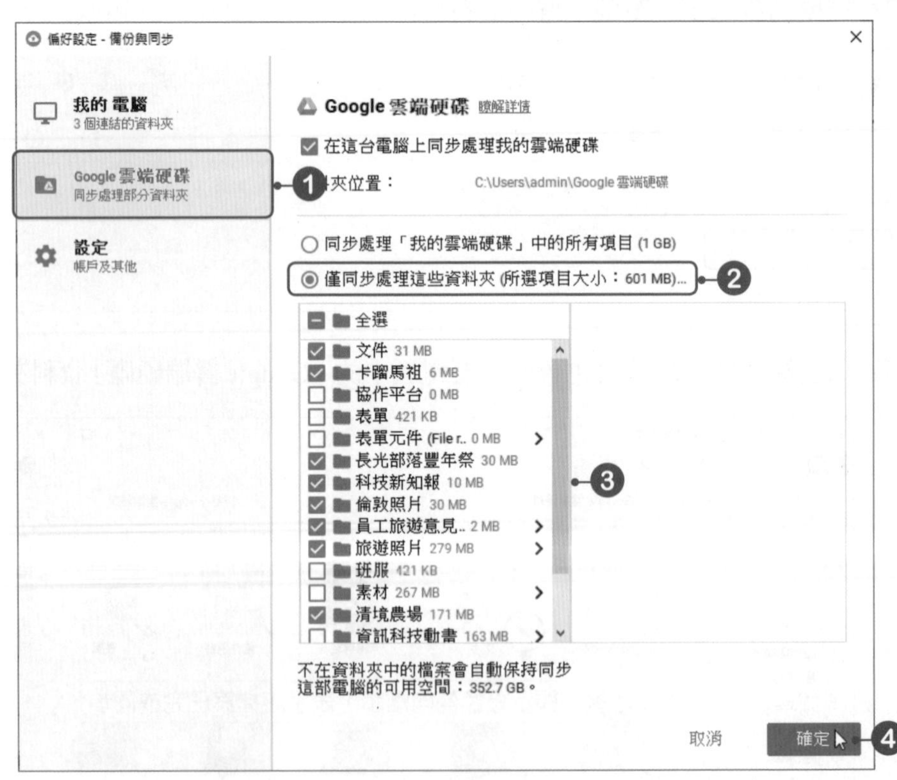

3-5-3　結束備份與同步處理

使用完Google雲端硬碟時，可以按下通知區域的圖示，開啟選單後，按下 **設定**按鈕，於選單中點選**結束備份與同步**即可。

3-5-4　中斷帳戶連線

如果不想備份電腦上的檔案，可以依照以下步驟進行**中斷帳戶連線**設定，但是曾下載的檔案仍會保存在電腦中。

STEP01 按下通知區域的圖示，開啟選單後，按下 **設定**按鈕，於選單中點選**偏好設定**。

STEP02 在「偏好設定」視窗中，點選**設定**標籤頁，點選**中斷帳戶連線**，接著在出現的確認視窗中，按下**中斷連線**按鈕，便進行解除Google帳戶的連結設定。

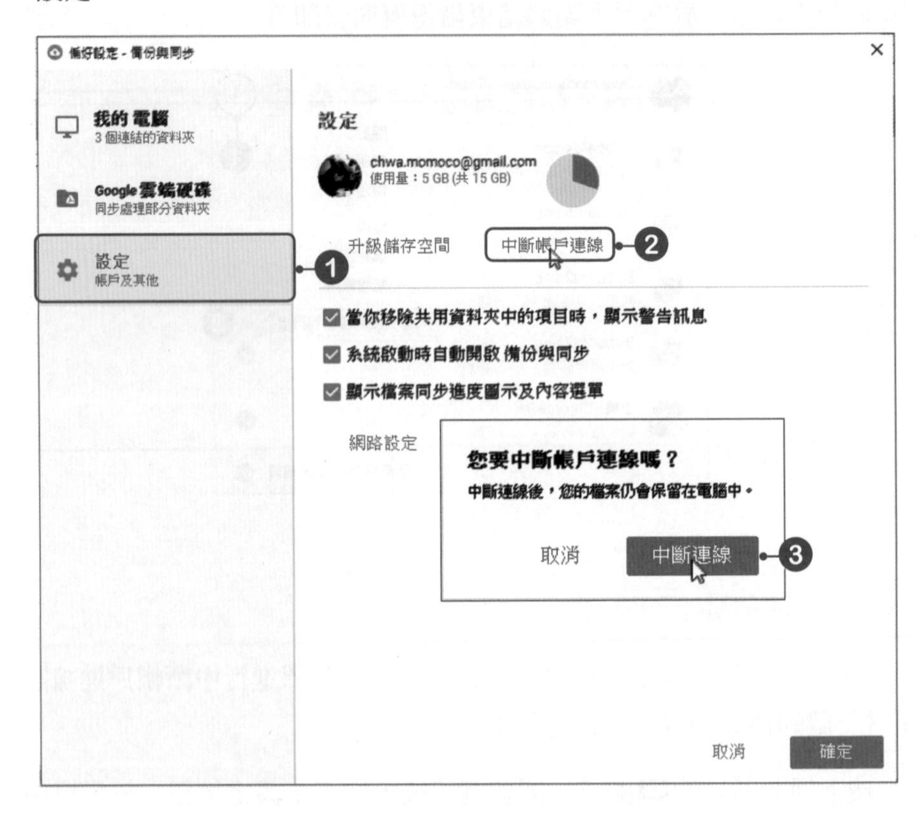

STEP03 帳戶解除之後，按下**我知道了**按鈕關閉視窗，日後便不再自動進行資料的備份與同步動作。

自我評量

選擇題

(　　) 1. 下列關於Google雲端硬碟的敘述，何者正確？(A)可上傳單一檔案但無法上傳資料夾　(B)不支援iOS系統　(C)只能儲存圖片格式的檔案　(D)可以在手機上使用。

(　　) 2. Google提供的免費雲端儲存空間容量為何？(A) 15GB　(B) 20GB　(C) 25GB　(D) 30GB。

(　　) 3. Google提供的免費雲端儲存空間，是供下列何項服務所使用？(A) Gmail　(B)Google相簿與Google雲端硬碟　(C) Google雲端硬碟　(D) Gmail、相簿與雲端硬碟共用。

(　　) 4. 將Google雲端硬碟中的檔案刪除時，該檔案會被移至？(A)直接刪除　(B)刪除資料夾　(C)垃圾桶　(D)雲端硬碟資料夾。

(　　) 5. 在Google雲端硬碟中，可以瀏覽下列哪種檔案類型？(A) Microsoft Word　(B) PNG圖片　(C)AVI影片　(D)以上皆可。

(　　) 6. 在Google雲端硬碟中，若要選取多個檔案時，可以使用下列哪個按鍵來進行？(A) Tab　(B) Alt　(C) Ctrl　(D) Enter。

(　　) 7. 下列關於Google雲端硬碟App的敘述，何者不正確？(A)可以直接使用相機功能上傳照片　(B)無法將檔案分享給好友　(C)雲端硬碟App中的檔案與線上版雲端硬碟裡的內容同步　(D) Android及iOS系統皆可安裝使用。

(　　) 8. 下列何者非Google相簿所提供的功能？(A)會將上傳的相片自動依檔案大小分類　(B)可以對上傳的圖檔進行編輯　(C)提供智慧搜尋，只要輸入關鍵字即可搜尋出相關的相片　(D)可以建立共用相簿。

(　　) 9. 使用Google相簿時，將相片刪除後，該相片會移至垃圾桶多久，才會自動永久刪除？(A) 50天　(B) 60天　(C) 70天　(D)不會自動刪除。

(　　) 10. 下列關於Google「備份與同步處理」工具的敘述，何者不正確？(A)需須安裝在電腦中使用　(B)若選擇以壓縮畫質上傳相片，就不會佔用到免費的儲存空間　(C)可將相片及影片上傳至Google相簿　(D)上傳相片時可選擇以原始尺寸上傳。

實作題

1. 請透過手機或相機，拍攝一系列你最得意的攝影作品，並上傳至你的Google雲端硬碟中，為這些照片建立一個專屬資料夾。

2. 將你在Google雲端硬碟上建立的攝影作品資料夾，以「分享連結」的方式，將該資料夾的共用連結傳送給其他同學或朋友，讓大家透過連結就能欣賞你的作品。

3. 在你的Google相簿中，建立一個空白的主題相簿（主題自訂），並進行以下操作：

   (1) 將蒐集的相關照片上傳至該相簿中。

   (2) 將整本相簿以「共用」的方式分享給家人或朋友。

CHAPTER 04

雲端辦公室—文件、試算表、簡報

4-1 認識Google文件

爲了徹底實現雲端服務概念，部分廠商在「雲端硬碟」上整合了「線上辦公室軟體」服務，如此一來，即便使用者所使用的裝置中沒有安裝可編輯文件的應用軟體，也可以在雲端硬碟中透過「線上辦公室軟體」服務來開啓檔案進行編輯，並將檔案直接儲存在雲端硬碟中。

Google雲端硬碟也整合線上辦公室軟體，提供線上編輯文件、試算表、簡報、表單等服務。使用者只要擁有Google帳戶，就能直接登入雲端硬碟來線上建立、編輯、存取文件，或與他人分享檔案，而毋須安裝任何程式。

在開始使用前可以先至Google文件網站中，瀏覽Google文件具有哪些特色及功能，而在本章中也會依續介紹Google文件、試算表、簡報的使用。

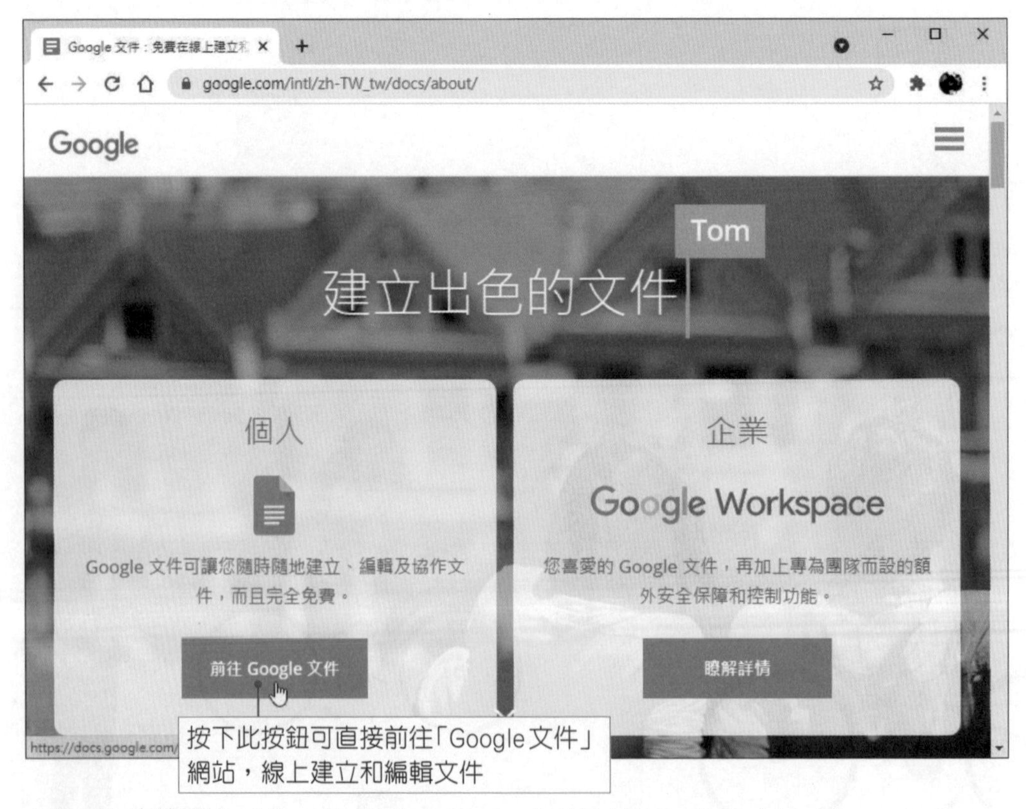

❖Google文件網址：https://www.google.com/intl/zh-TW_tw/docs/about/

4-2 Google 文件的基本操作

Google推出的文書處理工具包含**文件**、**試算表**與**簡報**等服務，其操作方式與多數人熟悉的Microsoft Office有些相似，十分簡單易上手，而三種雲端文書處理服務的基本操作方式也類似。這節我們將以Google文件爲例，說明如何利用Google文件線上建立文件，並將檔案下載至個人電腦中。

4-2-1 建立Google文件

先連結到「Google雲端硬碟」網站(https://drive.google.com)中登入Google帳戶，便可免費執行文書處理基本功能，在線上輕鬆建立與存取文件檔案，而正在編輯的檔案也會隨時自動儲存，以防止資料遺失。

STEP01 登入**Google雲端硬碟**中，按下**新增**按鈕，在選單中點選**Google文件**選項。

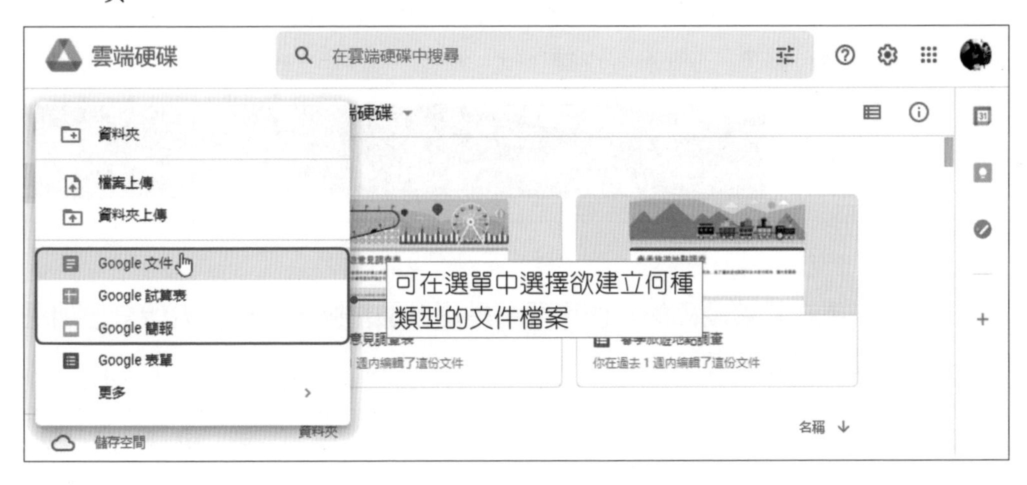

STEP02 進入Google文件後，在**未命名文件**上按下**滑鼠左鍵**，即可重新設定文件檔案名稱。

STEP03 點選後，請輸入檔案名稱，輸入好後按下**Enter**鍵。

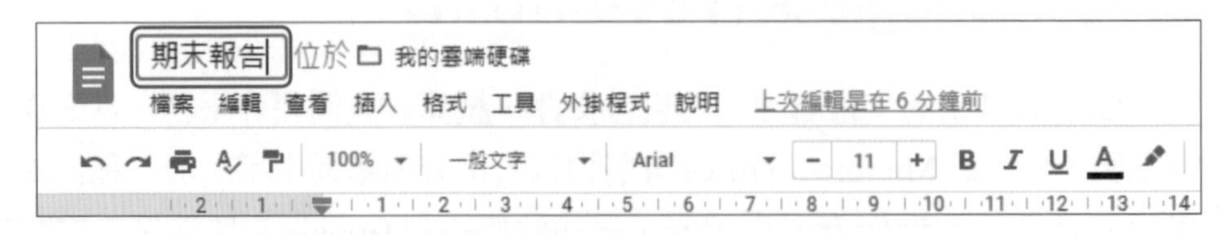

4-2-2 為重要檔案加上星號

使用Google文件時，可以爲重要的檔案或資料夾加上星號標記，以便日後能夠快速找到這些檔案或資料。

STEP01 在檔案名稱旁按一下☆**星號**圖示，當它呈現★圖示，表示該檔案已加入星號。

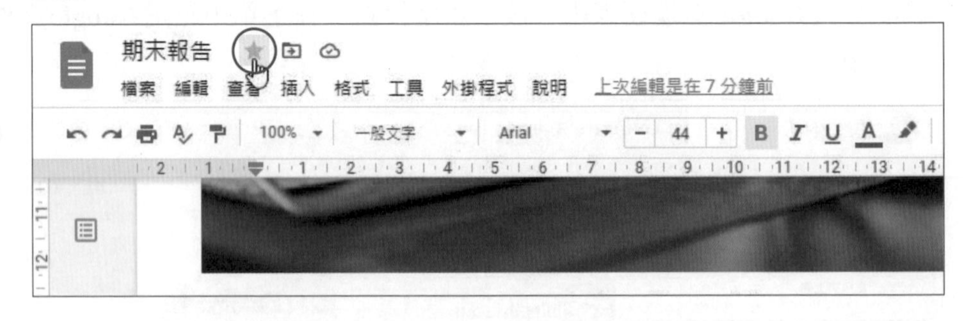

STEP02 之後只要在雲端硬碟的左側選單中點選**已加星號**，就能查看所有已加星號的檔案和資料夾。

4-2-3 下載檔案至電腦中

除了可在線上存取Google文件製作而成的檔案，也可以將檔案下載至電腦中使用。下載的格式依照應用程式的不同而有所差異，以Google文件來說，可以下載HTML、OpenDocument、PDF、RTF、純文字，或是Microsoft Office的docx等格式檔案。

STEP01 按下功能表上的**檔案→下載→Microsoft Word(.docx)**功能，將文件下載爲Microsoft Word格式。

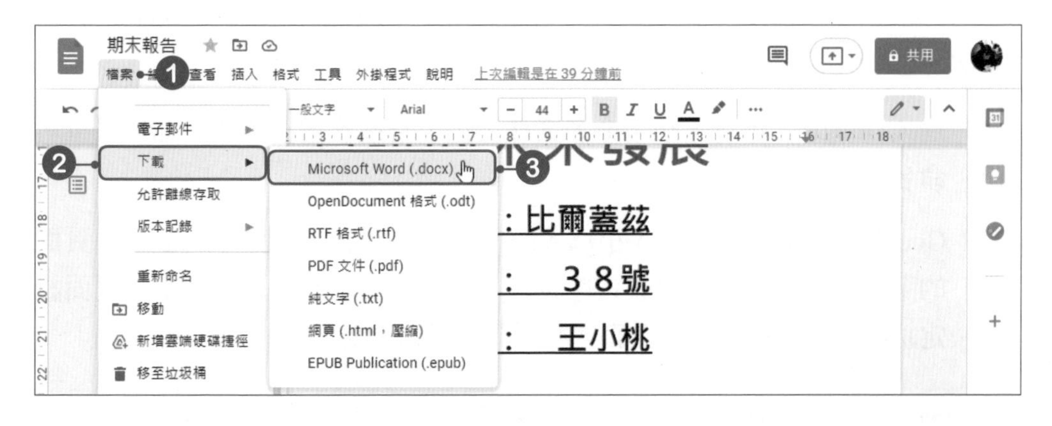

STEP02 點選後就會開始進行下載，下載完成後，在檔案上按一下**滑鼠左鍵**，即可開啓該檔案。

4-3 Google文件的使用

Google文件是文書處理應用程式，與Microsoft Word有些相似，在Google文件中除了建立新文件外，也可以直接編輯Microsoft Word、PDF、HTML等類型的檔案。這節將要學習如何建立及編輯Google文件。

4-3-1 Google文件頁面設定

首先登入Google雲端硬碟中，按照4-2-1節的操作說明，開啓一份新Google文件，接著進行以下操作。

STEP01 進入Google文件後，在**未命名文件**上按下**滑鼠左鍵**，爲該文件檔案重新命名。

STEP02 Google文件的預設紙張大小爲A4，上下左右的邊界則爲2.54公分，頁面的顏色爲白色。若要更改這些設定，可以按下功能表上的**檔案→頁面設定**功能，開啓頁面設定頁面，進行頁面相關設定。

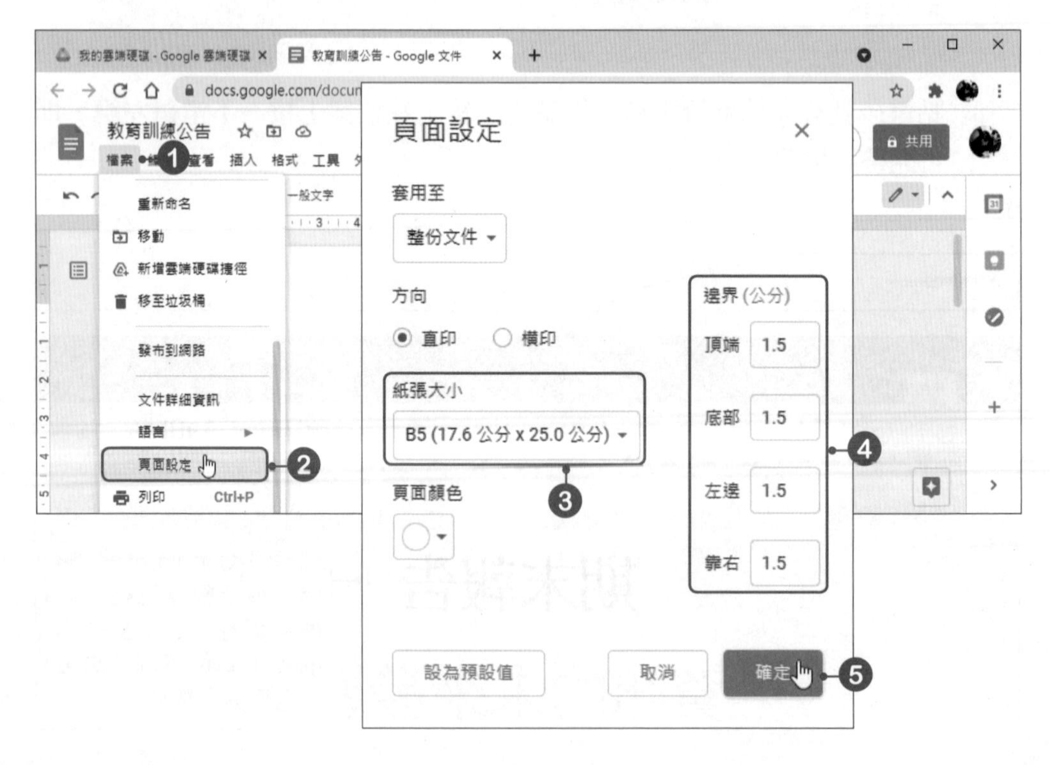

STEP 03 在預設下文件是以100%大小來檢視，這裡可以按下**縮放**按鈕，於選單中點選更大的檢視模式，在編輯文件時，會比較方便。

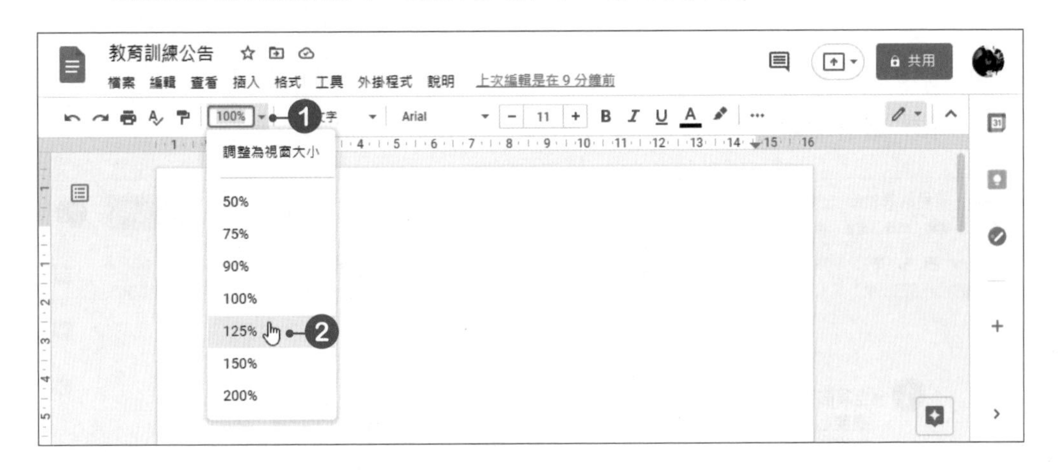

STEP 04 接著在文件編輯區中輸入文件內容，輸入時，若要換行請按下 **Enter** 鍵，即可產生一個段落。

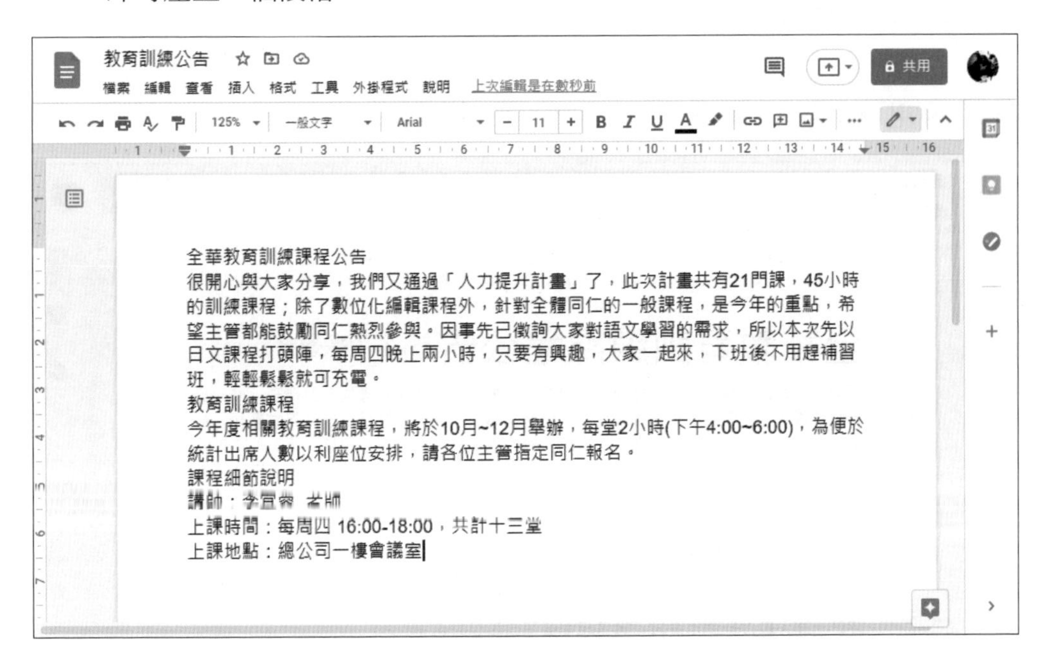

4-3-2 文字及段落格式設定

文件建立好後，接著就可以進行文字及段落的格式設定，來美化文件。

STEP01 將滑鼠游標移至要修改格式的段落上，按下工具列上的**樣式**按鈕，於選單中點選**標題**，將該段落文字直接套用預設好的**標題**樣式。

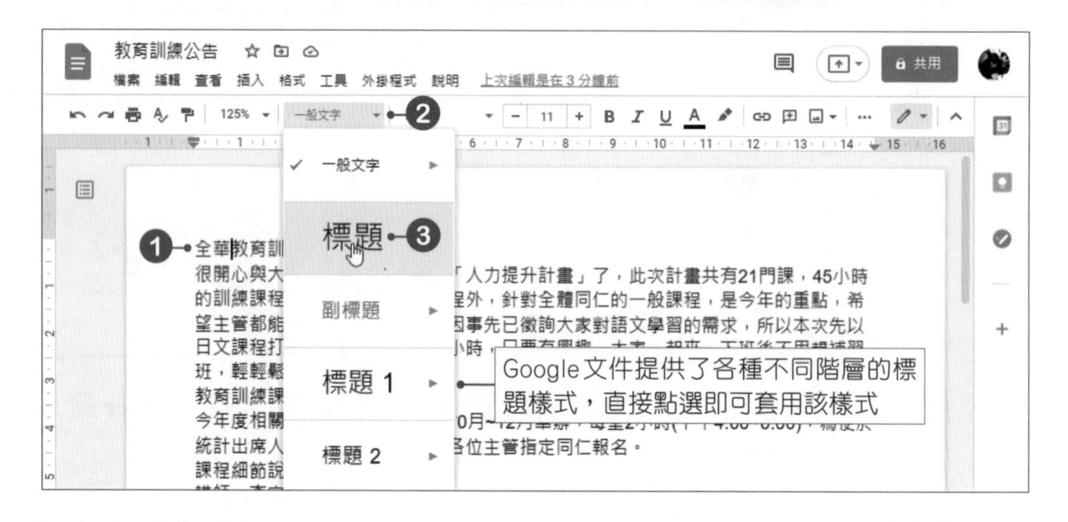

STEP02 利用相同方式將段落分別套用不同的標題樣式。

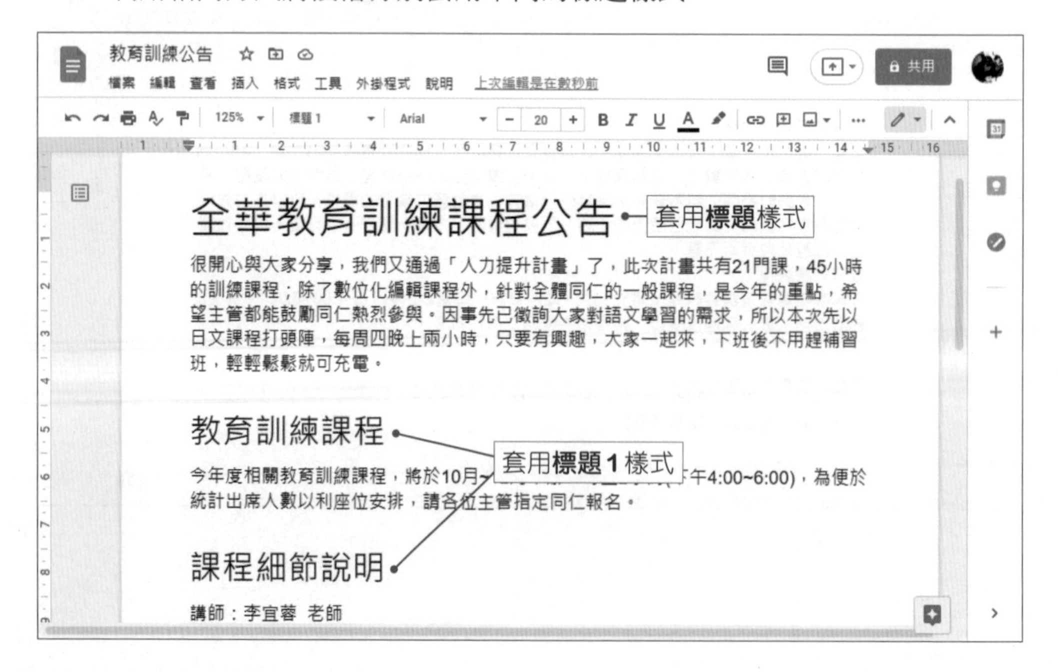

STEP03 選取標題文字按下工具列上的 **B 粗體**按鈕，將文字加粗；再按下 **A 文字顏色**選單鈕，於選單中選擇文字要套用的顏色；再按下 **對齊**選單鈕，於選單中點選 **置中對齊**按鈕，將文字置中對齊。

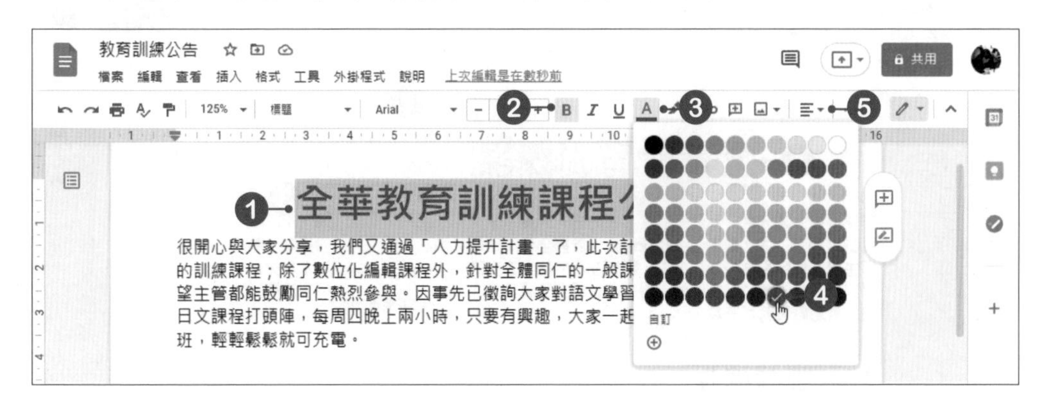

NOTE 在Google文件中進行文字格式設定時，除了直接按下工具列上的按鈕外，也可以使用快速鍵來設定；而點選功能表上的**格式**功能，也可以進行格式設定。

功能	快速鍵	功能	快速鍵	功能	快速鍵
B 粗體	Ctrl+B	置於左側	Ctrl+Shift+L	增加縮排	Ctrl+]
I 斜體	Ctrl+I	置中對齊	Ctrl+Shift+E	減少縮排	Ctrl+[
U 底線	Ctrl+U	置於右側	Ctrl+Shift+R	清除格式	Ctrl+\
刪除線	Alt+Shift+5	左右對齊	Ctrl+Shfit+J		

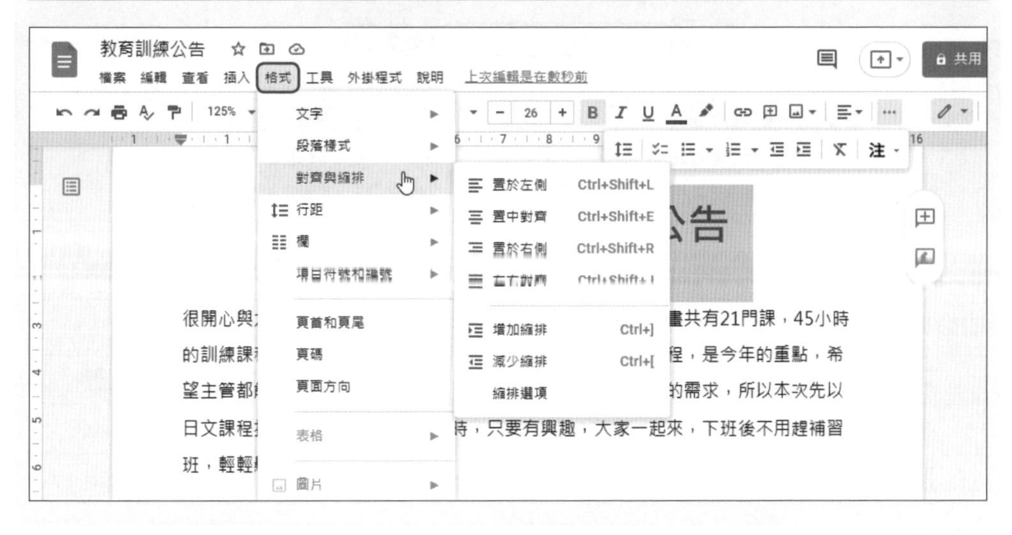

STEP04 將標題段落中，再按下工具列上的 **行距**按鈕，於選單中點選**1.5**，將段落行距加寬。

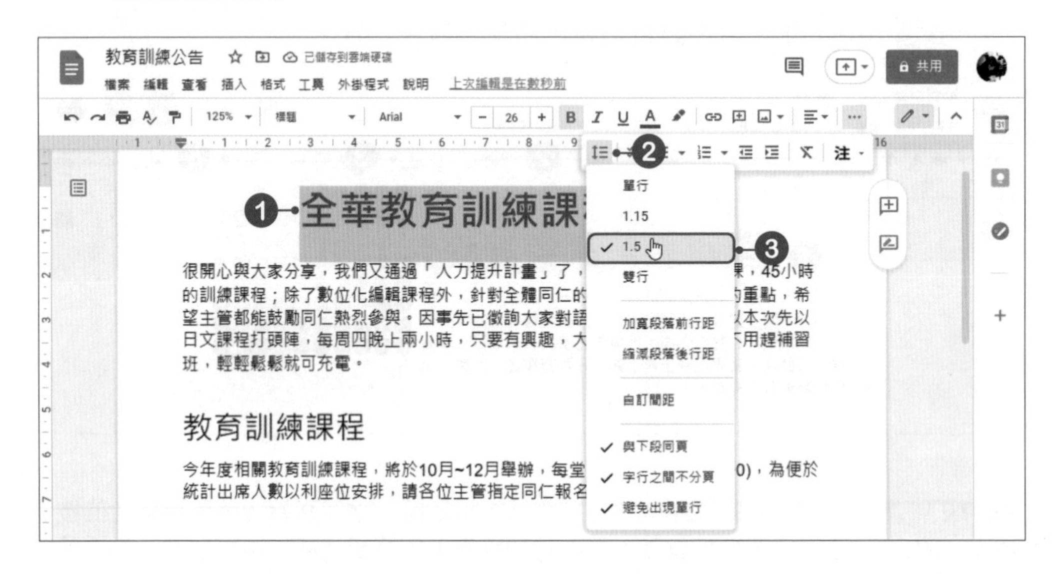

STEP05 按下**Ctrl+A全選**快速鍵，選取文件中的所有段落文字，再按下**字型**按鈕，於選單中選擇要套用的字型，即可變更文字字型。

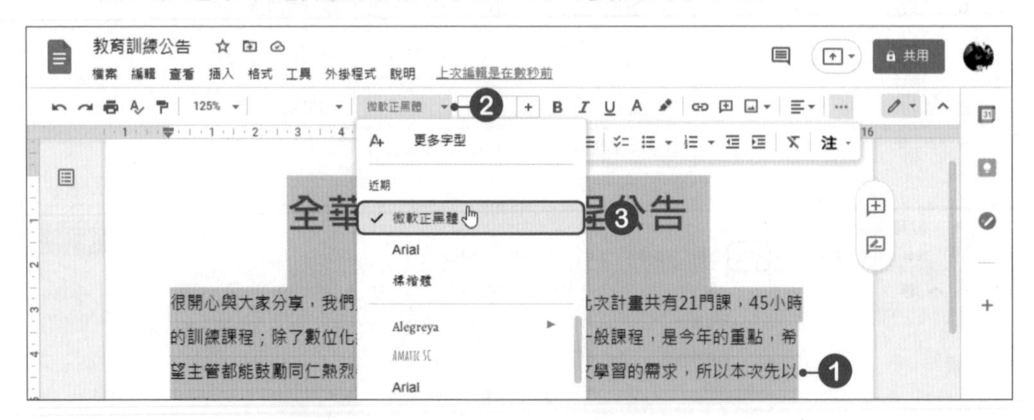

NOTE 在編輯文件時，可以使用**編輯**功能中的復原、剪下、貼上、全選等功能來快速編輯文件內容，而這些功能也都有提供快速鍵喔！

功能	快速鍵	功能	快速鍵	功能	快速鍵
復原	Ctrl+Z	取消復原	Ctrl+Y	剪下	Ctrl+X
貼上	Ctrl+V	全選	Ctrl+A	全部清除	Ctrl+Shift+A

4-3-3 項目符號及編號設定

在編排條列式內文時，可以適時在文字前加入項目符號或編號，讓文章的可讀性更高。

STEP01 選取要加入項目符號的段落文字，點選功能表上的**格式→項目符號和編號→項目符號清單**，於選單中點選要使用的項目符號格式。

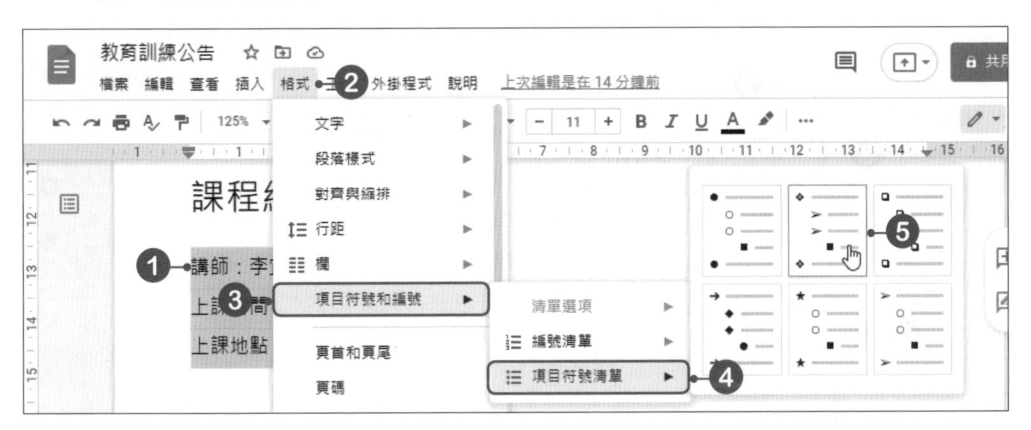

STEP02 點選後，被選取的段落文字就會加上項目符號，且會自動將段落文字縮排，此時請將滑鼠游標移至尺規上的**左邊縮排**鈕，按著**滑鼠左鍵**不放，往左拖曳，以減少縮排。

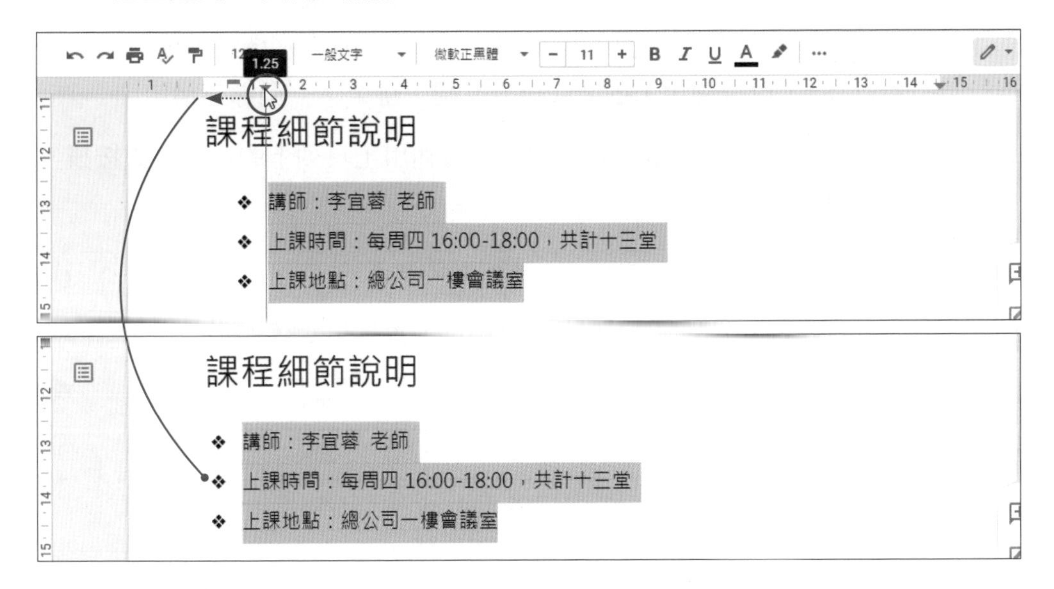

4-3-4 在文件中加入表格

利用表格編排文件，可以讓內容更清楚易懂，接著將要在文件中加入表格，並對表格進行一些基本的格式設定。

STEP01 將插入點移至欲插入表格的位置，點選功能表上的**插入→表格**，用滑鼠拖曳出表格的欄、列數。

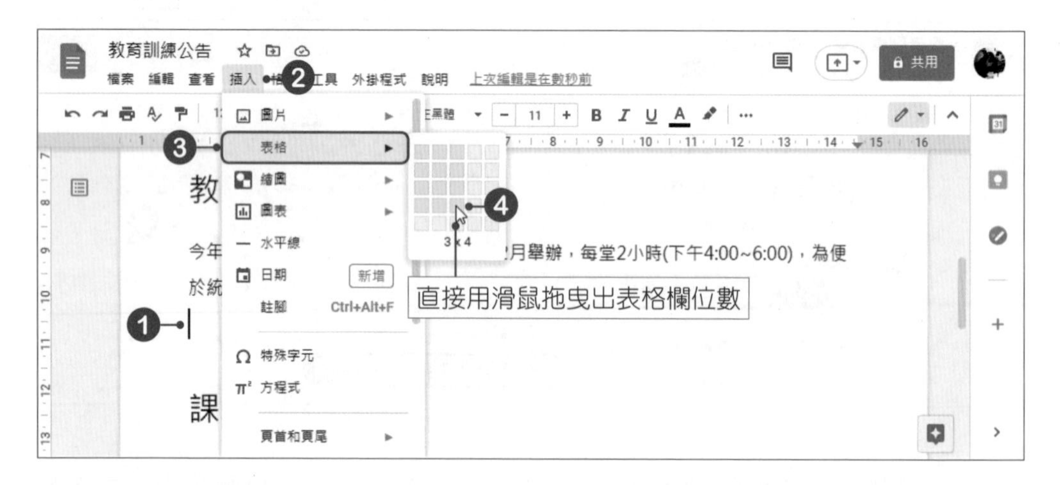

STEP02 此時在插入點上就會加入我們所設定的表格。接著即可在表格內輸入文字，將滑鼠游標移至表格的儲存格，按下**滑鼠左鍵**，此時儲存格中就會有插入點，接著就可以進行文字的輸入。輸入完文字後，若要跳至下一個儲存格時，可以使用**Tab**鍵或→方向鍵，跳至下一個儲存格中。

STEP03 文字都輸入完後，選取表格內的文字，再利用工具列上的各種格式按鈕，進行文字格式的設定。

課程名稱	課程日期	開課人數
語文課程-基礎日文	10月6日	30人
行銷課程-行銷要點	11月3日	20人
電腦課程-文書處理	12月1日	25人

STEP04 選取表格的第一列，按下功能表上的**格式→表格→表格屬性**，開啟**表格內容**對話方塊，進行表格邊框、儲存格背景顏色、儲存格垂直對齊方式等設定。

STEP05 接著再利用相同方式設定其他儲存格的樣式，設定好後表格就會套用我們所做的設定。

課程名稱	課程日期	開課人數
語文課程-基礎日文	10月6日	30人
行銷課程-行銷要點	11月3日	20人
電腦課程-文書處理	12月1日	25人

NOTE 調整儲存格欄寬及列高

要調整儲存格的欄寬或列高時，也可以直接將滑鼠游標移至框線上，再按下**滑鼠左鍵**不放並拖曳，即可進行調整。

4-3-5 在文件中加入圖片

在文件中適時加入一些圖片，不但可以美化文件，達到圖文並茂的效果，更可以增加文章的可讀性。在Google文件中加入圖片的方法有很多種，可以直接從電腦上傳、相機拍攝、使用網址上傳、從相簿中選取、從Google雲端硬碟選取，或是直接搜尋網路上可用的圖片。

STEP01 將插入點移至要加入圖片的位置，點選功能表上的**插入→圖片→搜尋網路**，開啟搜尋圖片視窗。

STEP02 於搜尋欄位中輸入要尋找的關鍵字，輸入完後按下**Enter**鍵，便會搜尋出相關圖片，選取要插入的圖片，按下**插入**按鈕。

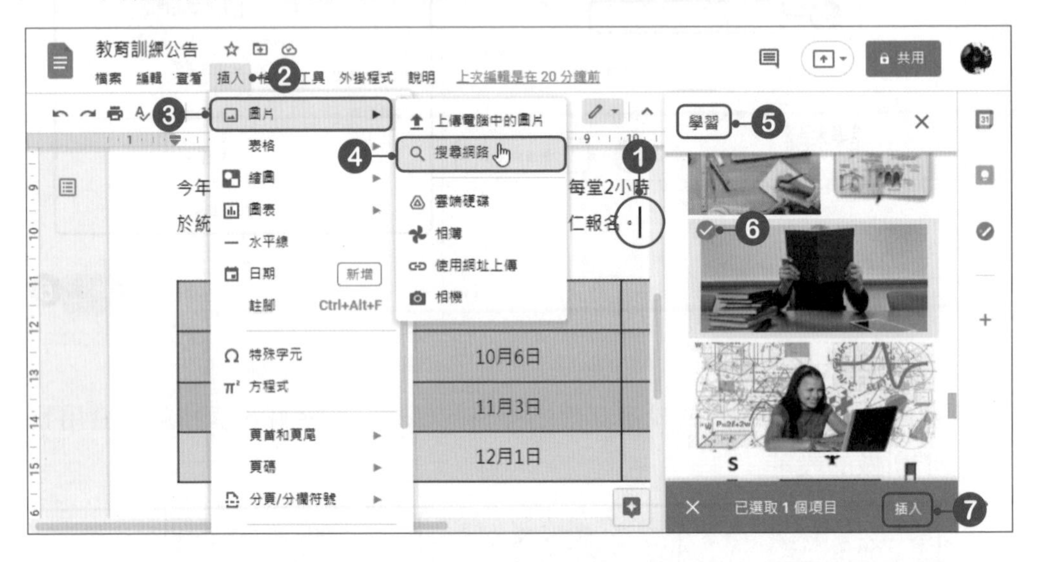

STEP03 圖片插入於文件中。

裁切及調整圖片大小

加入於文件中的圖片若太大時，可以自行調整圖片的大小，或是直接用裁切功能，將不要的部分給裁切掉。

STEP01 點選要調整的圖片，將滑鼠游標移至圖片右下角的控制點上，按著**滑鼠左鍵**不放並拖曳，即可縮放圖片大小。

STEP02 調整好大小後，放掉**滑鼠左鍵**，完成圖片的調整。

STEP03 裁剪圖片時，按下工具列上的 **裁剪圖片**，此時圖片會顯示裁切控制點，將滑鼠游標移至控制點上，按著**滑鼠左鍵**不放並拖曳，即可進行裁剪。

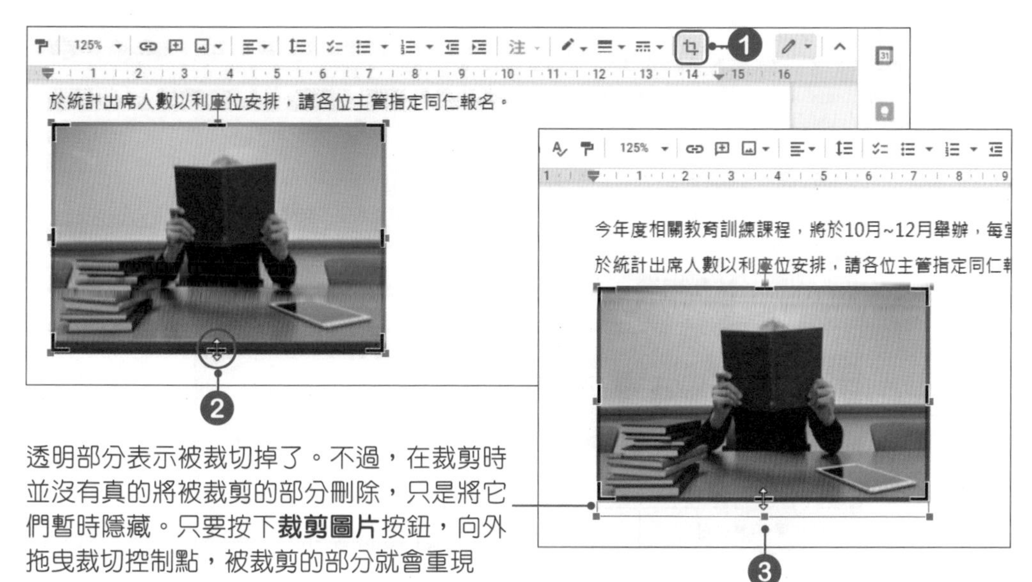

STEP04 裁剪完成後，在圖片以外的區域按一下**滑鼠左鍵**，即可完成裁切。

設定圖片編排方式

在Google文件中將圖片編排方式預設為 **行內**，然而有時候會基於排版上的需要，而必須自行更改圖片在文字當中的排列方式，此時可以將圖片設定為 **文字環繞**。

STEP01 點選要設定的圖片，按下圖片下的 **文字環繞**選項，圖片便會以文繞圖的方式編排。

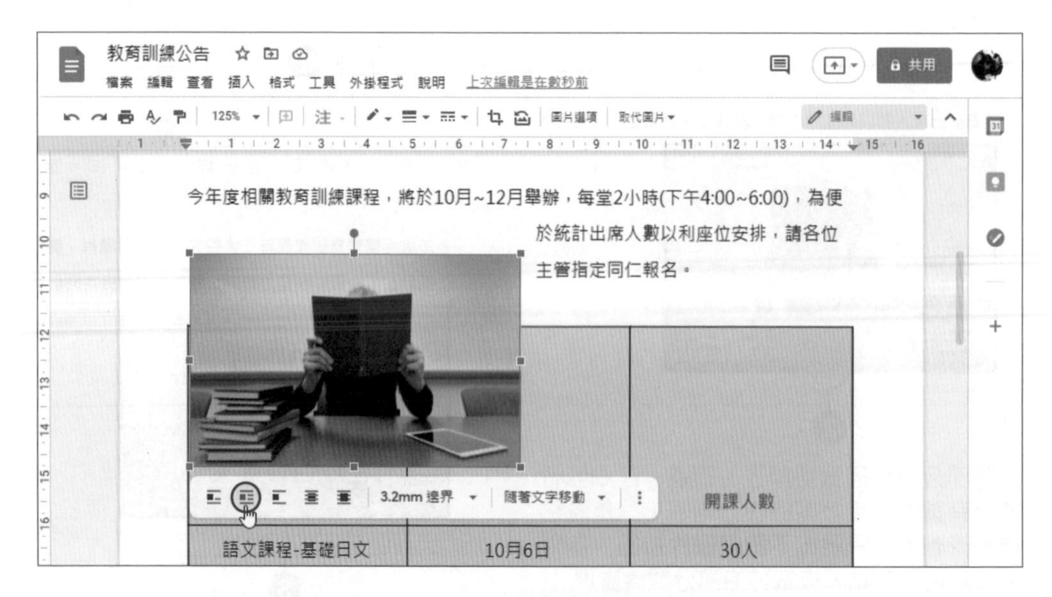

STEP02 圖片以文繞圖方式呈現後，即可調整圖片的位置。

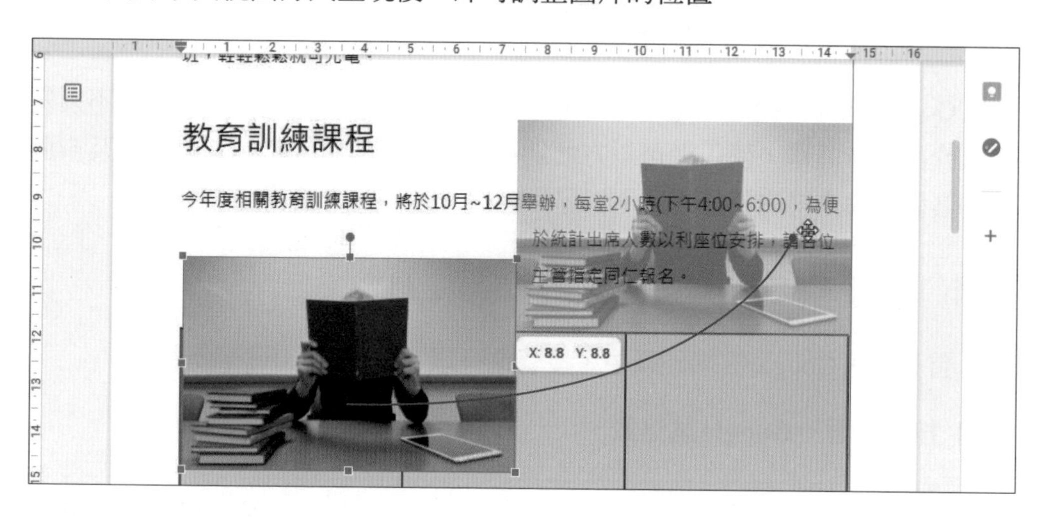

STEP03 接著設定圖片與段落文字之間的邊界，按下**圖片邊界**選單鈕，即可在選單中選擇想要設定的邊界寬度。若點選**自訂**，將會開啟**圖片選項**窗格，可從中進行更細部的設定。

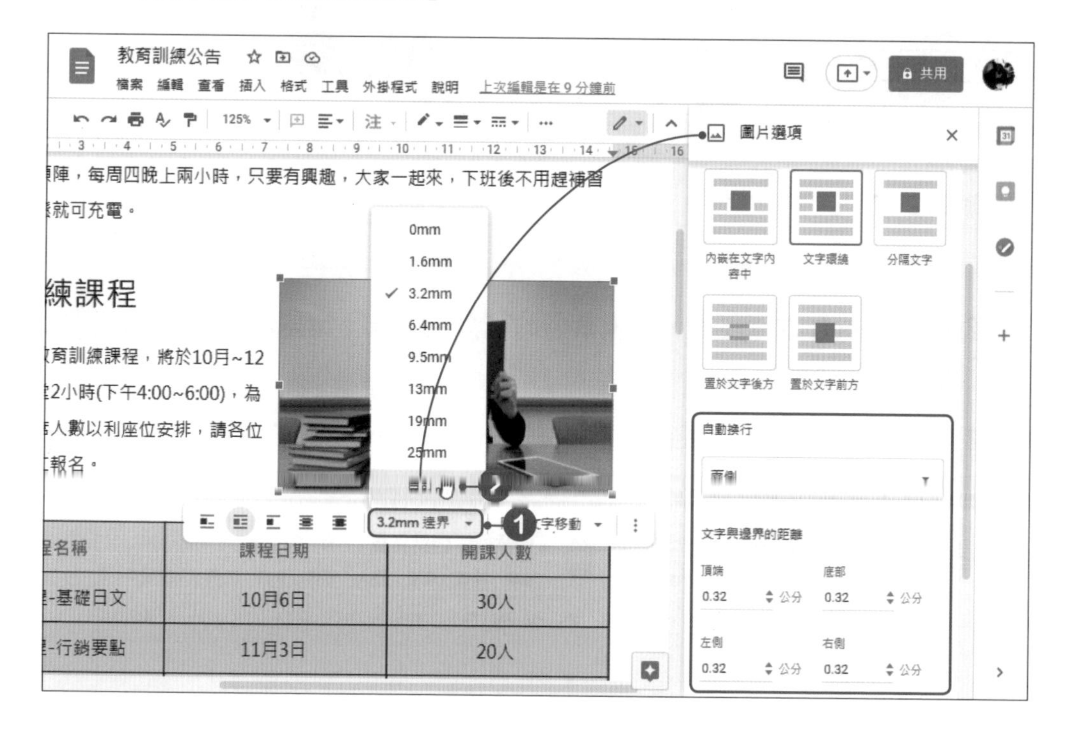

4-4 Google試算表的使用

Google試算表提供了基本的計算、分析資料，以及圖表製作功能，不須安裝且介面操作簡單，使用者可以方便地在線上操作使用。雖然其功能不及市面上的套裝軟體來得完整且強大，但足以應付一般常用的試算需求。

4-4-1 建立Google試算表

首先登入Google雲端硬碟中，接著進行以下操作。

STEP01 按下**新增→Google試算表**。

STEP02 進入Google試算表後，在**未命名的試算表**上按下**滑鼠左鍵**，爲該試算表檔案重新命名。

STEP03 點選後，請輸入檔案名稱，輸入好後按下**Enter**鍵，完成試算表的建立。

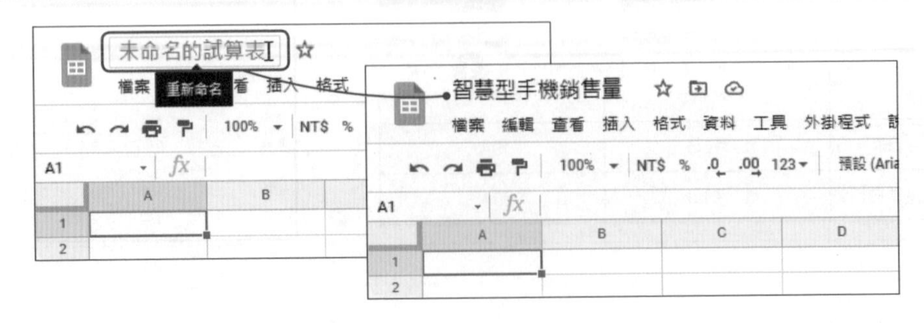

4-4-2 在Google試算表中匯入檔案

Google試算表除了可用來建立新的試算表外，也可將一般較常用的XLS、XLSX、ODS、CSV、TXT等檔案格式，匯入Google試算表中。

匯入Excel檔案

STEP01 點選功能表上的**檔案→匯入**功能，進入**匯入檔案**頁面中。

STEP02 在頁面中可以選擇要從何處匯入檔案，這裡我們從**我的雲端硬碟**中匯入檔案，於雲端硬碟中點選要匯入的Excel檔案，點選後按下**選取**按鈕。

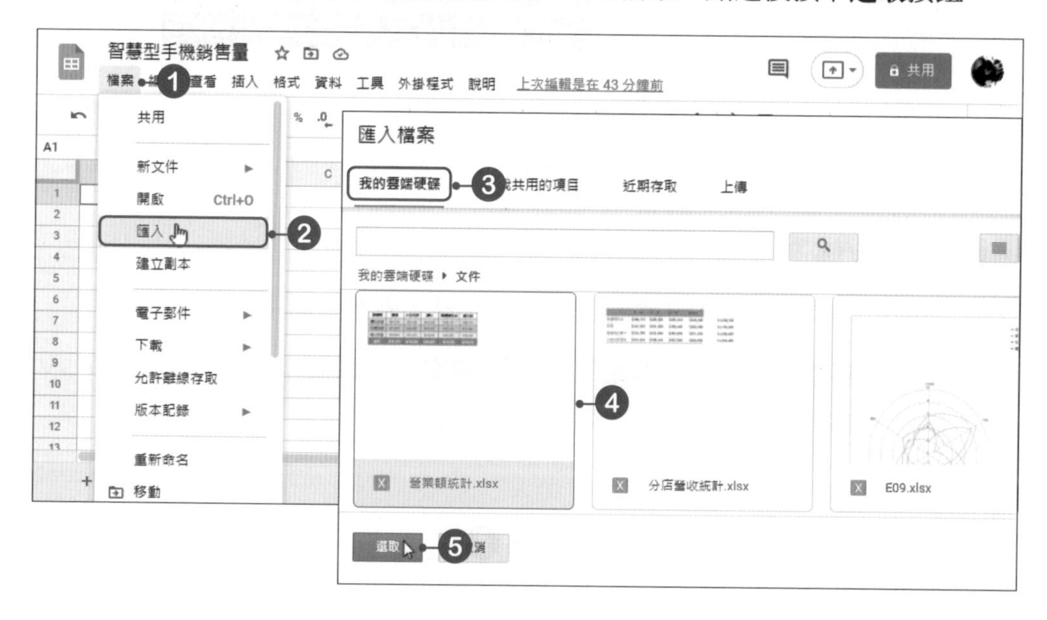

STEP03 在**匯入檔案**頁面中，可以選擇將匯入的檔案建立為新試算表、插入於目前試算表的新工作表中，或是取代試算表，選擇好後按下**匯入資料**按鈕。

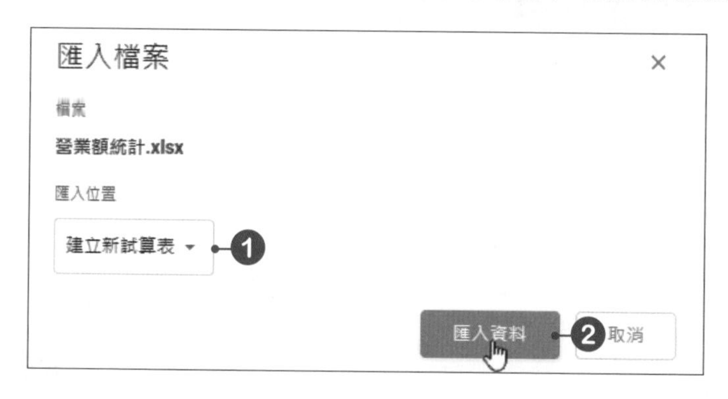

STEP04 檔案匯入成功後，按下**立即開啟**選項，即可在Google試算表中開啟該檔案進行編輯了。

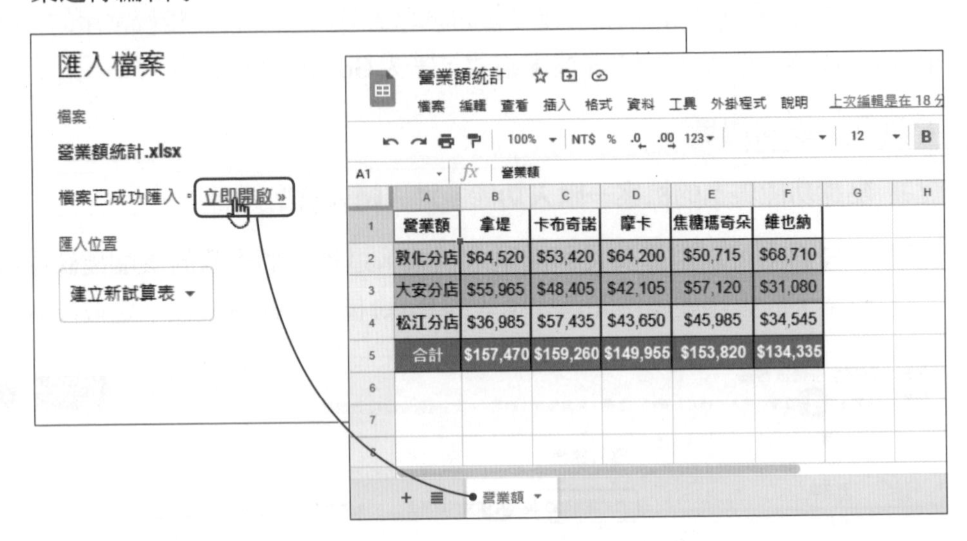

匯入CSV檔案

STEP01 點選功能表上的**檔案→匯入**功能，進入**匯入檔案**頁面中。

STEP02 點選**上傳**標籤頁，按下**選取裝置中的檔案**，從電腦中選取要上傳的CSV檔案，選擇好後按下**開啟**按鈕進行匯入動作。

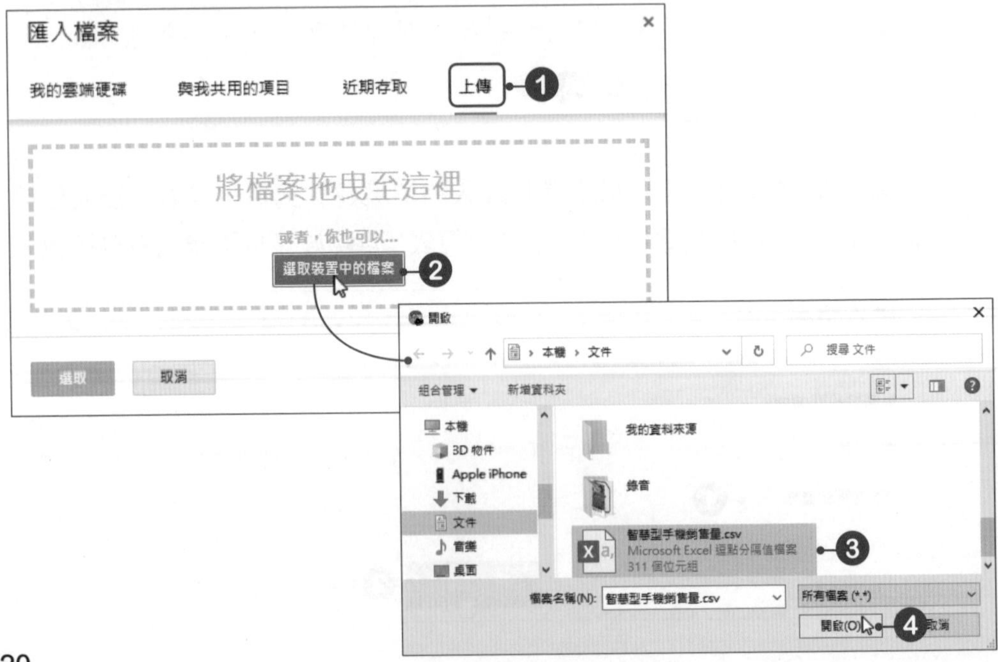

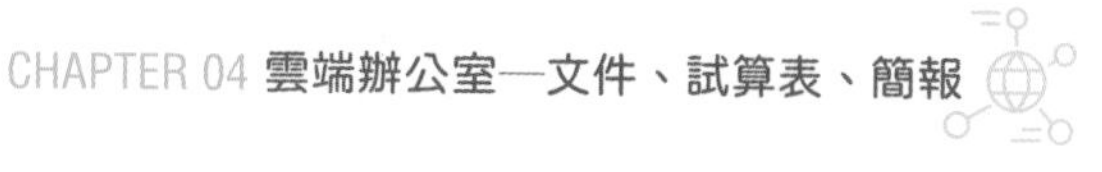

STEP 04 在**匯入位置**選項中選擇要匯入的方式；在**分隔符類型**中選擇欄與欄之間的分隔符號，若不知是如何分隔的，請點選**自動偵測**；接著取消勾選**將文字轉換成數字、日期和公式**選項，都設定好後按下**匯入資料**按鈕。

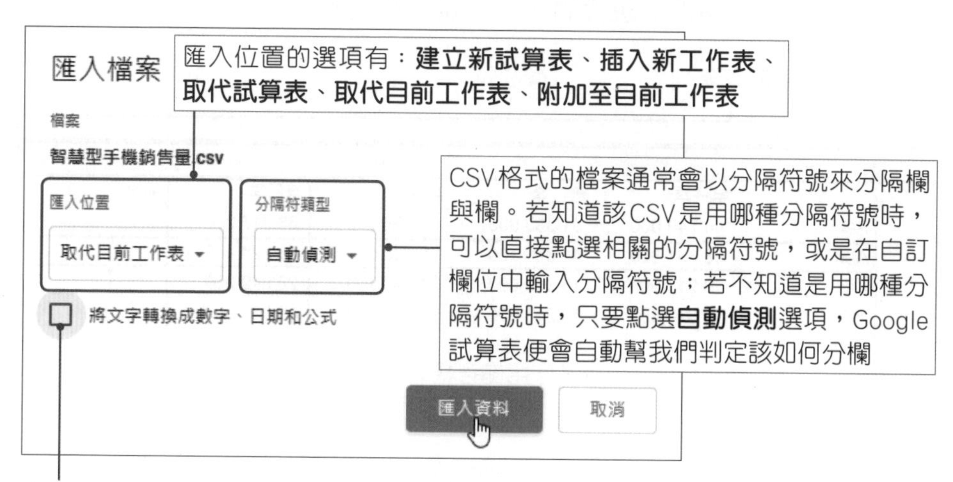

STEP 05 接著就會開始進行上傳及匯入，匯入完成後即可編輯該試算表。

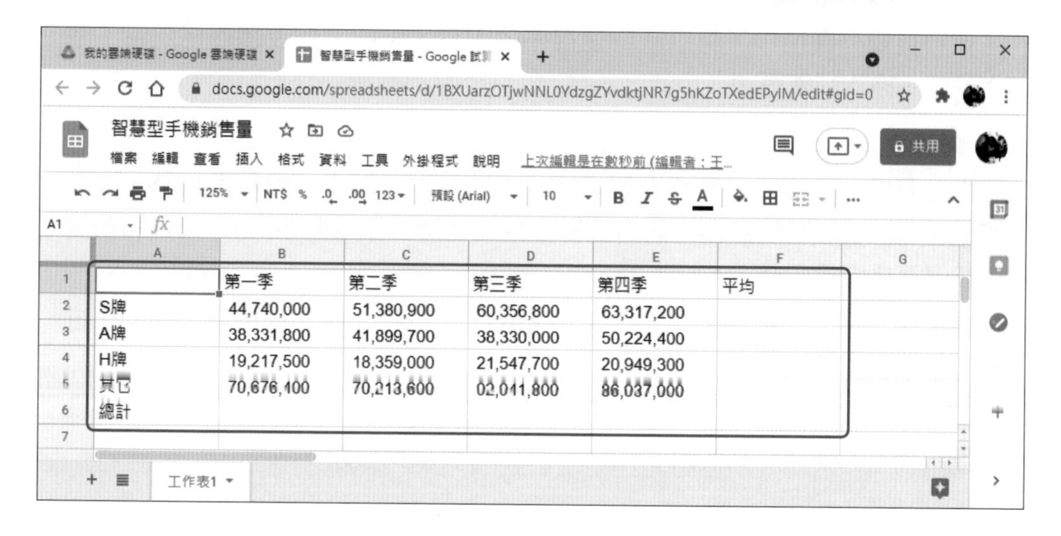

4-4-3 認識工作表

試算表是以表格型式出現，而在Google試算表裡，這個表格被稱爲「工作表」，在開始使用前，讓我們先來認識工作表。

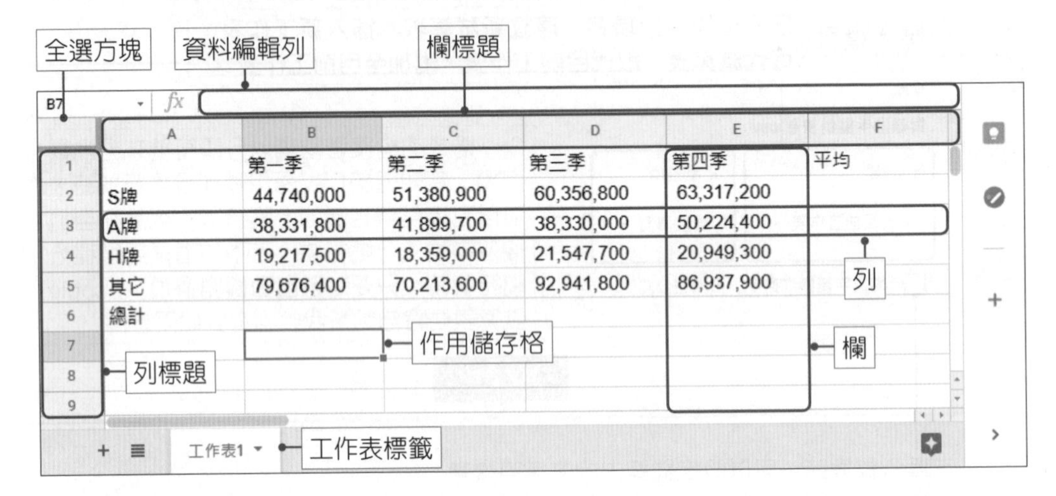

» 全選方塊

按下全選方塊，即可選取工作表中的所有儲存格。

» 資料編輯列

在資料編輯列欄位中，可以編輯儲存格的內容，例如：修改儲存格內容、輸入公式、插入函數等。

» 儲存格

工作表是由一個個「儲存格」所組成，當滑鼠點選其中一個儲存格時，該儲存格會有一個較粗的邊框，而這個儲存格則稱為「作用儲存格」，代表目前要在該儲存格進行作業。

- **欄與列**：在工作區域中直的一排儲存格稱為「欄」；在工作區域中橫的一排儲存格稱為「列」。
- **欄標題與列標題**：在工作表的上方是「欄標題」，以A、B、C等表示欄標題；而左方則是「列標題」，以1、2、3等表示列標題。

» 工作表標籤

工作表標籤位於工作表下方，名稱為工作表1，若要新增工作表時，按下左方的＋按鈕，即可新增工作表。

4-4-4 資料的建立

要在工作表中輸入資料，就好像是在表格中填入資料一樣，接著這節就來看看如何在工作表中輸入資料、修改資料。

在儲存格中輸入文字

要在儲存格中輸入文字時，須先選定一個作用儲存格，選定好後就可以進行輸入文字的動作，輸入完後按下鍵盤上的 **Enter** 鍵，即可完成輸入。若在同一儲存格要輸入多列時，可以按下 **Alt+Enter** 快速鍵換行。若要到其他儲存格中輸入文字時，可以按下鍵盤上的↑、↓、←、→鍵，移動到上面、下面、左邊、右邊的儲存格。

E	F	G
第四季	平均銷售量 (千)	
63,317,200		
50,224,400		
20,949,300		

點選儲存格後，直接輸入文字，按下 **Alt+Enter** 組合鍵，即可進行換行的動作

利用資料編輯列輸入文字

要在資料編輯列中輸入文字時，輸入前請先選取儲存格，再把游標移到資料編輯列上按一下**滑鼠左鍵**，即可開始輸入資料，輸入完畢後按下鍵盤上的 **Enter** 鍵，即可完成輸入。

自動完成輸入

在儲存格中輸入資料時，Google 試算表會將目前所輸入的資料和同欄中其他的儲存格資料做比較，若發現有相同的部分，便會自動在儲存格中填入相同的部分；若相同的部分是要接著輸入的文字時，只要按下 **Enter** 鍵，即可完成輸入，若自動填入的資料不是你要的，那麼不用理會它，繼續輸入即可。

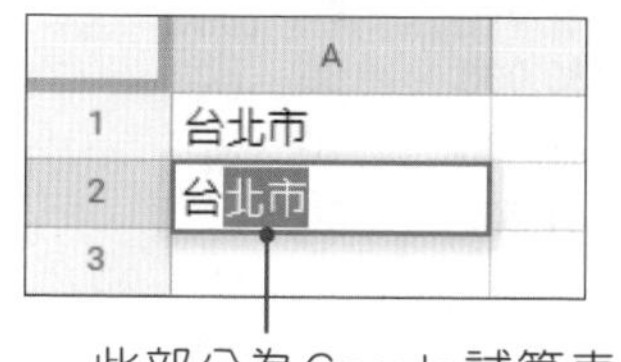

此部分為Google試算表自動填入的資料

NOTE 自動完成輸入功能在預設下是開啓的，若想關閉此功能時，請點選功能表上的**工具**功能，將**啓用自動完成功能**選項取消勾選即可。

4-4-5 公式與函數的使用

試算表最重要的功能，就是可利用公式與函數進行計算，而在Google試算表中也具備這些計算功能，其用法與Microsoft Excel大同小異。

建立公式

Google試算表的公式跟一般數學方程式一樣，也是由**「=(等號)」**建立而成。因此，建立公式時，會選取一個儲存格，然後從「=」開始輸入。若配合使用儲存格位址進行**「參照」**，公式便可根據儲存格位址找出運算資料來進行計算。

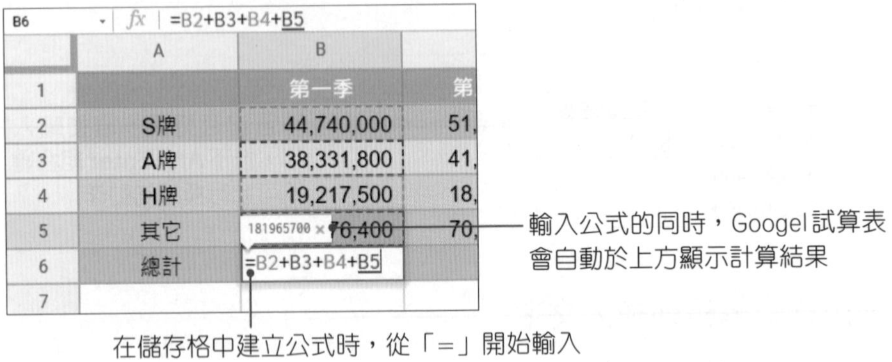

B6 fx =B2+B3+B4+B5

	A	B	
1		第一季	第
2	S牌	44,740,000	51,
3	A牌	38,331,800	41,
4	H牌	19,217,500	18,
5	其它	181965700 × 76,400	70,
6	總計	=B2+B3+B4+B5	
7			

輸入公式的同時，Googel試算表會自動於上方顯示計算結果

在儲存格中建立公式時，從「=」開始輸入

插入函數

函數是Google試算表事先定義好的公式，不需要輸入冗長或複雜的計算公式就能處理龐大的資料。插入函數時，只要選取儲存格，接著按下工具列上的 Σ **函式**選單鈕，於選單中點選想要入的函數進行設定即可。

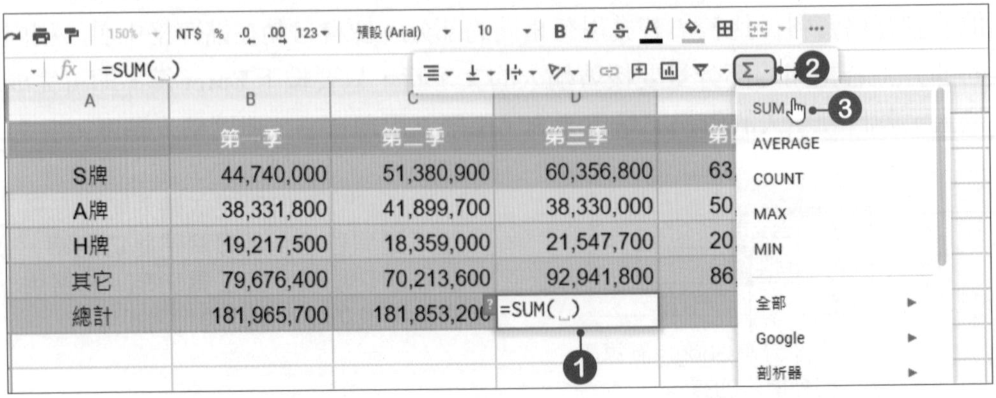

150% NT$ % .0 .00 123 預設 (Arial) 10 B I S A

fx =SUM( )

A	B	C	D	
	第一季	第二季	第三季	第
S牌	44,740,000	51,380,900	60,356,800	63
A牌	38,331,800	41,899,700	38,330,000	50
H牌	19,217,500	18,359,000	21,547,700	20
其它	79,676,400	70,213,600	92,941,800	86
總計	181,965,700	181,853,200	=SUM( )	

Σ 2

SUM 3

AVERAGE

COUNT

MAX

MIN

全部

Google

剖析器

1

4-4-6 儲存格的編輯

在工作表中「儲存格」的編輯是很重要的，這裡要學習的是儲存格的選取、調整、複製、貼上等編輯方式。

改變欄寬和列高

在輸入資料時，若資料超出儲存格範圍，儲存格中的文字會無法完整顯示，此時，可以直接拖曳欄標題或列標題之間的分隔線，或是在分隔線上**雙擊滑鼠左鍵**，就會自動調整成最適欄寬，以便容下所有的資料。

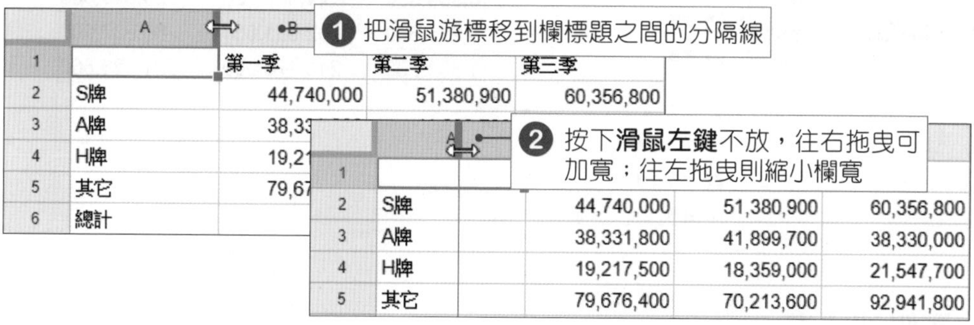

1 把滑鼠游標移到欄標題之間的分隔線

2 按下**滑鼠左鍵**不放，往右拖曳可加寬；往左拖曳則縮小欄寬

若要統一工作表的欄寬或列高，可以先按下**全選**按鈕，選取整個工作表，再調整欄寬或列高。

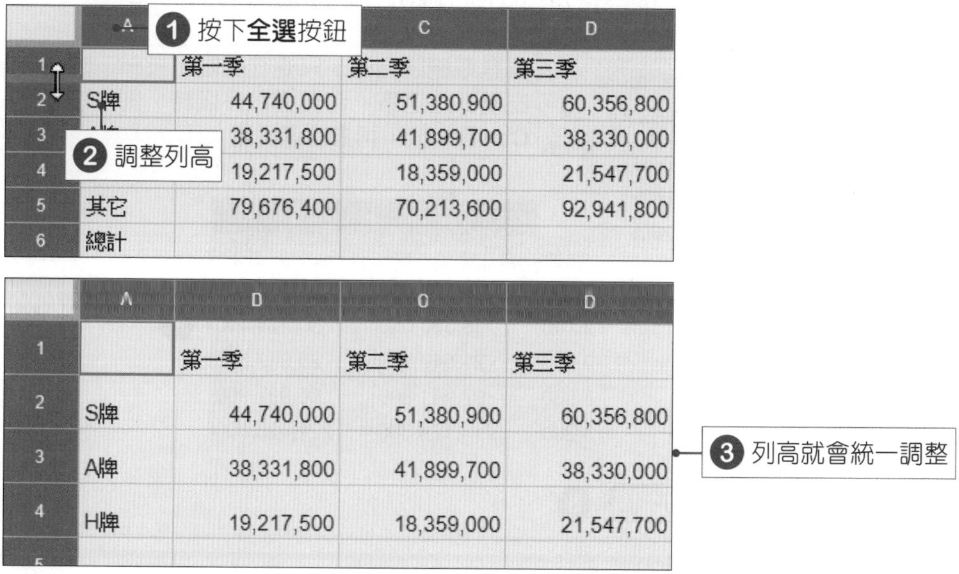

1 按下**全選**按鈕

2 調整列高

3 列高就會統一調整

插入列或欄

要在現有的工作表中新增一列或一欄時，可以點選功能表上的**插入**功能，選擇要進行列或欄的插入。

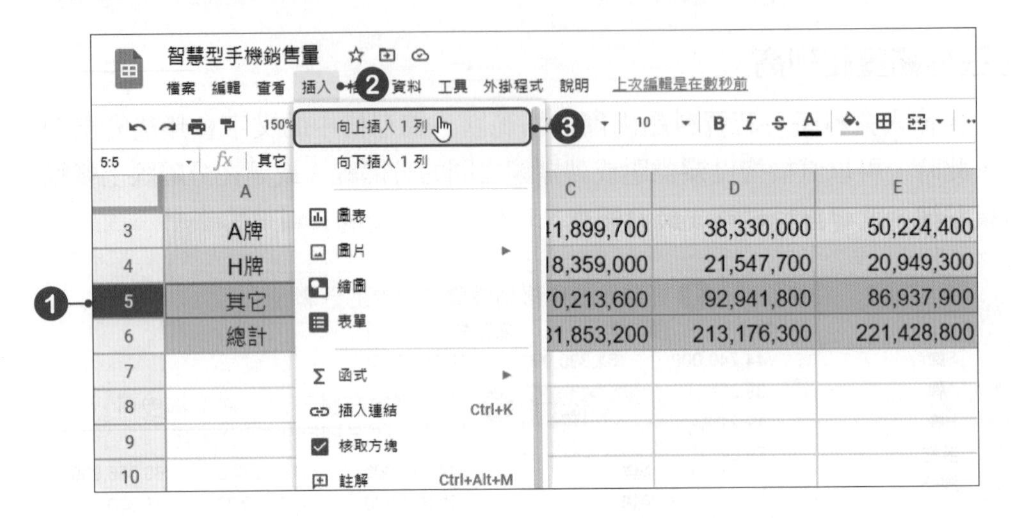

刪除列或欄

要刪除列或欄時，先將作用儲存格移至要刪除的列或欄上，再點選功能表上的**編輯**功能，於選單中點選相關的刪除選項；若要刪除多欄或多列時，則須先選取要刪除的欄或列，再點選功能表上的**編輯→刪除選取的欄**功能。

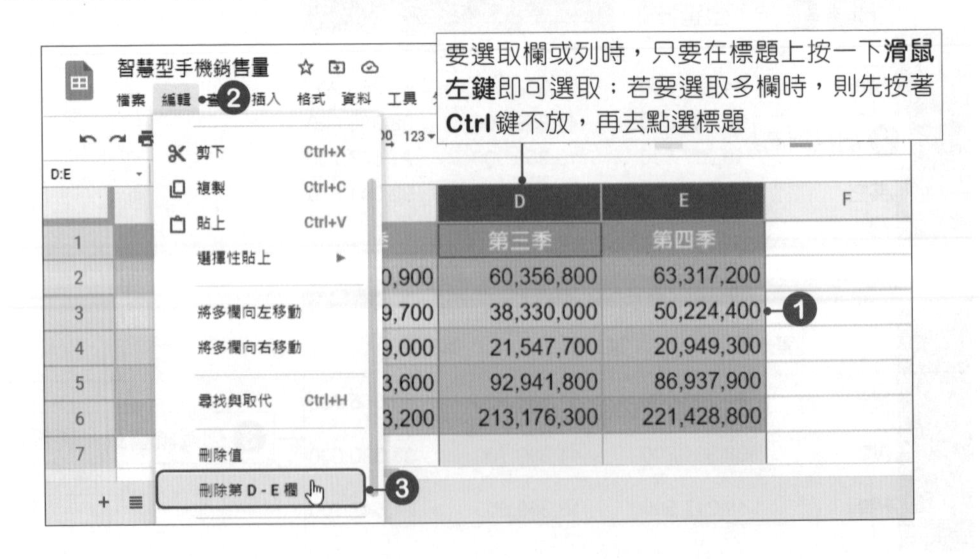

4-5 Google簡報的使用

Google簡報提供了基本的功能，不須安裝且介面操作簡單，使用者可以方便地在線上操作使用，這節就來看看該如何編輯簡報。

4-5-1 建立Google簡報

首先登入Google雲端硬碟中，接著進行以下操作。

STEP01 按下**新增→Google簡報**。

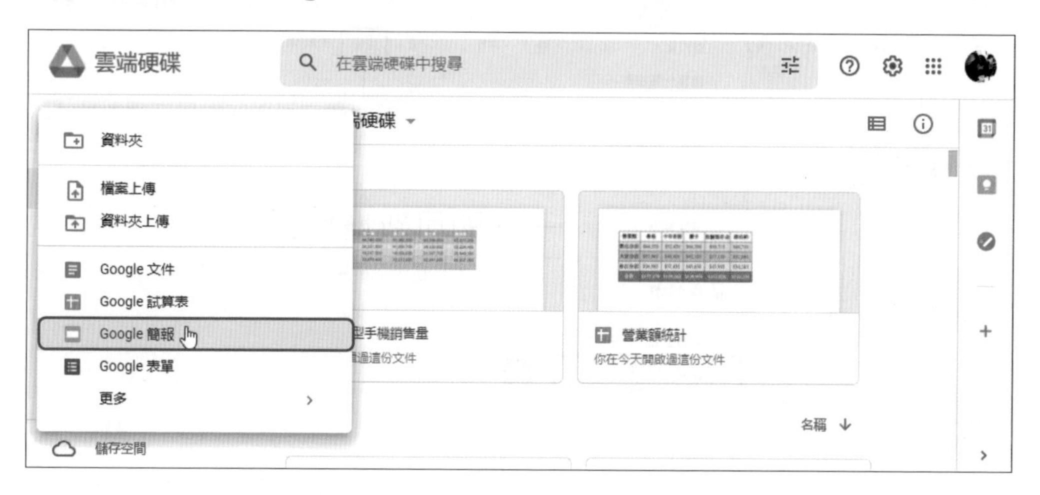

STEP02 進入Google簡報後，在**未命名簡報**上按下**滑鼠左鍵**，爲該簡報檔案重新命名。

STEP03 點選後，請輸入檔案名稱，輸入好後按下**Enter**鍵，完成簡報檔的建立。

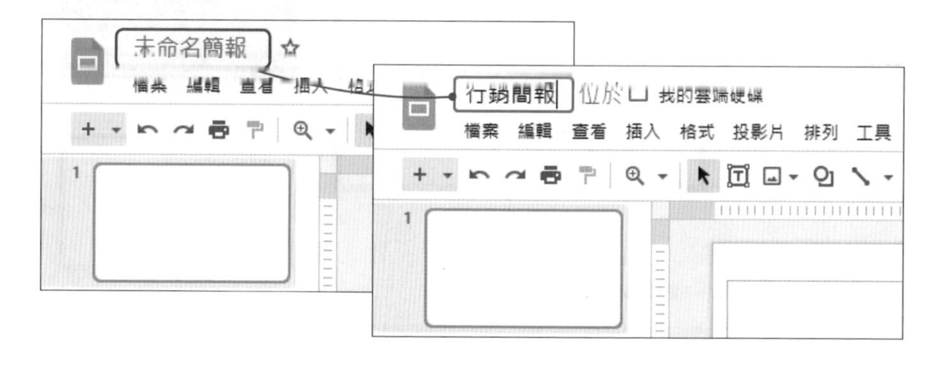

4-5-2 套用主題

Google簡報提供了許多**主題**，可以直接套用於簡報，使用主題有許多的好處，也省去了簡報設計及色彩配置的時間。

STEP01 點選功能表上的**投影片→變更主題**，或是按下工具列上的**主題**按鈕，開啓**主題**窗格，在窗格中列出了所有可以使用的背景主題。

STEP02 點選要套用的背景主題，簡報便會立即套用該主題。

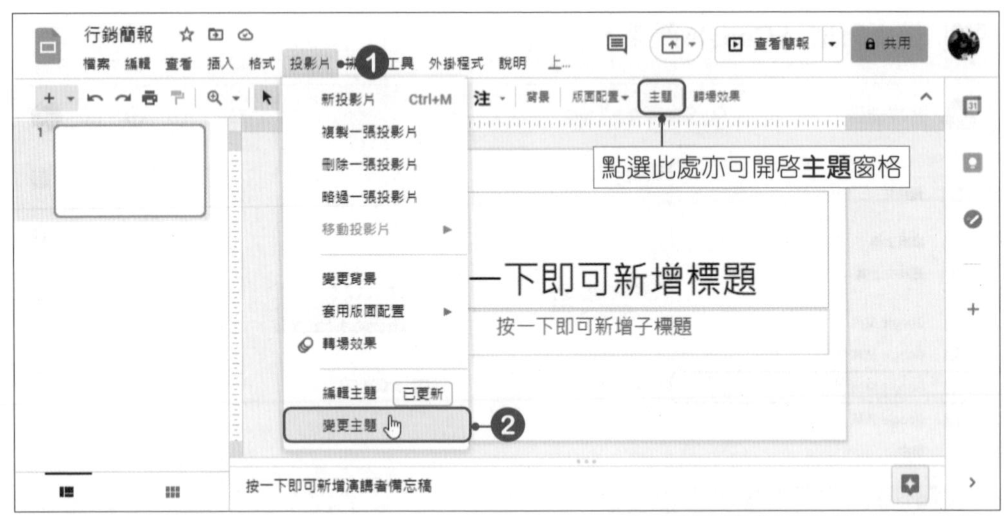

4-5-3 投影片的版面配置

「版面配置」是指事先規劃好投影片要呈現的方式，並在簡報中預先設定標題、內文及圖片位置，我們只要點選預設好的圖文框，即可進行輸入。

在Google簡報中提供了不同的「版面配置」，只要點選功能表上的**投影片→套用版面配置**功能，或是按下工具列上的**版面配置**按鈕，即可在選單中選擇要套用的版面配置。

版面配置的使用

開啟一份新的簡報時，會將第1張投影片，自動套用**「標題投影片」**的版面配置，此時只要依據指示，在**「按一下即可新增標題」**的區域中，按下**滑鼠左鍵**，即可輸入標題文字。

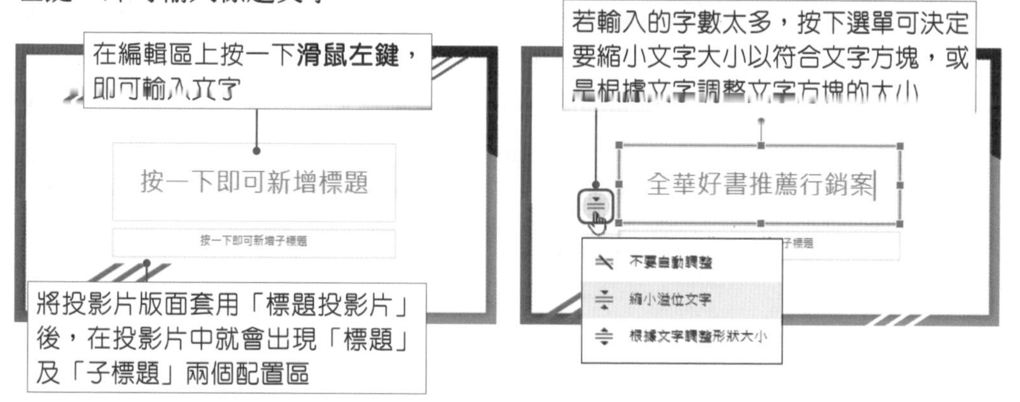

調整配置區物件位置

在投影片中的配置區物件都是可以自行調整大小及位置的，選取要調整的配置區，再將滑鼠游標移至控制點，按著**滑鼠左鍵**不放並拖曳，即可調整配置區的大小。

4-5-4 投影片的調整

在簡報中若要新增、刪除、複製、移動整張投影片時，可以點選功能表上的**投影片**功能，在選單中選擇要進行的調整。

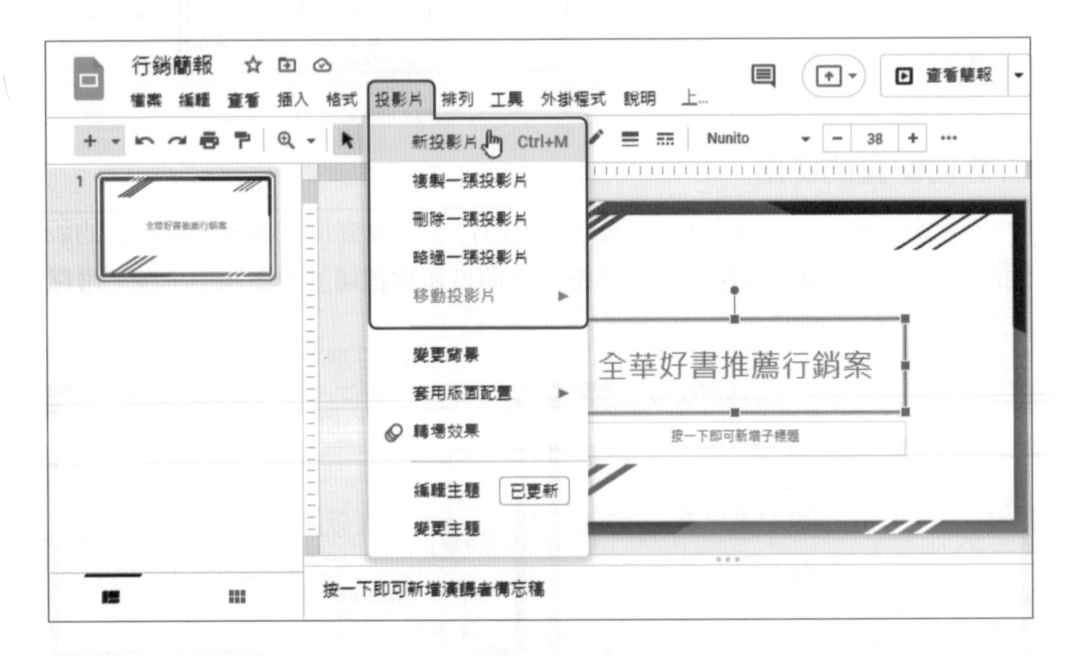

新增/刪除投影片

若要在簡報中新增投影片時，只要點選功能表上的**投影片→新投影片**功能，或是按下鍵盤上的**Ctrl+M**快速鍵，即可新增一張投影片。

除此之外，也可以按下工具列上的 + - **新投影片配置**選單鈕，於選單中點選新投影片要使用的版面配置，點選後，即可完成新增。

若要刪除簡報中的某一張投影片時，只要在**投影片窗格**中先選取要刪除的投影片，再按下鍵盤上的**Delete**鍵，即可將選取的投影片刪除。

調整投影片順序

要調整投影片順序時，只要在**投影片窗格**中，選取要調整順序的投影片，選取好後，按下**滑鼠左鍵**不放，拖曳該投影片至要調整的位置上，再放掉**滑鼠左鍵**，投影片就會被調整到新位置。

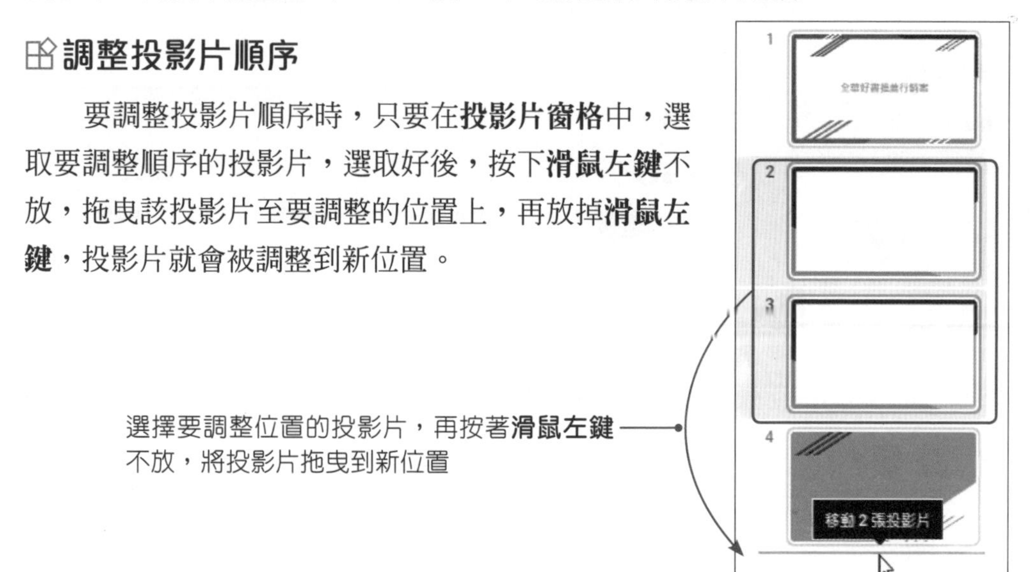

4-5-5 在簡報中匯入投影片

使用Google簡報時，可以直接匯入其他檔案中的投影片，在製作簡報時能更方便整合所有投影片。

STEP01 點選功能表上的**檔案→匯入投影片**功能。

STEP02 進入**匯入投影片**頁面後，選擇**簡報**檔案，按下**選取**進行匯入動作。在接著開啓的視窗中再點選要匯入的投影片，將**保留原始主題**的勾選取消，表示不要保留原檔案所使用的主題，最後按下**匯入投影片**按鈕。

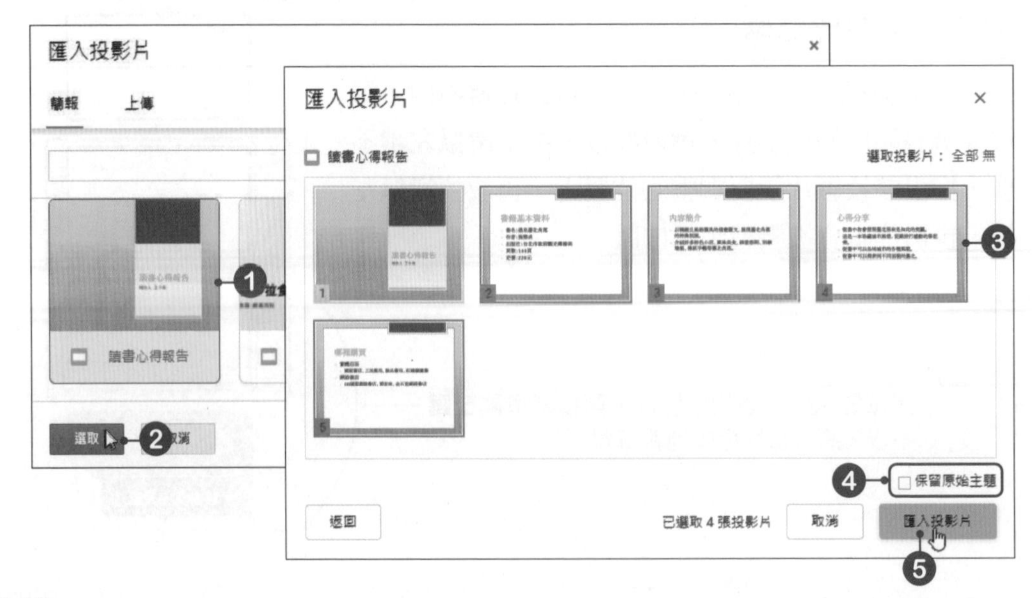

STEP03 被選取的投影片就會匯入到簡報中。

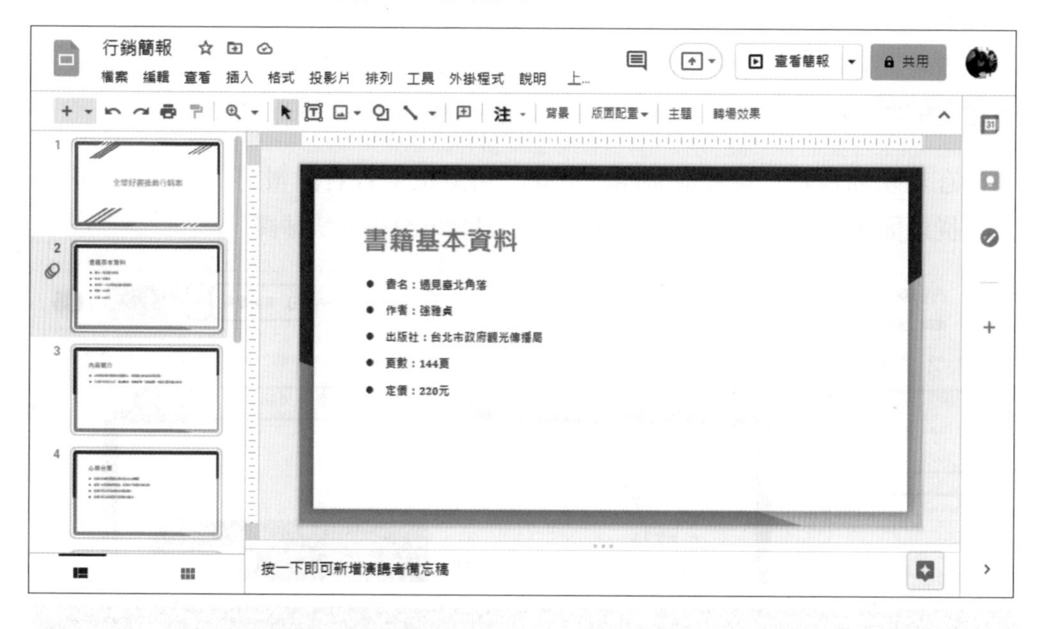

4-5-6 文字的格式設定

要進行文字格式設定時，必須先選取文字配置區或配置區內的文字，再點選功能表上的**格式**功能，就可以完成大部分的文字格式設定。

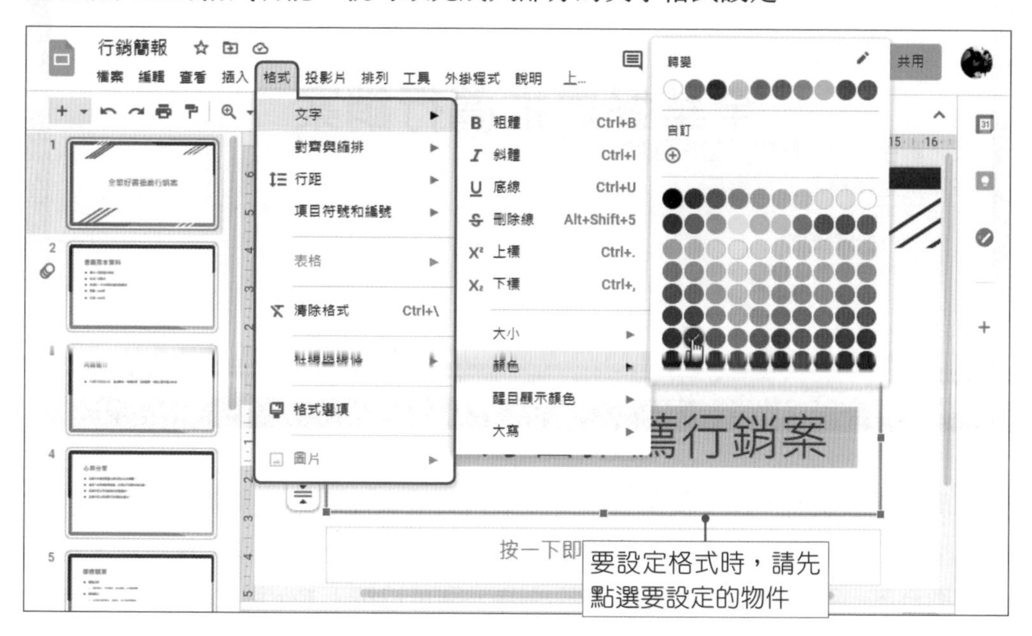

4-5-7 簡報的放映

放映簡報時，可以按下**查看簡報**按鈕，或按下**Ctrl+F5**快速鍵，此時簡報會從目前所在的投影片開始進行放映，放映時會以全螢幕方式放映。

在放映簡報時，若要從頭開始放映，可以按下**查看簡報**選單鈕，於選單中點選**從頭開始進行簡報**，或是直接按下**Ctrl+Shift+F5**快速鍵。

簡報在放映時，除了使用投影片左下角的放映控制鈕來換頁，也可以直接使用滑鼠的滾輪來進行換頁，將滾輪往上推則可回到上一張投影片；往下推則是切換至下一張投影片，若要結束放映時，則可以按下**Esc**鍵。

若按下 ⋮ 按鈕，將開啓更完整的功能選單，可執行更多的功能指令。

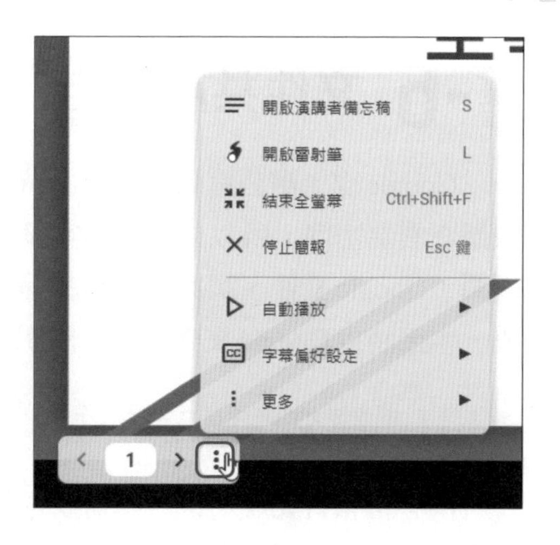

4-5-8 運用雷射筆進行簡報

在簡報放映過程中，可以使用雷射筆來指示投影片內容，在演說的過程，能更清楚表達。在播放簡報時，按下 ⋮ 按鈕，點選**開啓雷射筆**，或是按下鍵盤上的**L**鍵，即可將滑鼠游標暫時轉換為雷射筆。

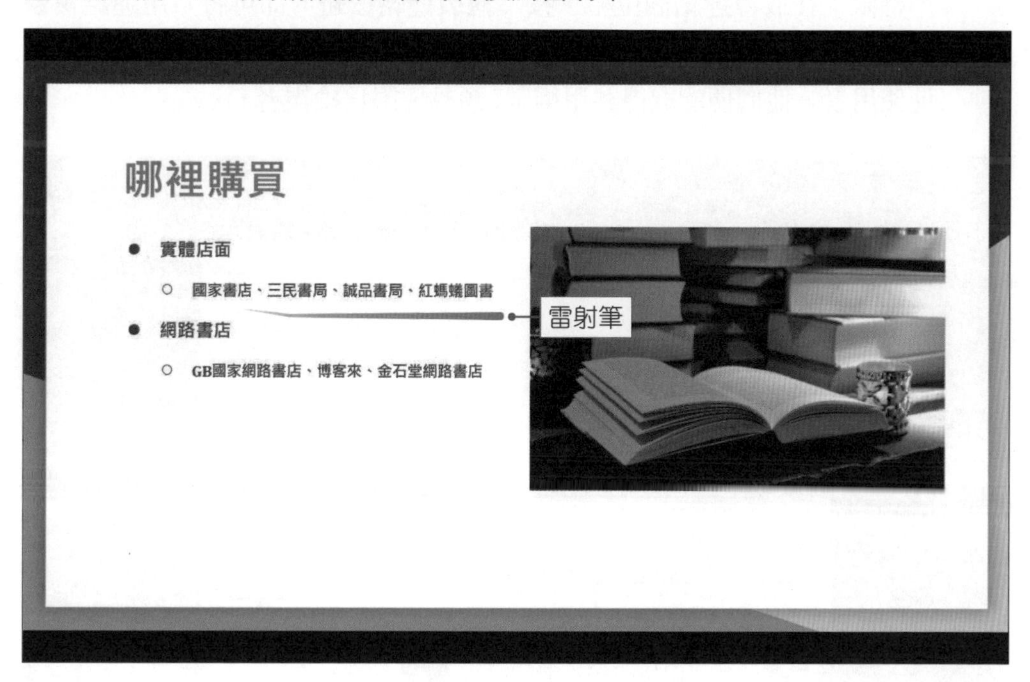

4-6 文件共用設定

Google線上辦公室軟體最大的特色就是強調線上編輯與存取，因爲文件就放置在雲端空間，所以只要將檔案設定爲**共用**，就能方便多人進行線上檢閱與編輯。Google文件、試算表、簡報等服務皆具備共用功能，且設定上也大同小異。本節將以Google文件爲例，說明如何進行文件共用的設定。

4-6-1 將文件設定為共用

同一份報告完成之後，不需要透過E-mail輪流轉寄閱讀，只須將該份文件設定爲共用，即可邀請其他人檢視或編輯該文件，或在文件中加入註解。

STEP01 開啓要設定爲共用的文件，按下右上角的**共用**按鈕；或點選功能表上的**檔案→共用**功能。

STEP02 在**與使用者和群組共用**的欄位中，可設定共用對象清單，同時設定其共用權限；在**取得連結**欄位中，按下**複製連結**按鈕，即可將共用連結複製到剪貼簿中，此時只要執行**貼上(Ctrl+V)**指令，便可將此連結傳送給其他使用者，他們便能取得共用權限(預設權限爲**檢視者**)。

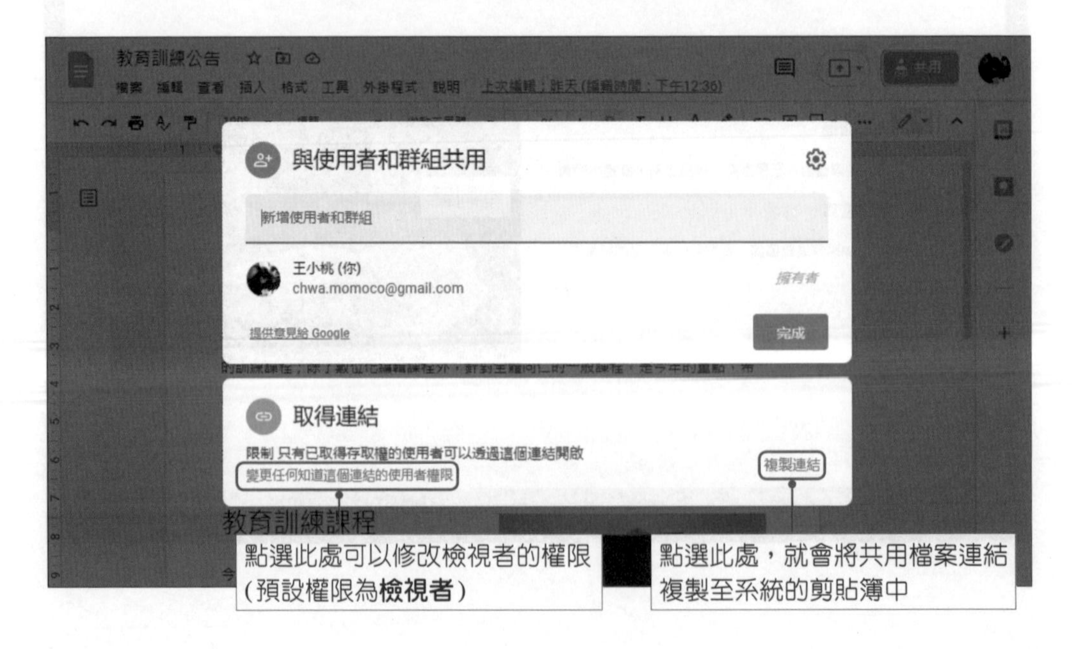

STEP03 在**與使用者和群組共用**的欄位中，直接輸入受邀者的E-mail或通訊錄裡的聯絡人，並設定開放的共用權限，設定好後按下**傳送**按鈕，傳送訊息給受邀的協作者。

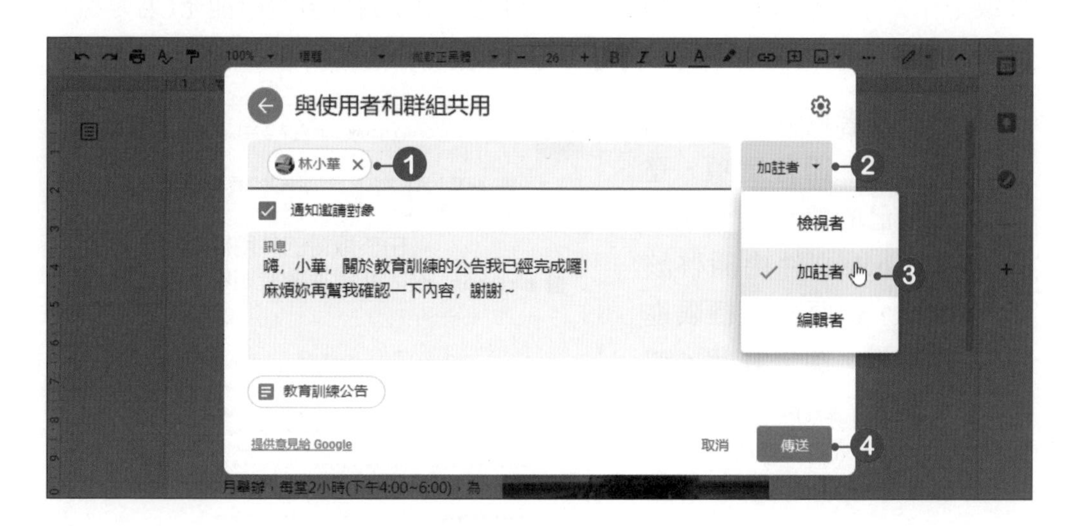

STEP04 之後按下右上角的**共用**按鈕；或點選功能表上的**檔案→共用**功能，進入共用設定畫面時，就能看到該文件所設定的共用使用者及其權限。點選使用者權限的選單鈕，即可修改其共用權限或移除共用。

4-6-2 在Google文件中加上註解

只要對Google文件擁有**加註者**或是**編輯者**權限的共用者，都可以檢視文件或是在文件中加入註解，以發表自己的見解或是對內容提出補充(若是擁有**編輯者**權限，還可以直接修改文件中的內容及共用權限)。

STEP01 當受邀者收到共用通知後，按下**開啓**選項，登入自己的帳戶後，即可在Google文件中開啓該檔案，依照共用權限進行檢視、加上註解，或是編輯等動作。

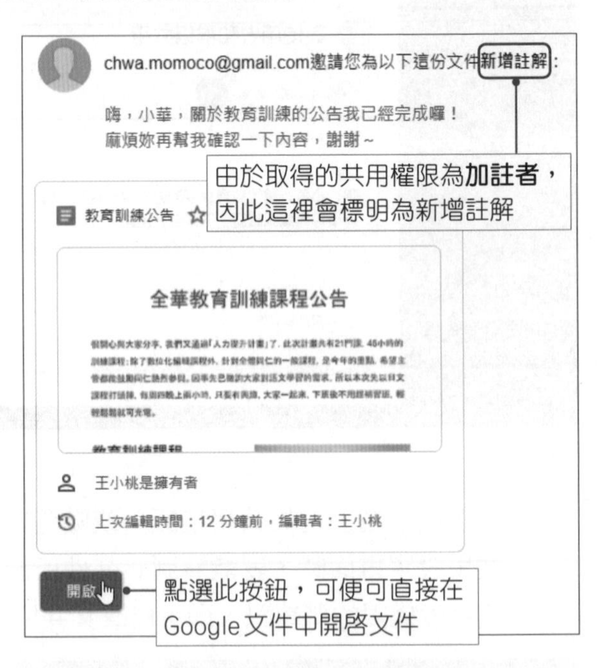

STEP02 進入文件後，將滑鼠游標移至欲插入註解的文件位置，或是選取相關文字，按下功能表上的**插入→註解**功能，或**Ctrl+Alt+M**快速鍵。

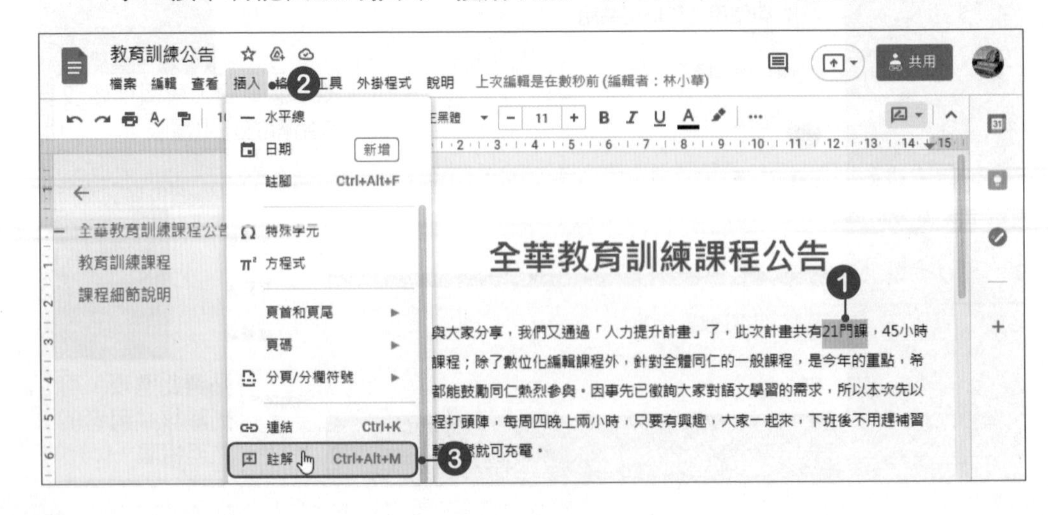

STEP03 接著在旁邊的註解視窗中輸入註解內容即可，輸入好後按下**註解**按鈕。

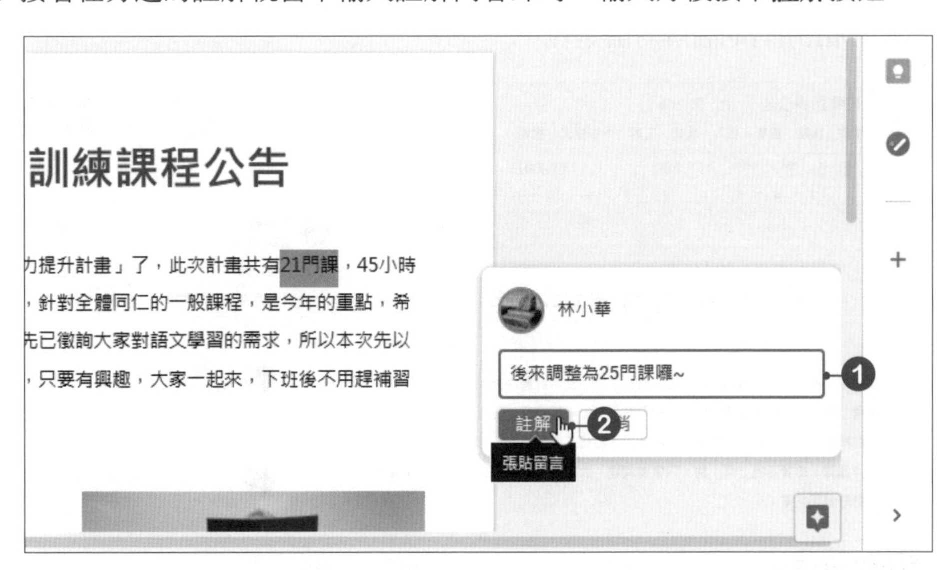

STEP04 而此時其他使用者會立即看到註解內容，若對註解內容有疑問時，可以再輸入回覆的意見。

STEP05 若註解的問題已解決，可以按下 ✓ 按鈕，此時註解對話框就會標示為已解決，並隱藏該註解框。

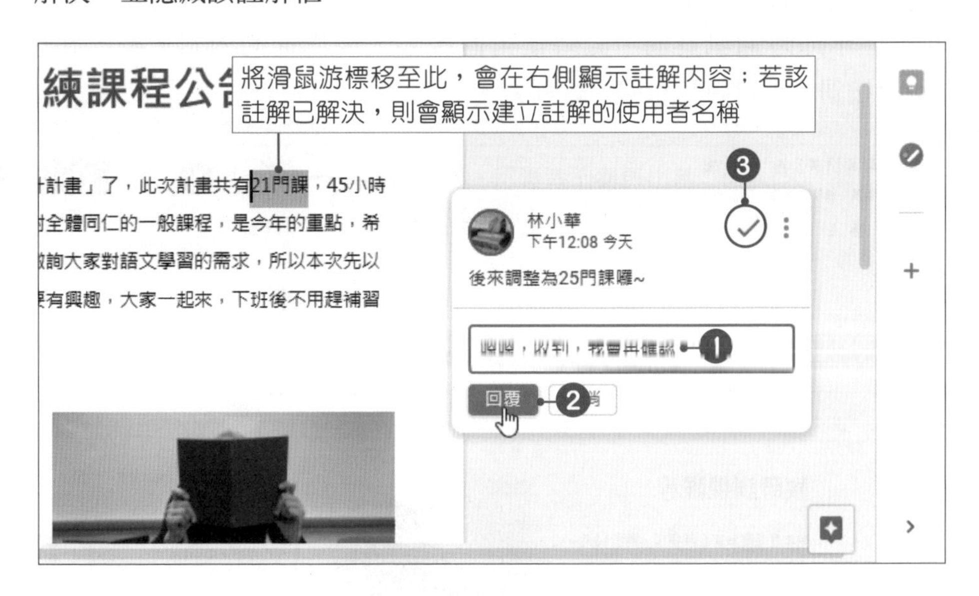

STEP06 若要查看所有的註解內容時，可以按下右上角的 按鈕，在清單中就會列出所有的註解討論過程。

4-6-3 使用即時通訊與協作者共用編輯文件

在共同編輯文件時，也可以利用Google所提供的即時通訊功能，直接與協作者溝通要編輯的內容。若協作者同時在線上，可按下右上角的 按鈕，便會顯示即時通訊頁面，此時便可直接輸入要溝通的內容，輸入好後按下**Enter**按鈕，即可將訊息傳送給對方。

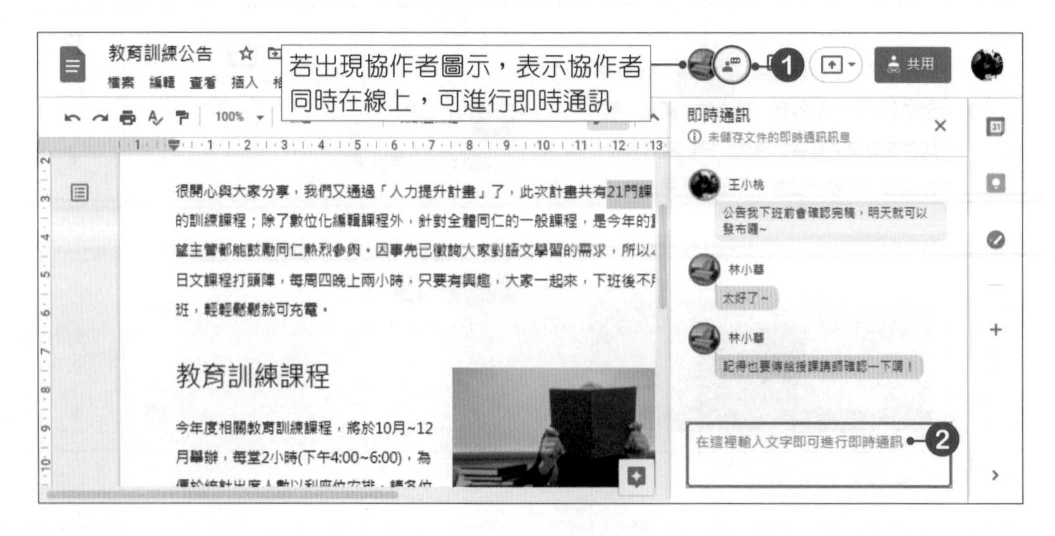

4-7 Google文件App的使用

除了透過瀏覽器線上使用之外，Google線上辦公室軟體也推出可在行動裝置上使用的文書處理App，只要安裝Google文件、試算表、簡報等App，即可在手機上編輯檔案，而且其操作也與線上版並無太大差異。本節將以iOS系統示範，說明如何在行動裝置上使用Google文件App。

Android

4-7-1 下載Google文件App

若使用Android系統的行動裝置，可以至Google Play下載，或是直接用行動裝置掃描本書所提供的QR Code，進行下載及安裝。

iOS

若使用iOS系統的行動裝置，可以至App Store下載，或是直接用行動裝置掃描本書所提供的QR Code，進行下載及安裝。

4-7-2 開啟Google文件

點選主畫面的**文件**App，進入Google文件，登入Google帳戶後，便會顯示在雲端硬碟上的所有文件檔案，直接點選要開啓的檔案，便會進入檔案中。

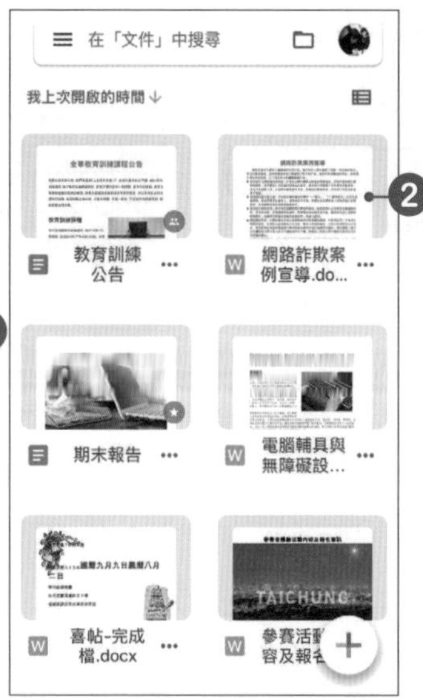

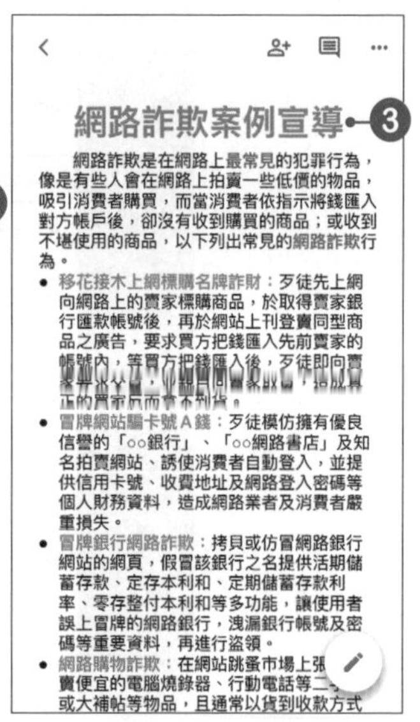

4-7-3 編輯Google文件

在文件App中也可以直接編輯Google文件。只要進入該文件後，點選右下角的 ✎ 按鈕，即可進入編輯模式中。

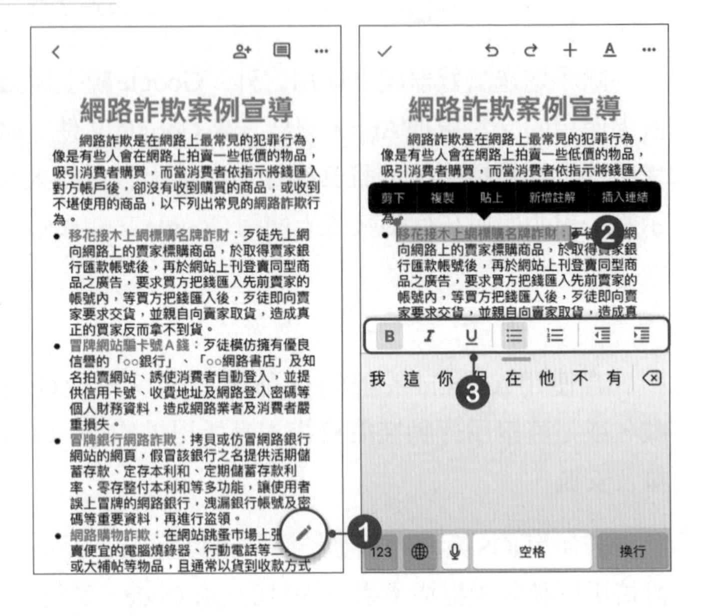

4-7-4 列印版面配置

在編輯文件的過程中，若想檢視完整的頁面時，只要點選右上角的 ••• 按鈕，於清單中將**列印版面配置**模式開啓，即可清楚瀏覽整個版面。

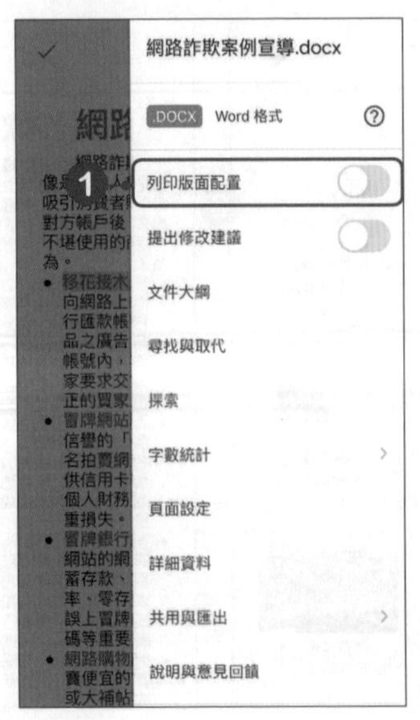

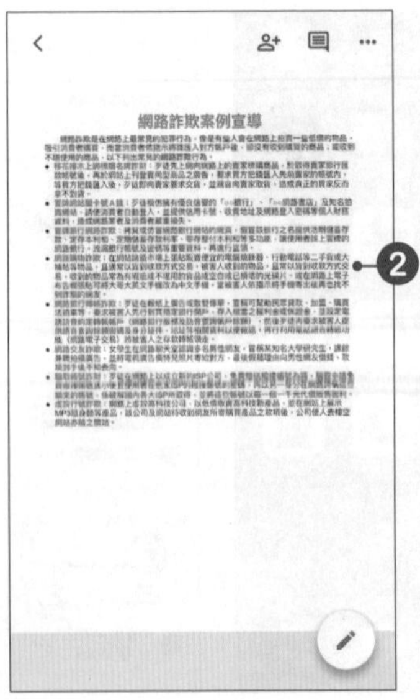

4-7-5 共用設定

若想將Google文件與他人共用時，在進入該文件後，點選右上角的按鈕，進入**共用**頁面，於**使用者**欄位中輸入要共用的聯絡人或群組，以及要傳送的訊息，最後點選按鈕，即可完成共用設定。

若要取得該檔案的共用連結時，可以點選檔案右下角的...按鈕，於選單中點選**複製連結**，即可取得共用連結。

4-7-6 離線使用檔案

若想在沒有網路的情況下也能讀取Google文件中的特定檔案，可以點選檔案右下角的…按鈕，於選單中點選**允許離線存取**，此時系統會自動儲存這份文件，方便稍後離線時繼續使用。

4-7-7 新增Google文件

要新增Google文件時，只要點選右下角的＋按鈕，即可進行新增文件的動作，而在文件App中也可以進行各種文字格式的設定，插入圖片、表格等。

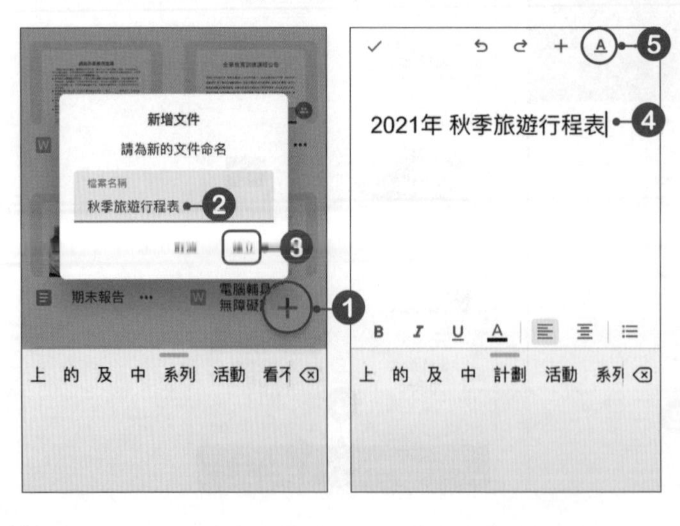

( ) 1. 下列有關Google文件之敘述，何者有誤？(A)以Google文件編輯的文件可下載至電腦中　(B)使用Google文件不用另外安裝軟體　(C)可設定文件共用，但無法進階設定使用者的權限　(D)可將Word檔案匯入至Google文件中編輯。

( ) 2. 如果想要在雲端硬碟中快速找到某個重要的Google文件檔案，怎麼做最方便？(A)在雲端硬碟中建立捷徑　(B)為檔案加上星號　(C)記在隨身筆記本上　(D)為檔案設定共用。

( ) 3. 使用Google文件時，若要將被選取的文字加粗，可以使用下列哪組快速鍵？(A) Ctrl+B　(B) Ctrl+I　(C) Ctrl+U　(D) Ctrl+A。

( ) 4. 使用Google文件時，若要選取文件中的所有段落文字時，可以使用下列哪組快速鍵？(A) Ctrl+B　(B) Ctrl+I　(C) Ctrl+U　(D) Ctrl+A。

( ) 5. 使用Google文件時，插入圖片後，可以進行以下哪個動作？(A)調整圖片大小　(B)裁剪圖片　(C)調整圖片編排方式　(D)以上皆可。

( ) 6. 使用Google文件時，若要將圖片進行文繞圖編排時，須先將圖片設定為？(A)文字環繞　(B)行內文字　(C)分隔文字　(D)段落文字。

( ) 7. 在Google試算表中，要匯入CSV格式的文字檔時，不同欄位必須用哪些符號隔開？(A)逗號　(B)分號　(C)空格　(D)以上皆可。

( ) 8. 在Google試算表中，下列關於「公式」與「函數」的敘述，何者不正確？(A)函數是Google試算表事先定義好的公式　(B)皆由「=」開始輸入　(C)建立公式時可參照儲存格住址，但函數不行　(D)會在儲存格中直接顯示公式與函數計算結果。

( ) 9. 在Google簡報中，要插入一張新投影片時，可以使用下列哪組快速鍵？(A) Ctrl+L　(B) Ctrl+M　(C) Ctrl+N　(D) Ctrl+O。

( ) 10. 在Google簡報中，新增一份空白簡報後，在預設下，第1張投影片會套用哪種版面配置？(A)標題與內文　(B)區段標題　(C)只有標題　(D)標題投影片。

( ) 11. 在Google簡報中，可以插入以下哪個物件？(A)圖表　(B) YouTube影片　(C)表格　(D)以上皆可。

( ) 12. 在Google簡報中，要放映簡報時，可以使用下列哪組快速鍵，讓簡報從目前所在的投影片開始放映？(A) Ctrl+F5　(B) Ctrl+Shift+F5　(C) Ctrl+Shift+F4　(D) Ctrl+F4。

實作題

1. 請發揮你的美感與創意，利用Google文件設計一張圖文並茂的活動海報，主題自選，例如：社團活動、運動會、社區跳蚤市場、班級旅遊等。

參考範例

● 報名說明

歡迎各界餐飲從業人員及相關科系學生報名，報名期間為即日起至 10 月 10 日截止，報名名額以 10 組為限，以報名時間先後順序為依據，報名額滿恕不再受理，高額獎金等您來拿。趕快填寫參賽報名表傳真至 080-000-000。

● 評分標準

一、評審依評分標準進行評分，分數加總除以評審人數，即為該組選手所得之平均分數。

二、遲到、使用違禁添加物視為違規項目，每一違規項目將扣平均分數 10 分。

三、逾時未完成的菜餚作品即不計分，並立即停止動作。

評分標準	比例
料理口味	40
創意(設計理念、在地食材的應用)	40
衛生、擺盤及桌面佈置	20
總分	100

● 報名表

團隊名稱		連絡電話	
菜餚名稱			
	材料	用量	來源
主材料			
副材料			
製作方法/食譜(請依步驟順序填寫)			
創作理念			

參賽者簽名：＿＿＿＿＿＿＿＿（請親簽並回傳）

2. 你可以用Google試算表為小桃老師設計一個成績表，方便她記錄學生的成績並自動排出每位學生的名次嗎？

(1) 總分計算：使用SUM函數，計算出每位學生的總分。

(2) 個人平均計算：使用AVERAGE函數，計算出每位學生的平均分數。

(3) 總名次計算：使用RANK.EQ函數，計算出學生的排名。

參考範例

	A	B	C	D	E	F	G	H	I	J
1	學號	姓名	國文	英文	數學	歷史	地理	總分	個人平均	總名次
2	9802301	李怡君	72	70	68	81	90	381	76.20	9
3	9802302	陳雅婷	75	66	58	67	75	341	68.20	13
4	9802303	郭欣怡	92	82	85	91	88	438	87.60	2
5	9802304	王雅雯	80	81	75	85	78	399	79.80	4
6	9802305	林家豪	61	77	78	73	70	359	71.80	12
7	9802306	廖怡婷	82	80	60	58	55	335	67.00	15
8	9802307	吳宗翰	56	80	58	65	60	319	63.80	18
9	9802308	蔣雅惠	78	74	90	74	78	394	78.80	5
10	9802309	吳志豪	88	85	85	91	88	437	87.40	3
11	9802310	蘇心怡	81	69	72	85	80	387	77.40	6
12	9802311	陳建宏	94	96	71	97	94	452	90.40	1
13	9802312	張佳蓉	85	87	68	65	72	377	75.40	10
14	9802313	鄭佩珊	73	50	55	51	50	279	55.80	20
15	9802314	魏靜怡	65	75	54	67	78	339	67.80	14
16	9802315	楊志偉	79	68	68	58	54	327	65.40	17
17	9802316	馬雅玲	84	75	48	83	77	367	73.40	11
18	9802317	徐佩君	67	58	77	91	90	383	76.60	7
19	9802318	宋偉宏	59	67	62	45	54	287	57.40	19
20	9802319	林佳穎	86	55	65	68	60	334	66.80	16
21	9802320	朱怡伶	67	75	77	79	85	383	76.60	7

3. 請你上網搜尋所在縣市的旅遊景點，善用Google簡報的各種功能及美化設定，製作一份觀光旅遊手冊簡報。

參考範例

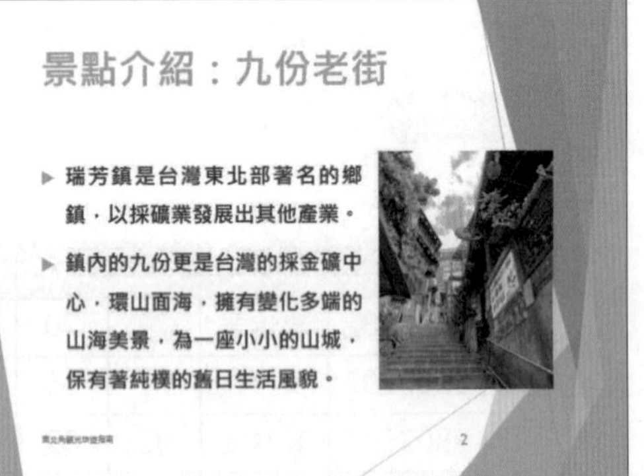

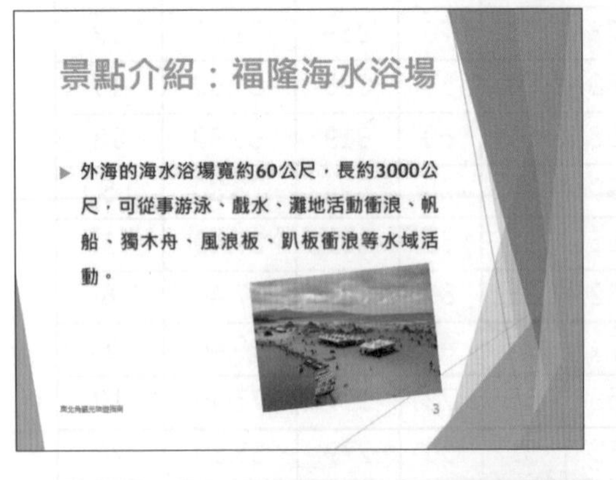

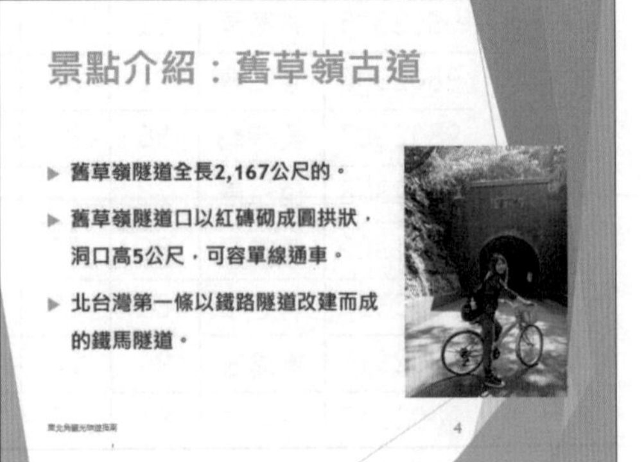

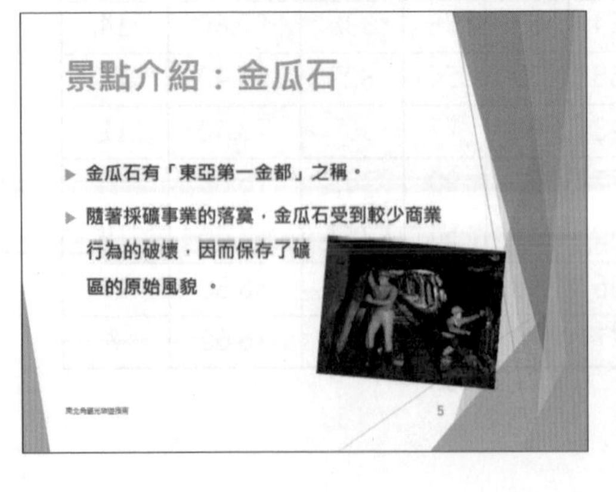

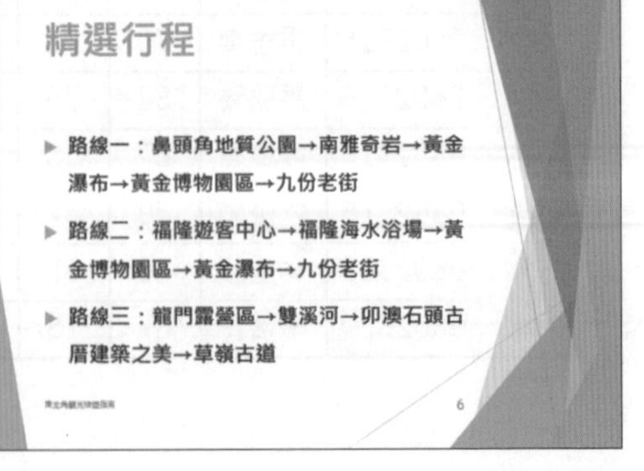

CHAPTER 05

雲端問卷—表單

5-1 製作線上問卷

Google提供了「表單」功能，讓使用者可以管理活動報名資料、快速進行意見調查、收集電子報訂閱者的電子郵件地址、建立隨堂小考等。這節就先來看看該如何利用表單功能，建立一份線上問卷。

5-1-1 建立Google表單

要建立表單時，可以直接進入表單網站中(https://www.google.com.tw/intl/zh-TW/forms/about/)，按下**前往Google表單**按鈕，即可進行建立的動作。

除此之外，也可以登入到「Google雲端硬碟」網站(https://drive.google.com)中建立Google表單，而在編輯的過程中，表單會隨時自動儲存，以防止資料遺失。

STEP01 登入**Google雲端硬碟**中，按下**新增**按鈕，在選單中點選**Google表單**選項。

STEP02 開啟新表單後，最上方的表單檔案名稱預設為**未命名表單**，在此輸入表單名稱，再於表單中任一處按下滑鼠左鍵，則下方的表單標題也會同時顯示為剛剛輸入的表單名稱。

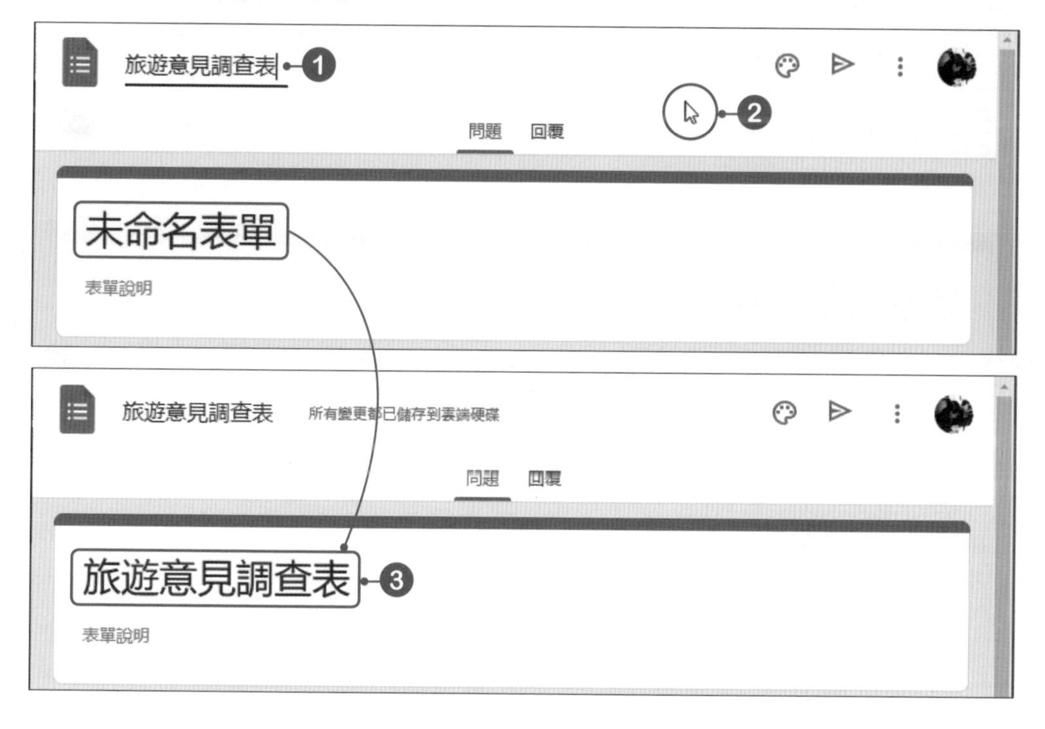

5-1-2 建立問卷資料

表單建立好後，即可開始進行表單資料輸入的動作。Google提供了各種問題作答方式的類型，像是：簡答、段落、選擇、核取方塊、下拉式選單等，在建立問卷資料時，可依需求選擇要建立的問題類型。

表單說明文字

在表單的一開始，可以先輸入這份問卷的前言，讓填寫問卷的使用者可以了解該份問卷的目的。要輸入文字時，直接在**表單說明**欄位中按一下**滑鼠左鍵**，即可輸入表單說明文字。

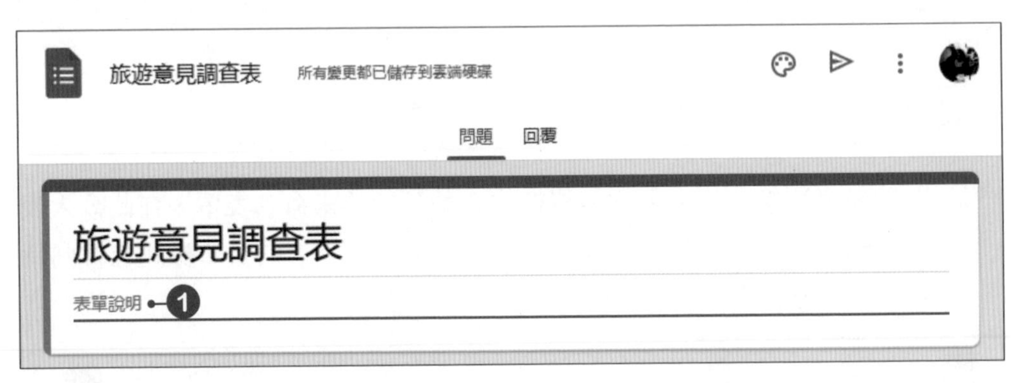

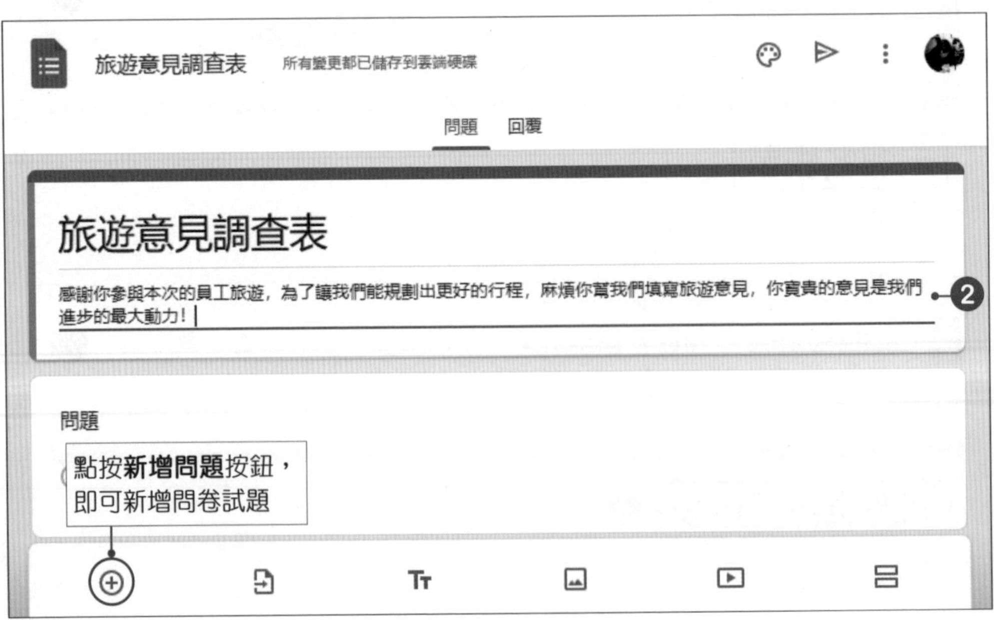

簡答類型

簡答類型可以讓使用者輸入少量文字。

STEP01 在**問題**文字上按一下**滑鼠左鍵**，輸入問題標題。

STEP02 輸入問題標題時，表單會自動依據問題來更換類型，例如：輸入「姓名」，依據判斷，該問題類型應爲**簡答**。若判斷不正確時，可以按下**類型**選單鈕，於選單中選擇要使用的類型。

STEP03 若這個問題是必填的，那麼請將**必填**選項開啓。

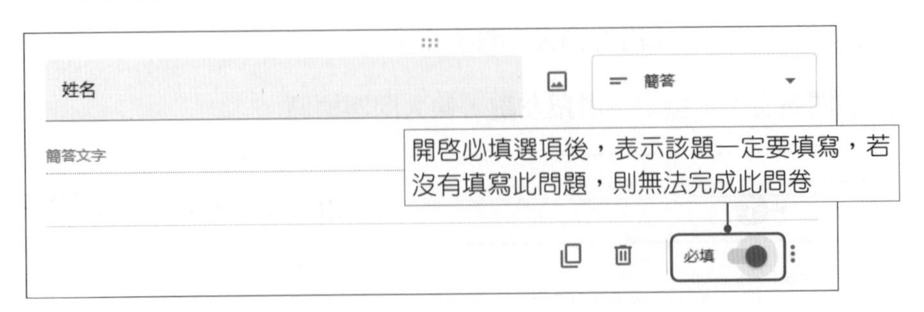

STEP04 第一個問題設定好後，按下工具列上的 ⊕ **新增問題**按鈕，繼續新增問題，若該問題的設定與上個問題類似時，則可以直接按下 ⧉ **複製**按鈕，複製後再修改問題內容即可。

選擇題類型

選擇題類型代表此問題爲單選題，使用者只能選取其中一個答案。

STEP01 按下工具列上的⊕**新增問題**按鈕，輸入問題標題，按下**類型**選單鈕，於選單中點選**選擇題**類型。

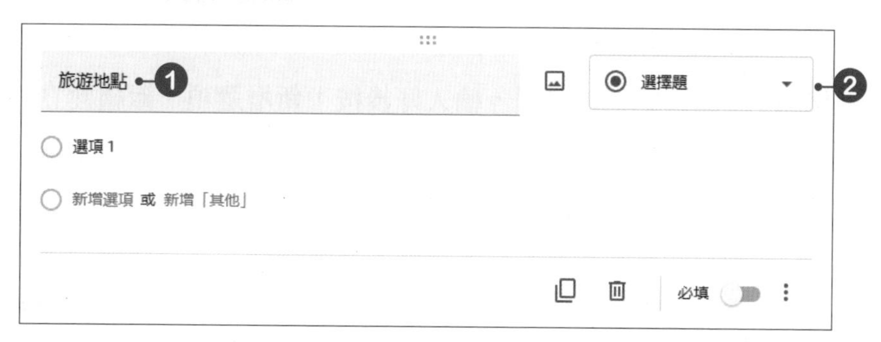

STEP02 在**選項 1** 中輸入第一個選項。

STEP03 接著按下**新增選項**，即可再繼續新增其他選項，依此動作完成所有選項的建立。選項都設定好後再將**必填**選項開啓。

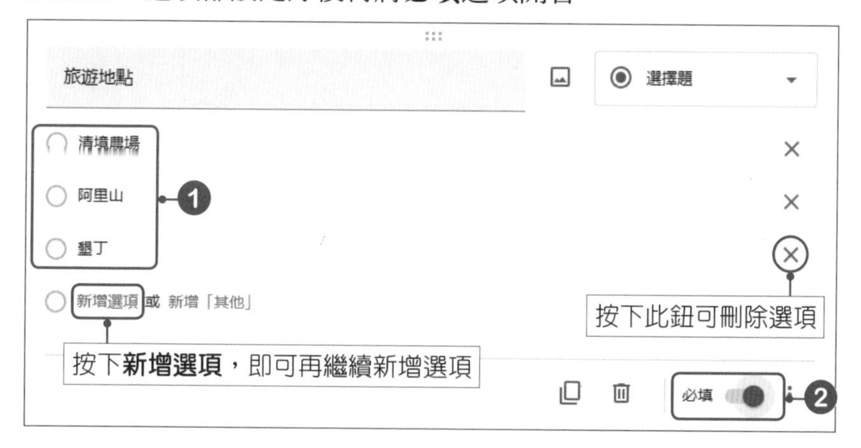

下拉式選單類型

下拉式選單類型與選擇題類型都是屬於單選題，只是下拉式選單是以下拉選單方式呈現。

STEP01 按下工具列上的⊕**新增問題**按鈕，輸入問題標題，按下**類型**選單鈕，於選單中點選**下拉式選單**類型。

STEP02 在**選項1**中輸入第一個選項，輸入好後按下**新增選項**，繼續建立其他選項。

STEP03 選項都設定好後再將**必填**選項開啓。

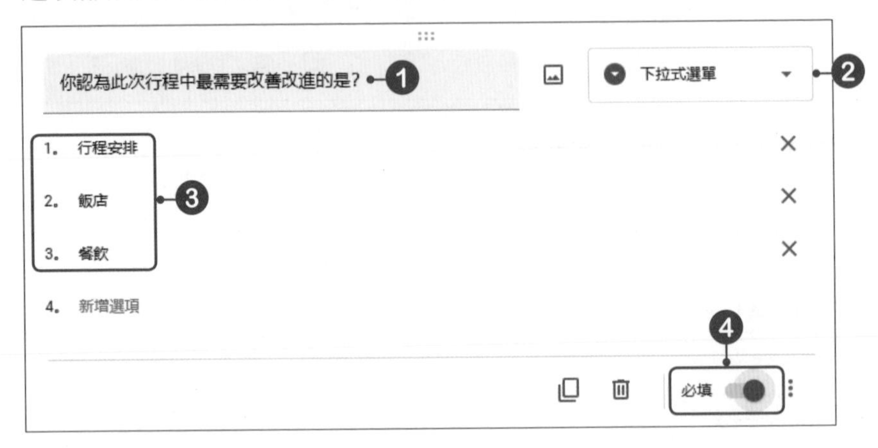

STEP04 設定好後，當表單填答時，會顯示如下圖所示的下拉式選單。

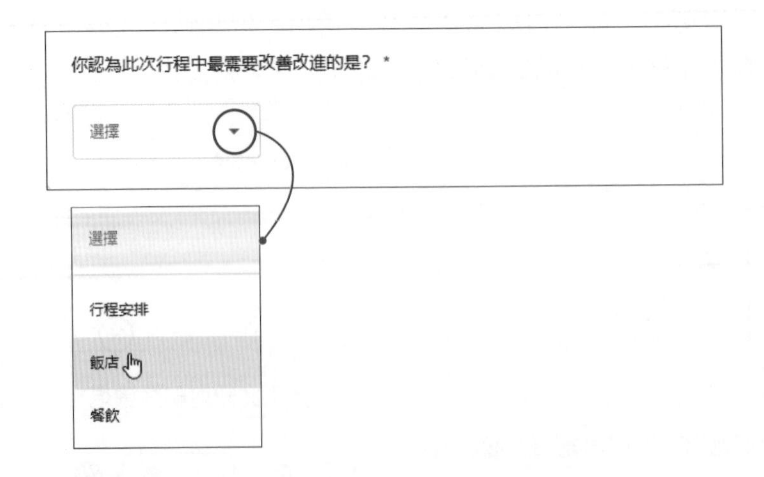

段落類型

段落類型代表此問題爲開放式問答題，使用者可以輸入較多的文字。

STEP01 按下工具列上的⊕**新增問題**按鈕，輸入問題標題，按下**類型**選單鈕，於選單中點選**段落**類型，再按下右下角的⁝按鈕，於選單中點選**說明**選項。

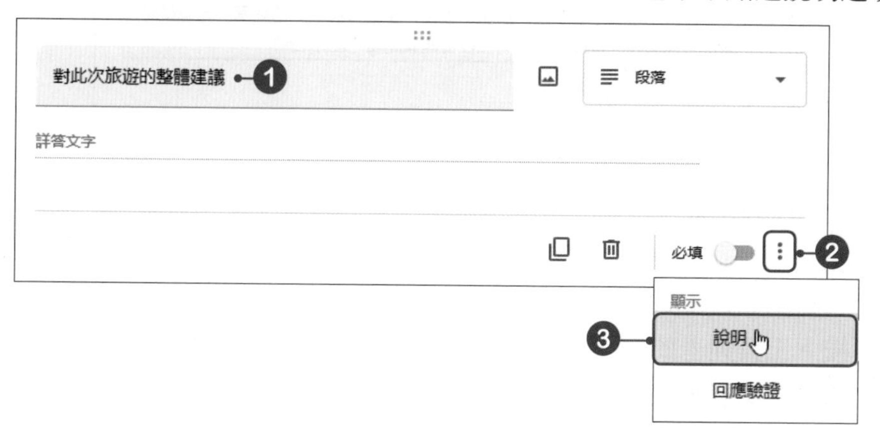

STEP02 在說明欄位中輸入說明文字，讓使用者了解填寫的規則。

STEP03 設定只讓填答者最多輸入100個字，若超過將出現警告訊息，請按下右下角的⁝按鈕，於選單中點選**回應驗證**選項。

STEP04 在第一個選項中選擇**長度**；第二個選項中選擇**最大字元數**；在**數字**欄位中輸入要限制的字數；在**自訂錯誤訊息**欄位中輸入要顯示的訊息。

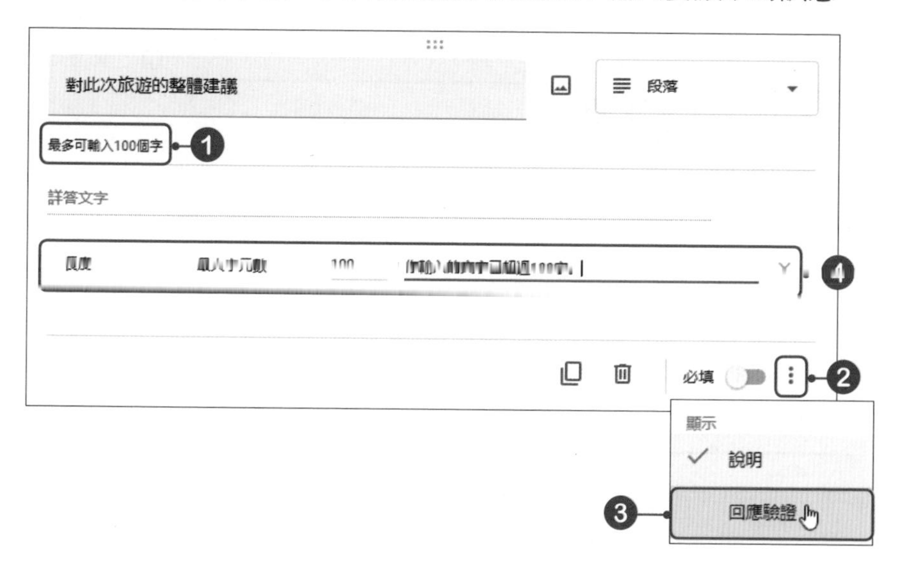

STEP05 設定好後，當填答者輸入超過100個字時，便會出現我們所設定的訊息。

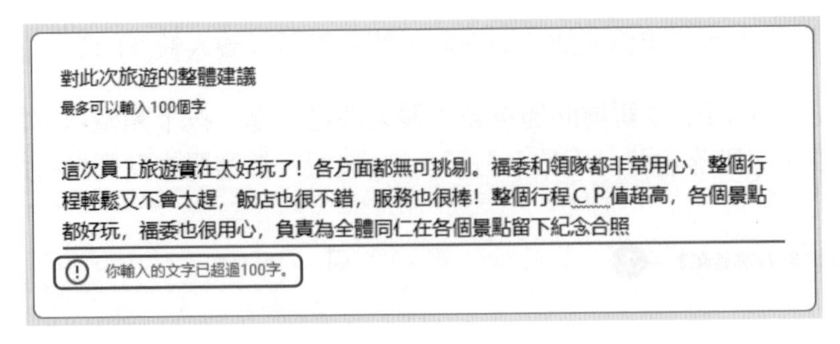

核取方塊類型

核取方塊類型其實就是複選題，使用者可以自行勾選多項答案。

STEP01 按下工具列上的⊕**新增問題**按鈕，輸入問題標題，按下**類型**選單鈕，於選單中點選**核取方塊**類型。

STEP02 在**選項1**中輸入第一個選項，輸入好後按下**新增選項**，繼續建立其他選項。若要讓使用者自行輸入選項內容時，可以按下**新增「其他」**選項。

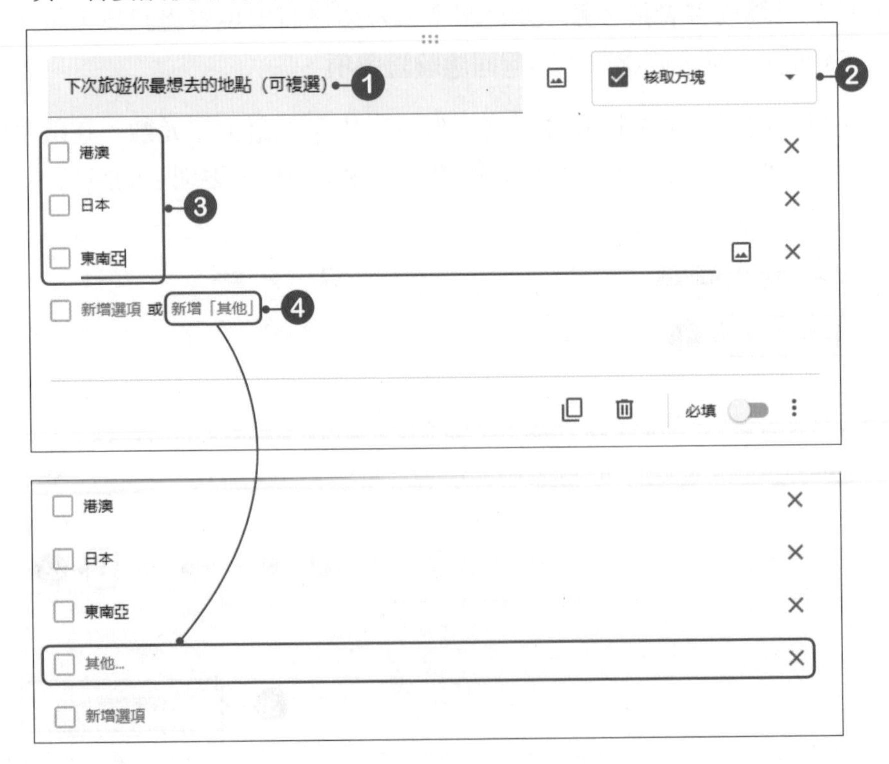

檔案上傳類型

檔案上傳類型可以讓使用者在填寫問題時上傳檔案。

STEP01 按下工具列上的⊕**新增問題**按鈕，輸入問題標題，按下**類型**選單鈕，於選單中點選**檔案上傳**類型。

STEP02 接著會提示檔案將上傳到Google雲端硬碟中，沒問題後按下**繼續**按鈕。

STEP03 開啓**僅允許特定檔案類型**選項，選擇要指定的檔案類型，選擇好後設定檔案的數量上限及檔案大小上限，數量有**1**、**5**、**10**等選項，而容量有**1 MB**、**10 MB**、**100 MB**、**1 GB**及**10 GB**容量上限可以選擇。

STEP04 當使用者在填寫此問卷時，必須登入Google帳號才能上傳檔案，而目前在進行檔案上傳時，一次只能選取一個檔案。當上傳多個檔案時，會列表顯示已經上傳的檔案，若要刪除某個檔案，按下該檔案的 × **關閉**按鈕即可。

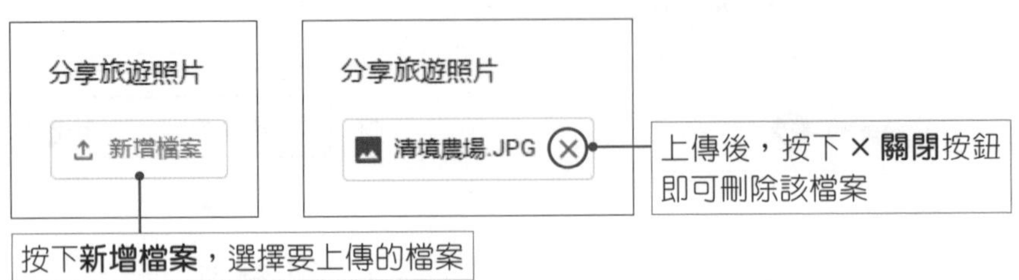

STEP05 上傳的檔案會儲存在該表單儲存位置的資料夾下，並自動產生表單名稱資料夾，裡面還會有該題的標題名稱資料夾，而且上傳的檔名會自動加上使用者的名稱，這樣就能知道該檔案是誰上傳的。

5-1-3 在表單中新增區段標題

區段標題可以將問卷分成不同部分，以分類問卷中的問題。

STEP01 首先點選表單標題，再按下工具列上的 **新增區段**按鈕，此時從表單標題開始，就會產生第1個區段，而下方的所有問題則會歸爲第二個區段。

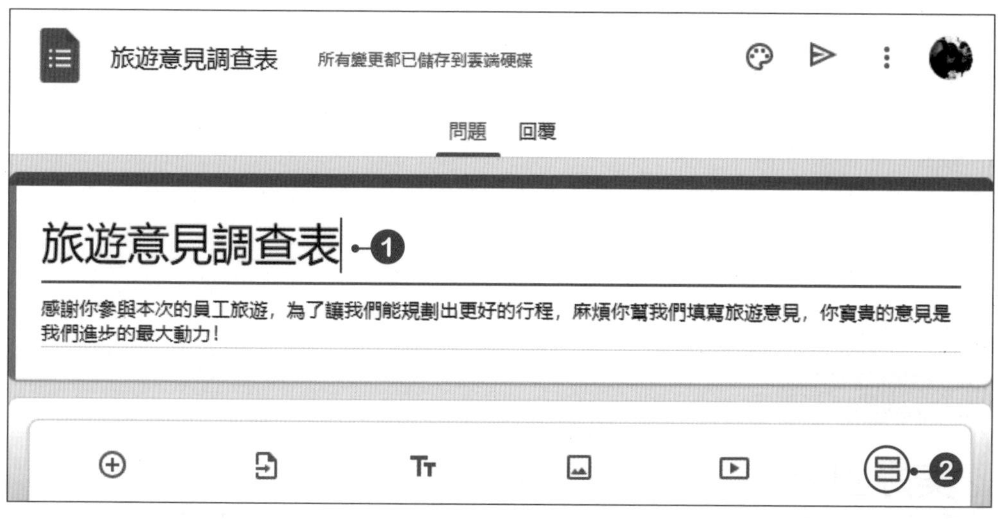

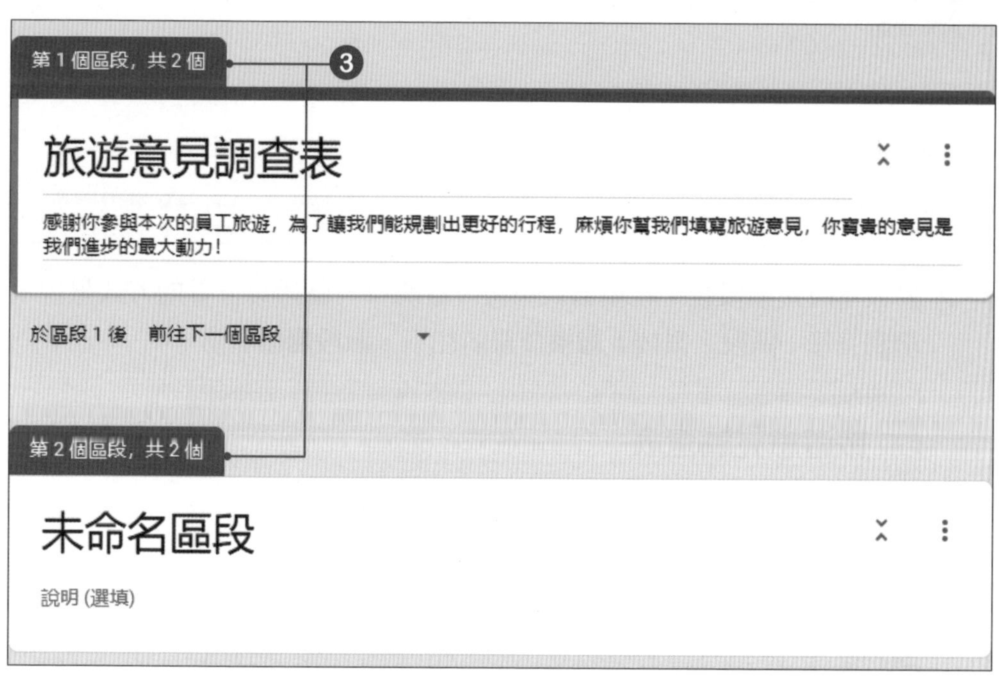

STEP 02 區段新增出來後，於未命名區段欄位中輸入區段名稱及說明文字，說明文字可依需求選擇是否要輸入。

第 2 個區段，共 2 個
基本資料
說明 (選填)
姓名 *
簡答文字

STEP 03 利用相同方式，建立表單中的其他區段。

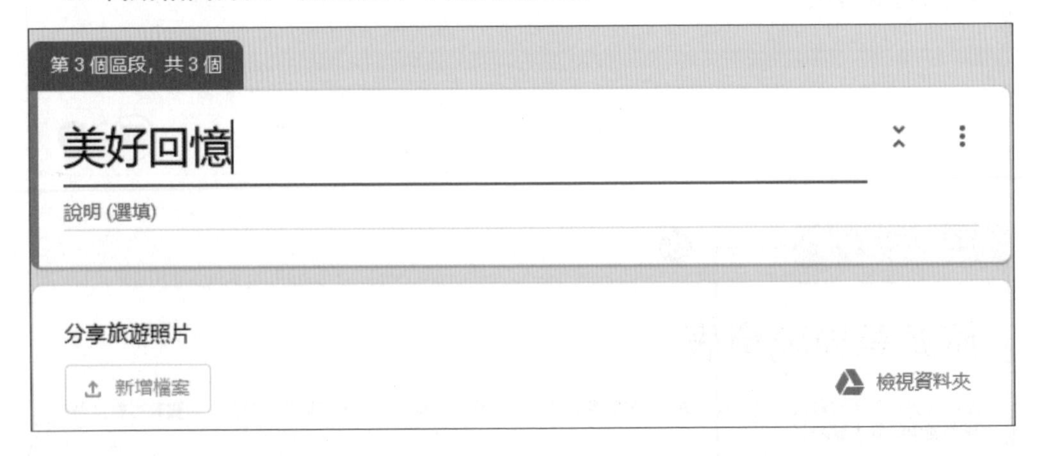

STEP 04 將表單設定區段後，在填寫表單時，會將每一區段以分頁的方式呈現，填寫完每一區段，需按下**繼續**按鈕前往下一區段繼續填寫。

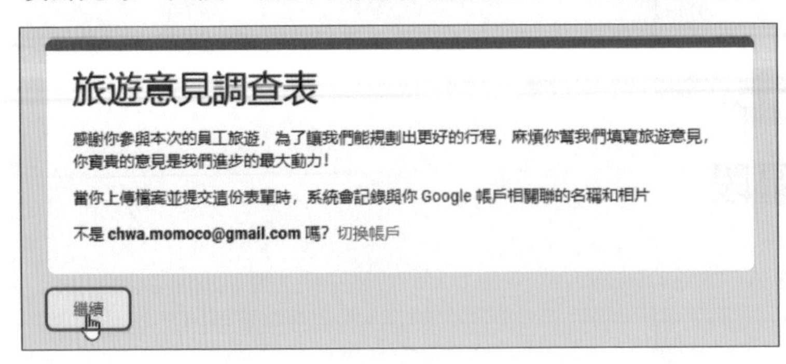

5-1-4 調整問題及答案項目先後順序

調整問題順序

在表單中建立好問題及答案時，若想要調整順序，在要調整順序問題的上方按著 ⠿ 不放，並拖曳至要調整的位置後，再放開**滑鼠左鍵**，即可移動問題的順序。

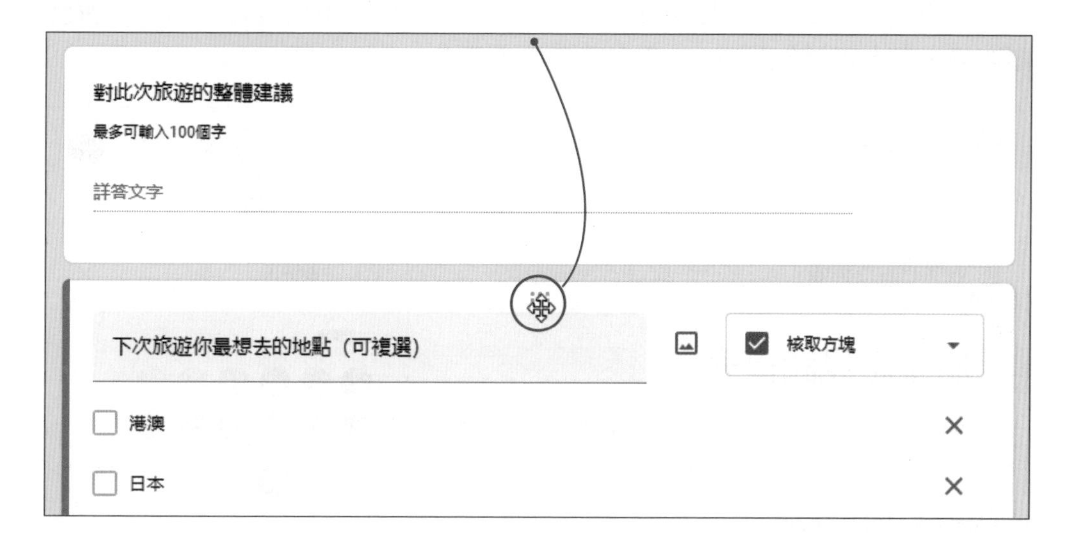

調整答案選項順序

若要調整選項時，將滑鼠游標移至選項前的 ⠿ 按鈕上，按著**滑鼠左鍵**不放並拖曳，即可調整選項位置。

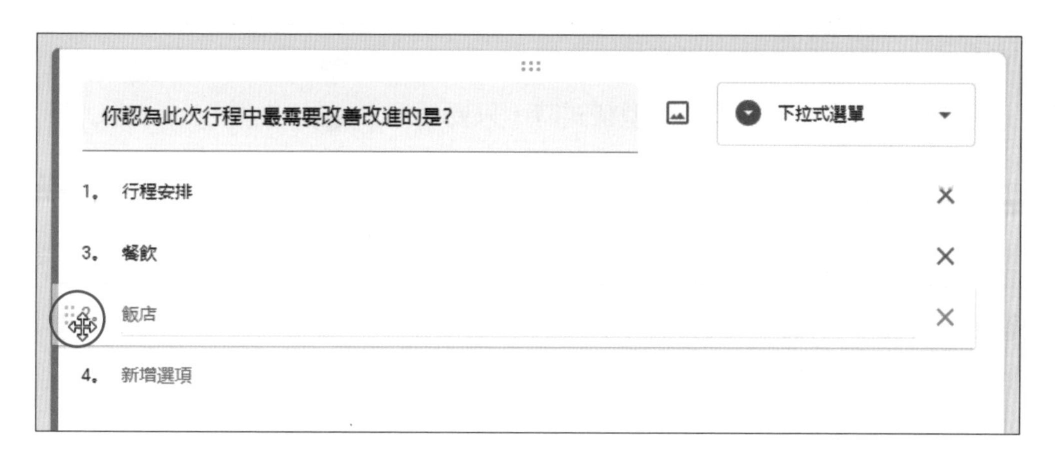

5-2 表單的設計

表單製作完成後，可以使用**自訂主題**工具來美化表單。

5-2-1 幫表單換個顏色

若要更換表單所使用的顏色時，只要按下 **自訂主題**按鈕，開啓**主題選項**窗格，在**主題顏色**選項中，點選要套用的顏色。

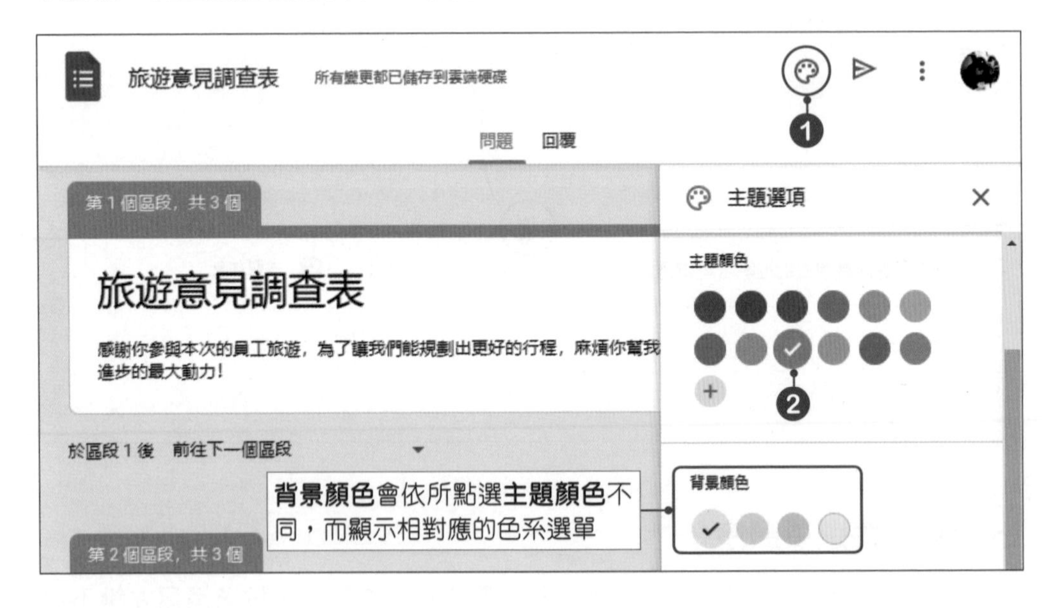

5-2-2 變換表單的字型樣式

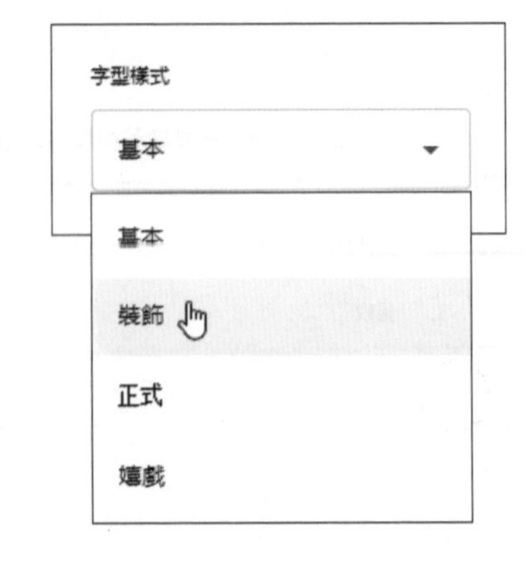

若要更換表單所使用的字型樣式時，只要按下 **自訂主題**按鈕，開啓**主題選項**窗格，在**字型樣式**選項中，點選要套用的文字字型。

Google表單提供了**基本**、**裝飾**、**正式**、**嬉戲**等四種字型樣式，讓我們可依照表單的內容與情境，套用適合的字型設計。

5-2-3 幫表單加上主題樣式

除了可以幫表單更換顏色外，還可以直接套用Google表單所提供的主題，來美化表單外觀。

STEP01 按下 自訂主題按鈕，於選單中點選**選擇圖片**。

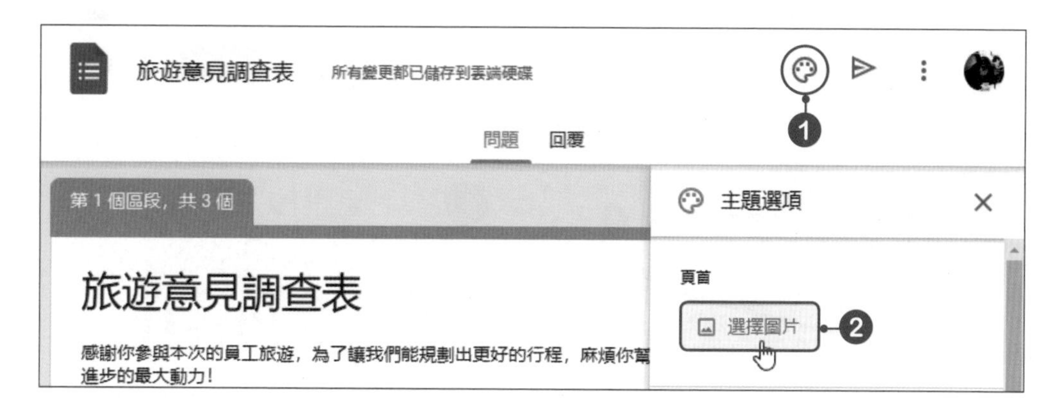

STEP02 先在**選取標題**視窗的左邊窗格，選取適合的主題類別，再於右邊窗格選取要套用的主題，選取好後按下**插入**按鈕，表單就會立即套用該主題。

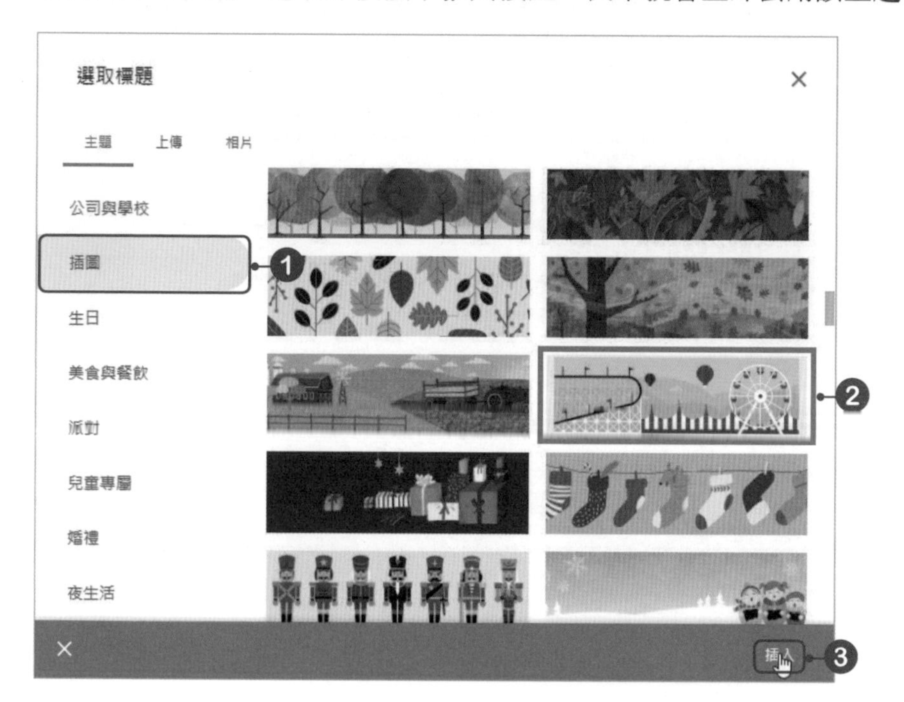

5-2-4　預覽表單

在製作表單的過程中，可以隨時按下 **預覽**按鈕，會開啓一個新的頁面來預覽目前的表單。

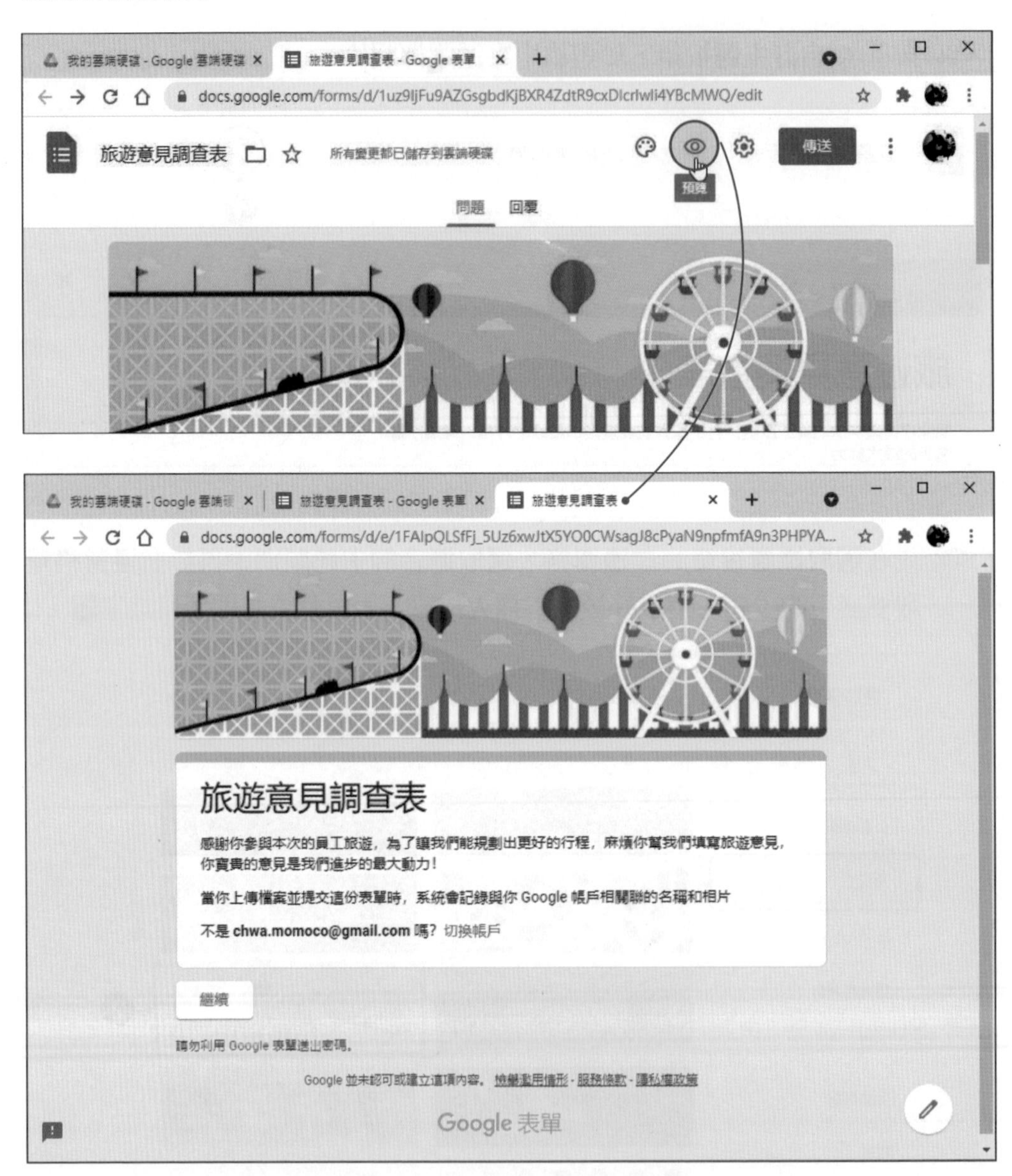

5-3 表單的傳送

表單製作完成也設計完成後，最後即可將表單寄給調查對象，接著就來看看該如何將表單傳送出去。

5-3-1 限制每個人只能填寫一次問卷

若想限制每個人只能填寫一次問卷，可以按下 **設定**按鈕，進入**一般**標籤頁中，將**僅限回覆1次**選項勾選，設定好後按下**儲存**按鈕，這樣一來填寫該份問卷的人，都必須登入自己的Google帳號才能填寫問卷，且只能填寫一次。

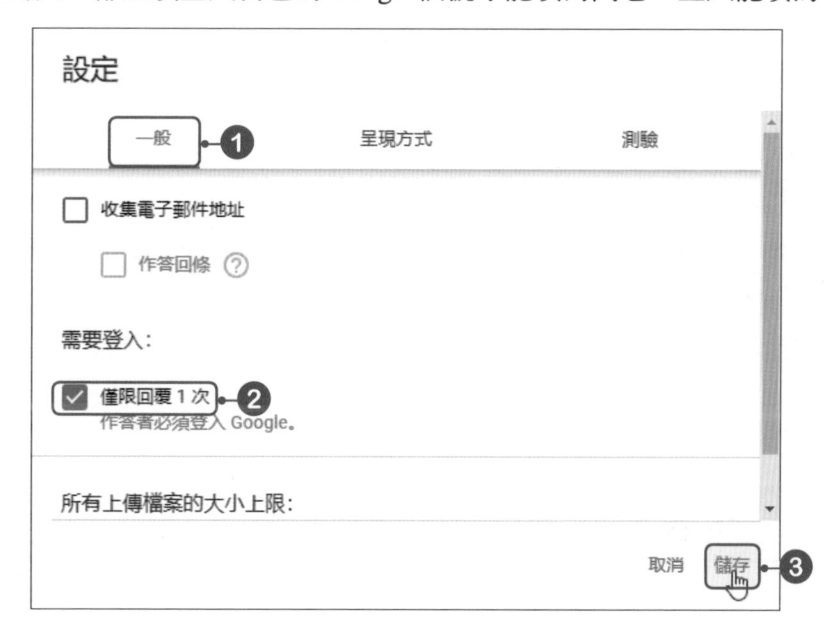

雖然在填寫問卷時，要登入Google帳號，才能填寫問卷，但在統計問卷時，問卷設計者並不會看到對方實際的Google身分帳號資料喔！

5-3-2 允許填答者提交後再編輯問卷

在填寫問卷時，若要讓填答者可以在提交問卷後，修改問卷內容，只要按下**設定**按鈕，進入**一般**標籤頁中，將**在提交後進行編輯**選項勾選，這樣對方就能回到同一個表單網址，修改自己填寫過的答案。

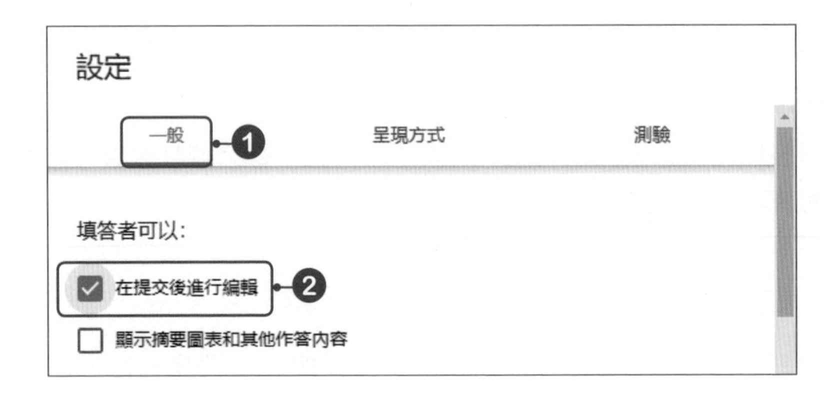

5-3-3 將表單傳送出去

製作好的表單可以選擇以電子郵件、以連結、直接嵌入至HTML中，或是以社群網站來傳送出去。

以電子郵件傳送

要使用電子郵件方式傳送表單時，按下右上角的**傳送**按鈕，在**傳送方式**選項中，點選 **電子郵件**，即可輸入收件者、主旨及要顯示的訊息，都設定好後按下**傳送**按鈕即可將表單傳送出去。

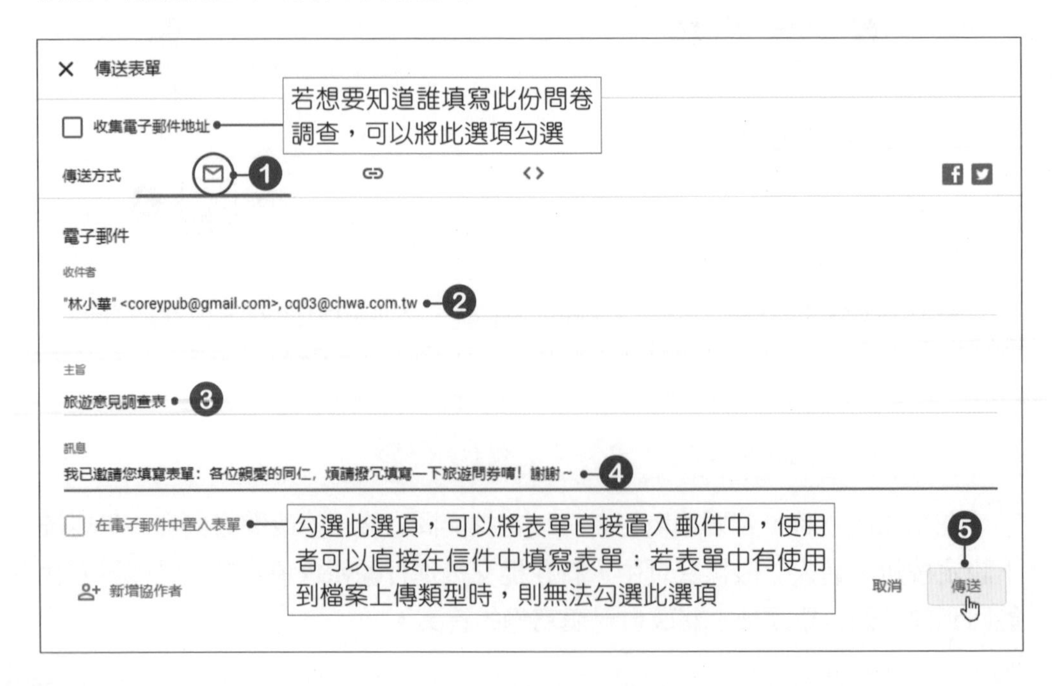

以連結方式傳送

要使用連結方式傳送表單時，按下右上角的**傳送**按鈕，在**傳送方式**選項中，點選**連結**，便會顯示該表單的連結網址，若要縮短網址時，請將**縮短網址**選項勾選，接著按下**複製**按鈕後，即可將此網址傳送給其他人。

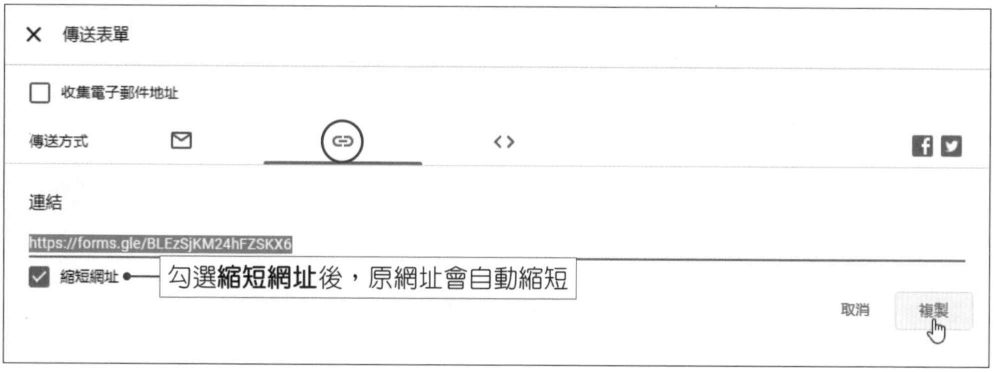

勾選**縮短網址**後，原網址會自動縮短

嵌入 HTML

若想要將表單直接嵌入至網頁中，在**傳送方式**選項中，點選**<>嵌入HTML**，便會顯示該表單的HTML語法，還可以設定表單的大小，設定好後按下**複製**按鈕，再將此語法填入網頁中即可。不過，如果表單中有檔案上傳類型的題目時，則無法使用此項功能喔！

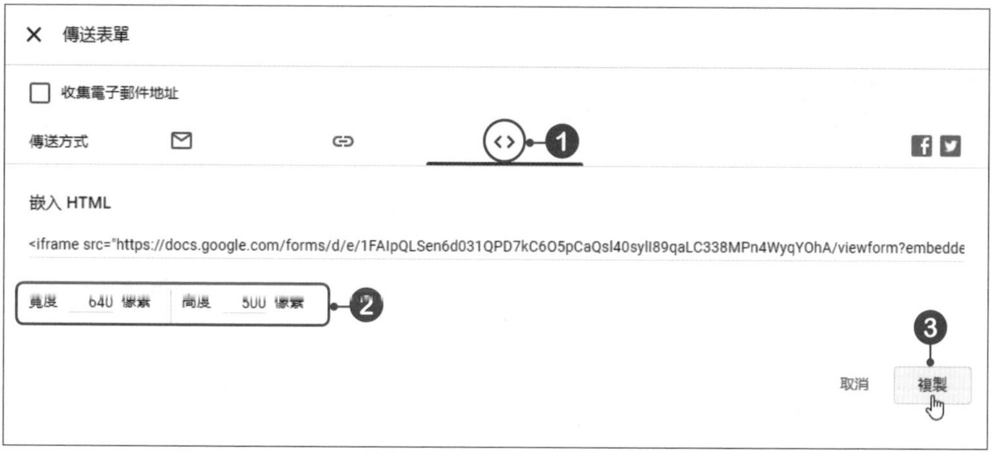

透過Facebook傳送表單

表單也可以透過Facebook或Twitter等社群網站來傳送。只要進入**傳送表單**頁面中，右側會有**Facebook**及**Twitter**兩個按鈕，按下要傳送的社群網站，即可進行傳送的設定。以下以Facebook爲例進行操作說明。

STEP01 進入**傳送表單**頁面中，按下按鈕，進入Facebook網站，請輸入帳號資料進行登入的動作。

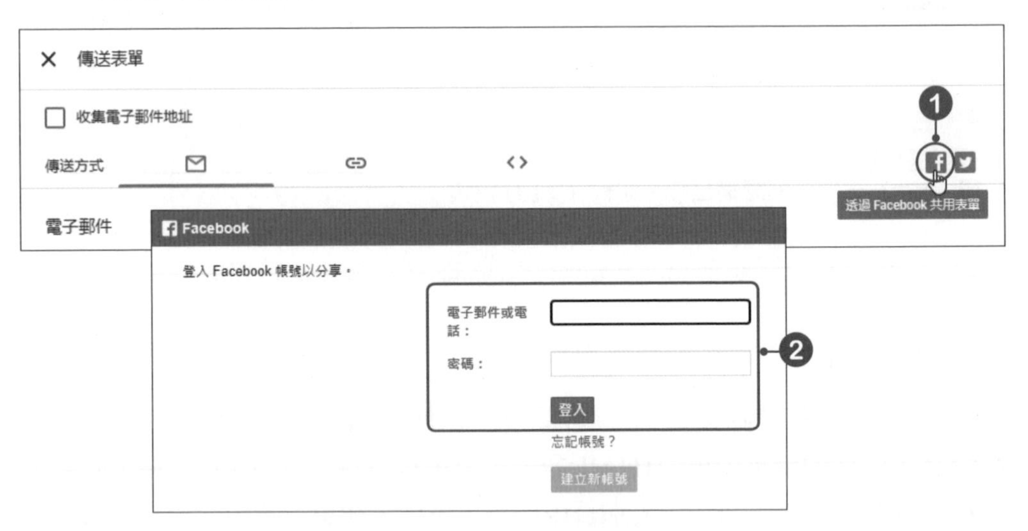

STEP02 登入後，設定要分享至**動態消息**還是**限時動態**，以及分享對象，設定好後按下**發佈到Facebook**按鈕，即可將該訊息發佈到個人Facebook上。

5-3-4 填寫表單

當填答者收到表單電子郵件通知時，按下**填寫表單**按鈕，進入問卷調查頁面中，填答者只要依表單順序一一填入答案，最後按下**提交**按鈕，即可將填寫完的表單傳回給表單製作者。

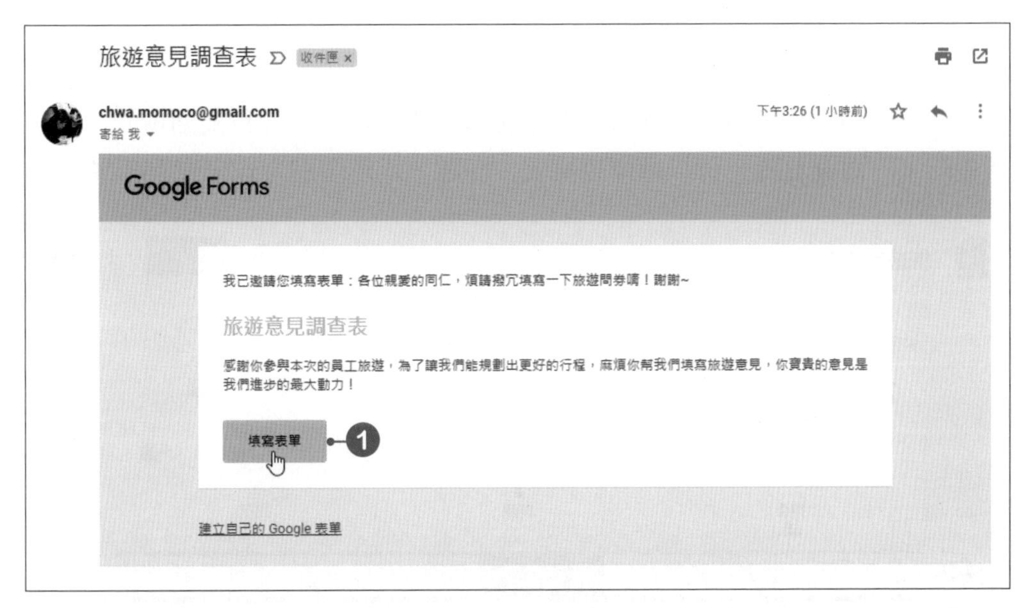

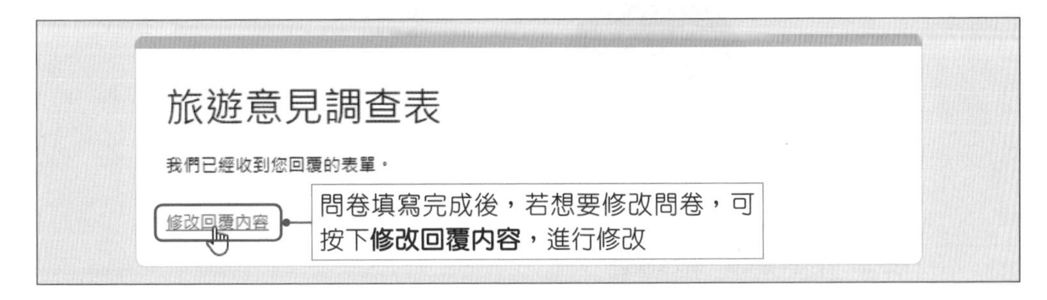

5-4 統計表單

表單寄出後，收件者便可線上回覆表單內容，而建立表單的使用者則可以隨時查看回覆的結果，並進行統計。

5-4-1 查看表單回覆結果

當有人填寫完表單後，在表單的**回覆**頁面中，即可查看目前回覆的人數及回覆結果。而查看時，可以選擇以摘要、問題，或是個別方式來查看結果。

5-4-2 將表單結果匯入Google試算表

Google表單可以將統計結果匯入至Google試算表中，只要按下 按鈕，選擇**建立新試算表**選項，再按下**建立**按鈕，即可將調查結果匯入至Google試算表中。

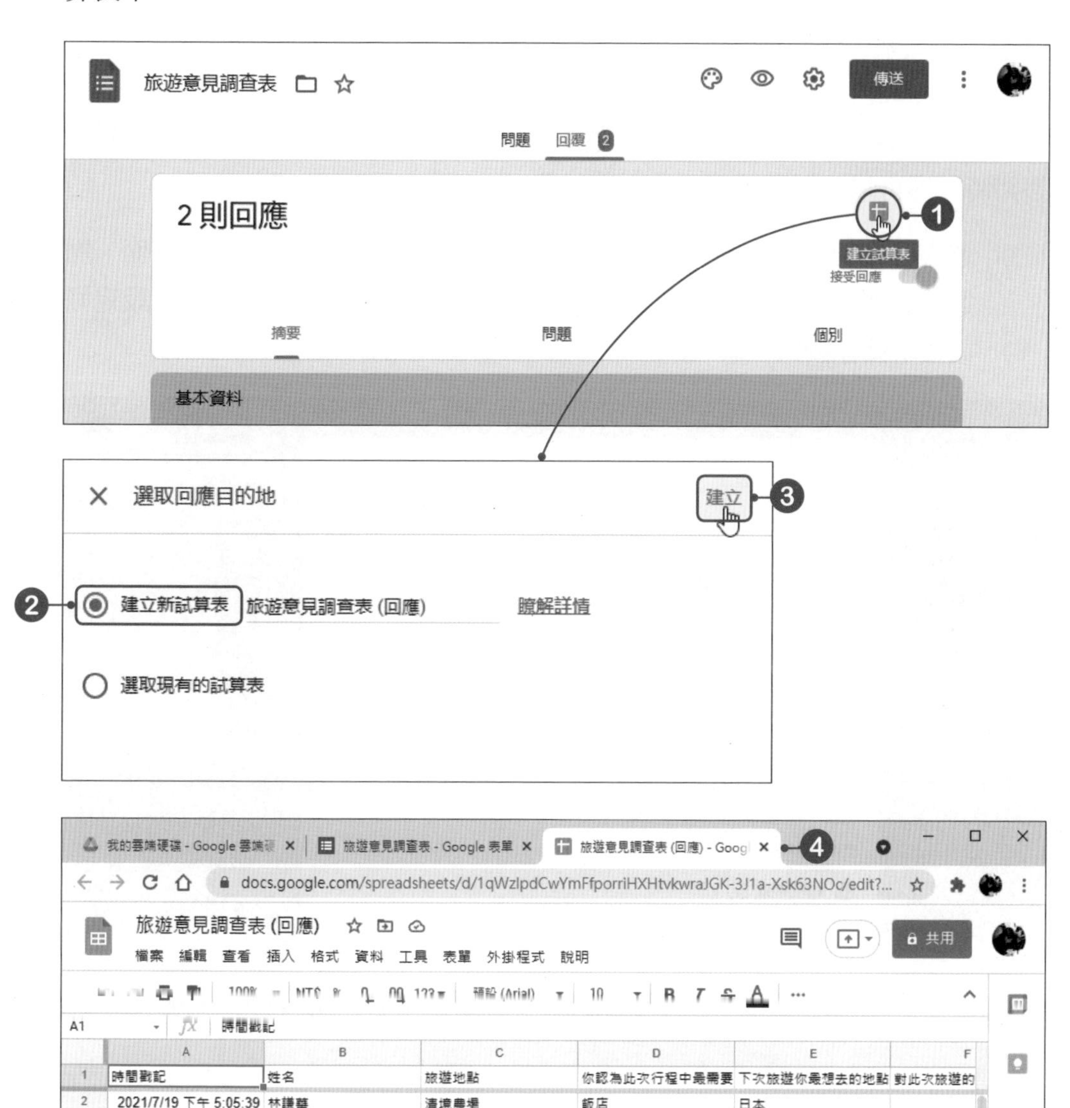

5-5 製作自動評分測驗卷

Google表單除了可用來設計問卷之外，還能將表單變成測驗卷或試題的製作工具。

5-5-1 用表單建立測驗卷

Google表單測驗可以設定為單選或多選題，及每一題的分數，而在答對或答錯時，還可以分別顯示不同的對應說明。

STEP01 進入雲端硬碟中，建立一個新表單，按下**設定**按鈕，開啟**設定**頁面，點選**測驗**標籤，將**設為測驗**選項開啟，並選擇公佈成績的方式，都設定好後按下**儲存**按鈕。

STEP02 測驗卷表單建立好後，即可開始建立測驗卷內容。

STEP03 題目建立好後，按下⋮按鈕，於選單中點選**隨機決定選項順序**選項，這樣這題的答案每次都會隨機排列。

STEP04 按下**答案**選項，設定該題的答案及分數，直接在答案選項中點選正確的答案；而在右邊的分數欄位中輸入該題的分數。

STEP05 在**新增作答意見回饋**上按一下**滑鼠左鍵**，開啟**提供意見**頁面，即可依照作答者回答正確與否，分別給予不同的意見或參考資料。都設定好後按下**儲存**按鈕，完成此題的設定。

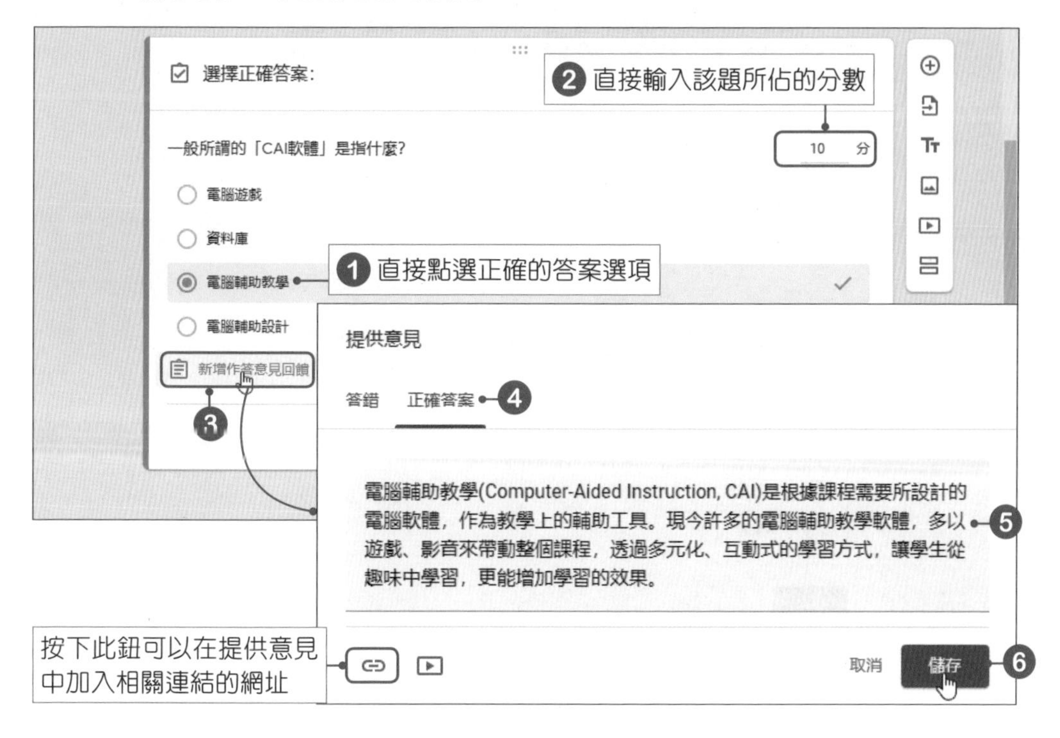

STEP06 回到問題頁面後，即可看到所有的設定結果。

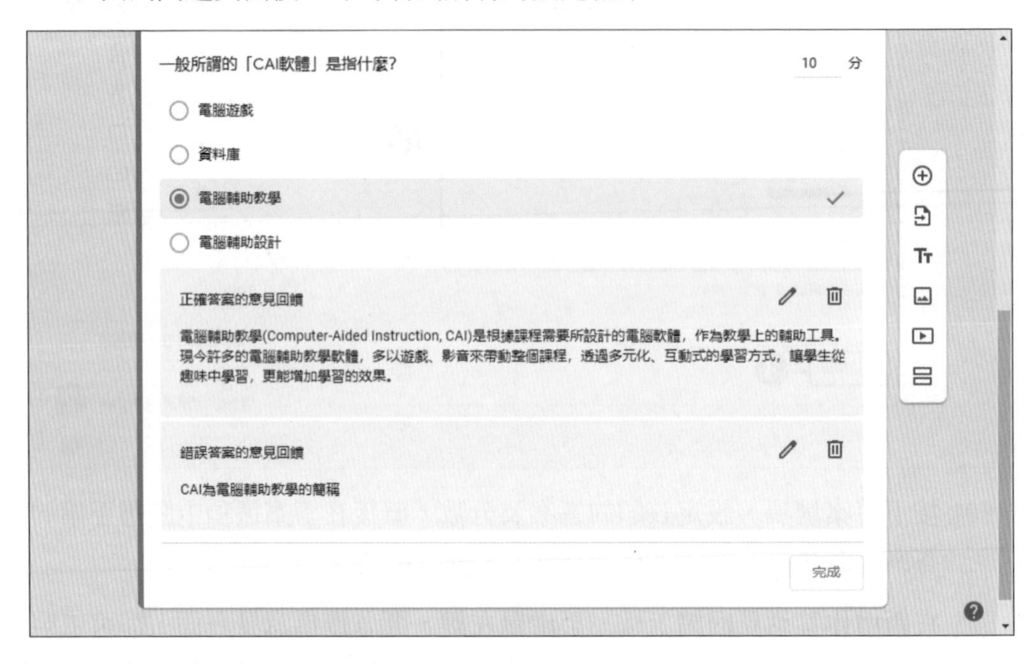

STEP07 依照上述方法，建立其他題目及相關設定。

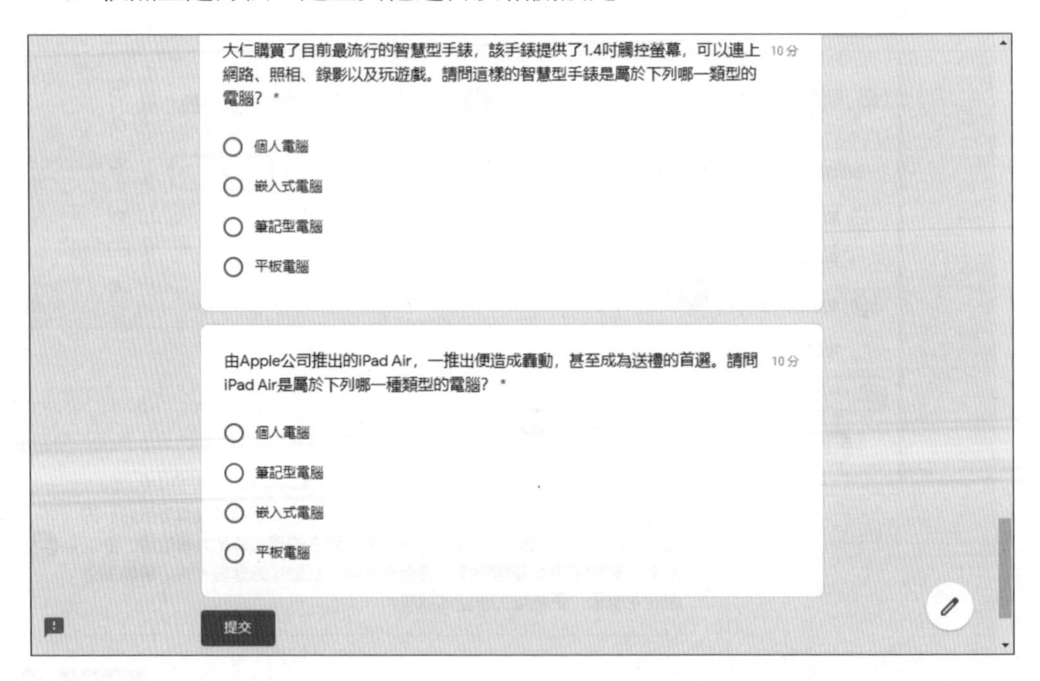

5-5-2 填寫測驗卷

測驗卷製作好後，便可將該測驗卷傳送給受試者，當答題結束後，受試者可以按下**查看分數**選項，即可立即查看結果。

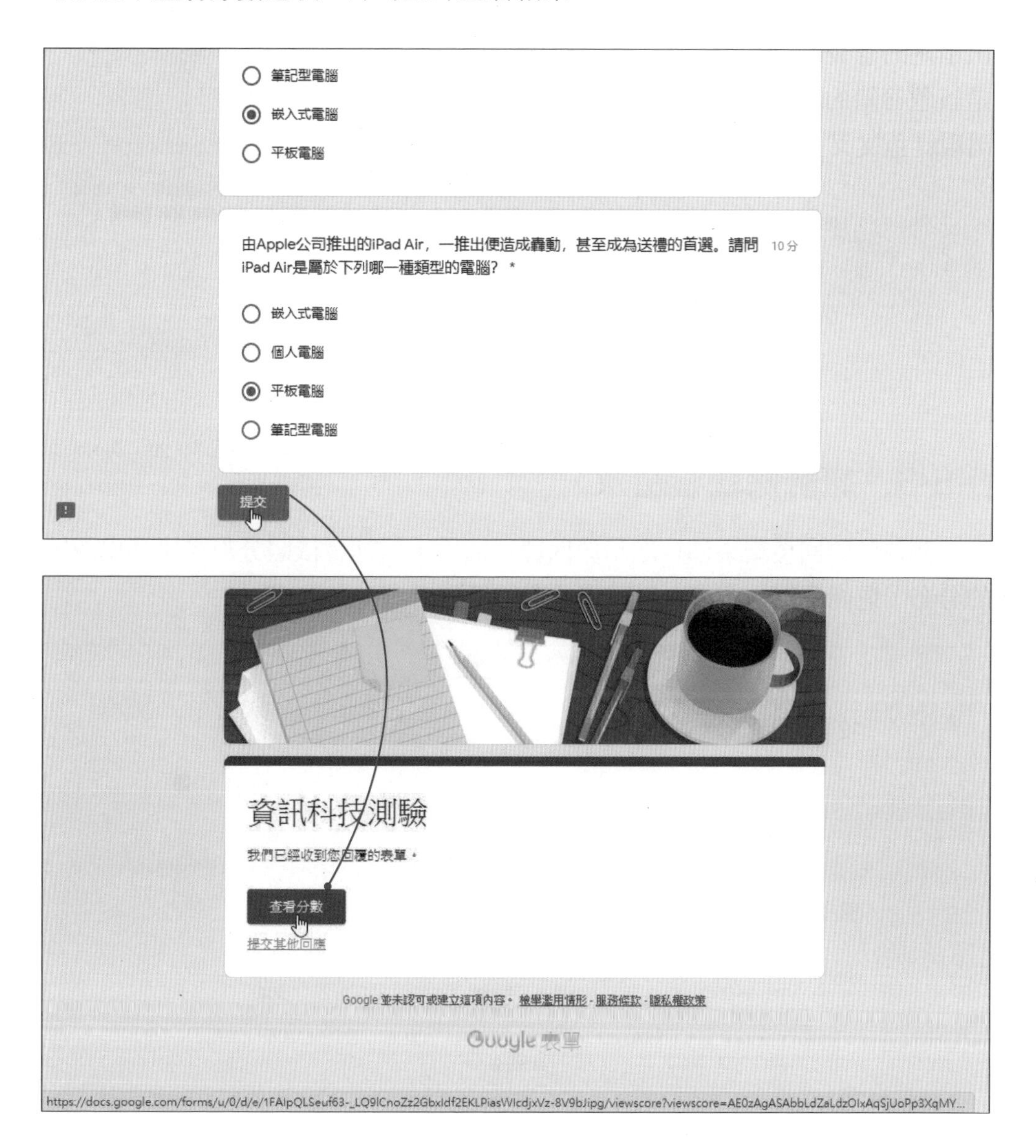

在結果頁面中，右上角會顯示總分，而題目前有綠色勾勾的代表答題正確，同時會顯示出指定的意見回饋；若是該題答錯的話，則會出現紅色叉叉。

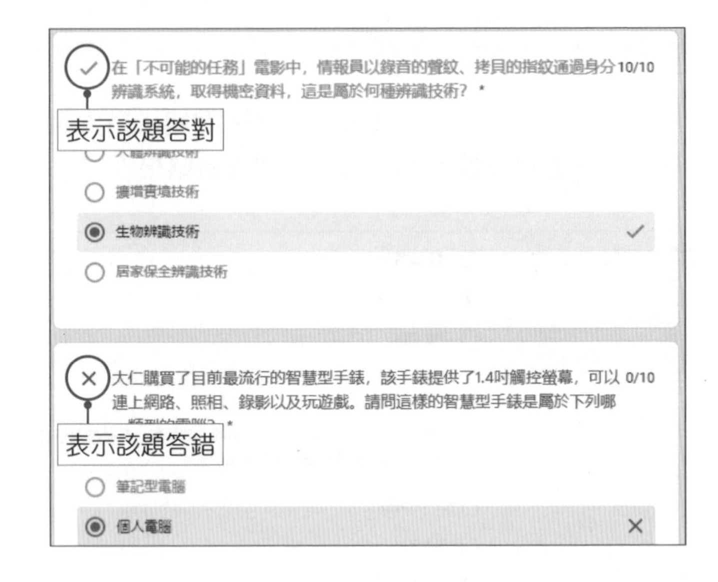

5-5-3 統計測驗卷結果

測驗卷的回覆結果都會顯示於**回覆**頁面中，這裡會依照分數來排列出成績的分布，還能分別檢視每一份試卷的填答情形。

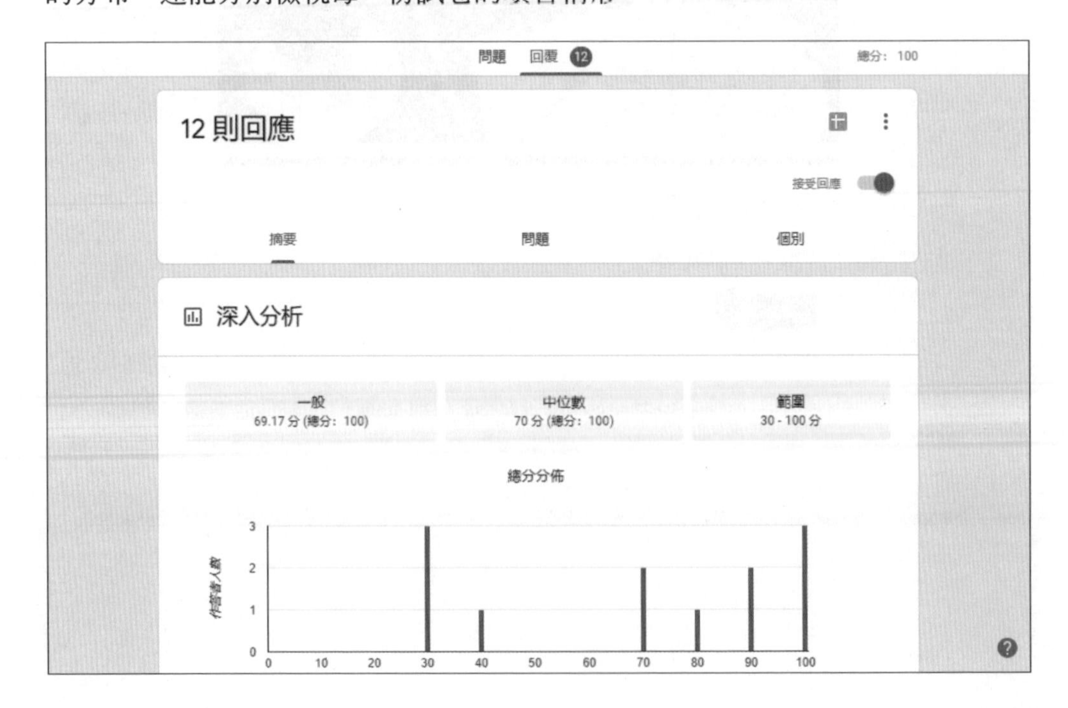

選擇題

(　) 1. 在Google表單中，若要建立單行文字時，應該使用下列哪種類型，最為適當？(A)簡答　(B)段落　(C)核取方塊　(D)單選。

(　) 2. 在Google表單中，若要建立複選題時，應該使用下列哪種類型，最為適當？(A)簡答　(B)段落　(C)核取方塊　(D)單選。

(　) 3. 在Google表單中，若要建立單選題時，應該使用下列哪種類型，最為適當？(A)簡答　(B)段落　(C)核取方塊　(D)單選。

(　) 4. 在Google表單中，若要設定輸入文字的多寡時，可以在下列哪一項功能中設定？(A)詳細資料　(B)回應驗證　(C)區段標題　(D)文字限制。

(　) 5. 在Google表單中，若要將表單區分成不同分頁時，可以在下列哪一項功能中設定？(A)詳細資料　(B)回應驗證　(C)區段標題　(D)文字限制。

(　) 6. 在Google表單中，若要將表單傳送出去時，無法使用下列哪種方式來傳送？(A)電子郵件　(B)連結網址　(C)使用Facebook傳送　(D)使用Google文件。

(　) 7. 下列關於Google表單的敘述，何者不正確？(A)在製作表單時，表單中的題目順序可以隨時更換　(B)表單無法限制每個人只能填寫一次　(C)表單允許填答者提交後再編輯表單　(D)表單可以直接轉換成HTML語法，嵌入於網頁中。

實作題

1. 請使用Google表單建立一份「春季旅遊地點調查」的問卷調查表。

(1) 調查表內容如下表所示：

<table>
<tr><th>表單標題</th><td colspan="2">春季旅遊地點調查</td></tr>
<tr><th>表單說明文字</th><td colspan="2">各位同學好，大家期待的春季旅遊即將到來，為了讓旅遊地點更符合大家的期待，請大家票選出心中最想去的地點。</td></tr>
<tr><th>名稱</th><th>選項</th><th>類型</th></tr>
<tr><td>你是否願意參加</td><td>是，否</td><td>選擇，必填</td></tr>
<tr><td>請選擇旅遊地點</td><td>龍門露營基地，埔心牧場，華中露營場，貴子坑露營場</td><td>下拉式選單，必填</td></tr>
<tr><td>我有話要說</td><td>若有其他意見請在此提出</td><td>段落</td></tr>
</table>

(2)為表單加上主題樣式。

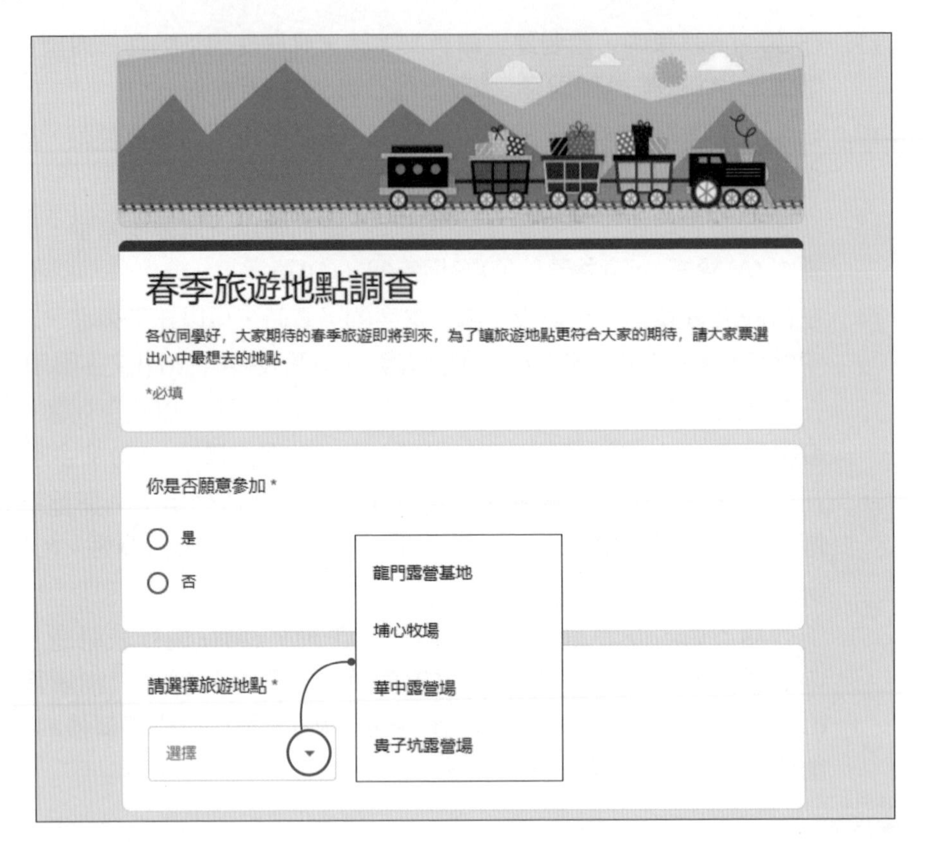
春季旅遊地點調查
各位同學好，大家期待的春季旅遊即將到來，為了讓旅遊地點更符合大家的期待，請大家票選出心中最想去的地點。
*必填
你是否願意參加 *
是
否
請選擇旅遊地點 *
選擇
龍門露營基地
埔心牧場
華中露營場
貴子坑露營場

CHAPTER 06

隨身行事曆—日曆

6-1 Google日曆的使用

使用Google日曆可以輕鬆掌握生活中各種重要行程及計劃。

6-1-1 登入Google日曆

Google日曆是一套免費的應用程式，只要擁有Google帳戶，即可免費使用。要登入時，進入Google首頁中，按下右上角的 **Google應用程式**，於選單中點選**日曆**，即可進行登入。

登入成功後，會顯示新功能介紹頁面，這裡請直接按下**知道了**按鈕，進入Google日曆中。

開始使用Google日曆前，先大致了解一下Google日曆的介面。

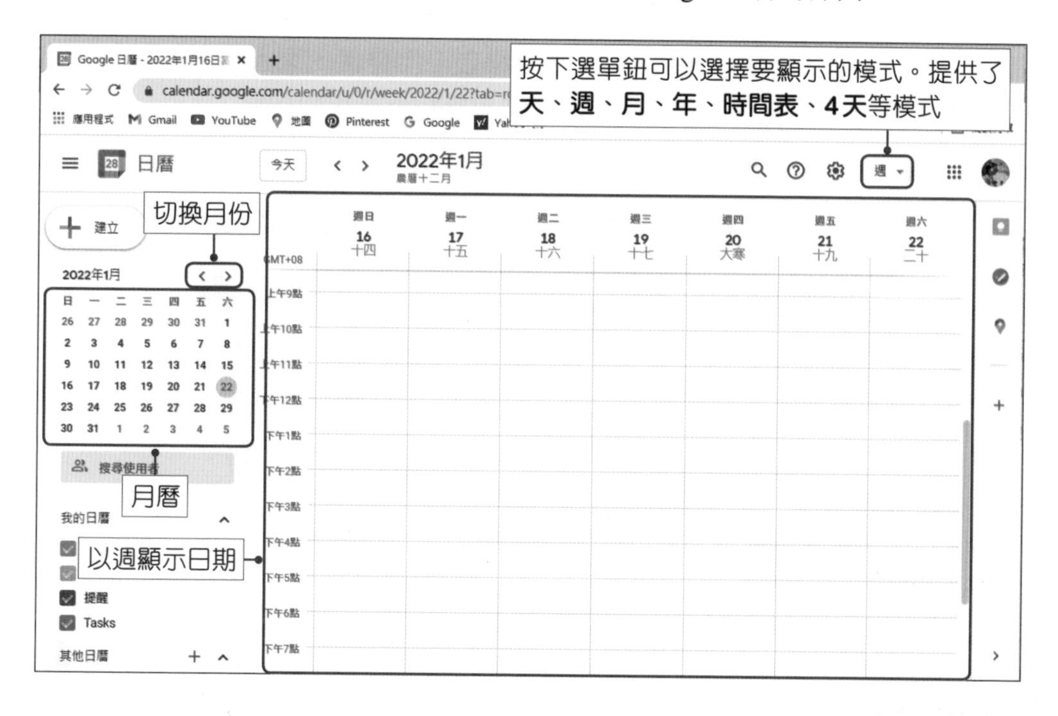

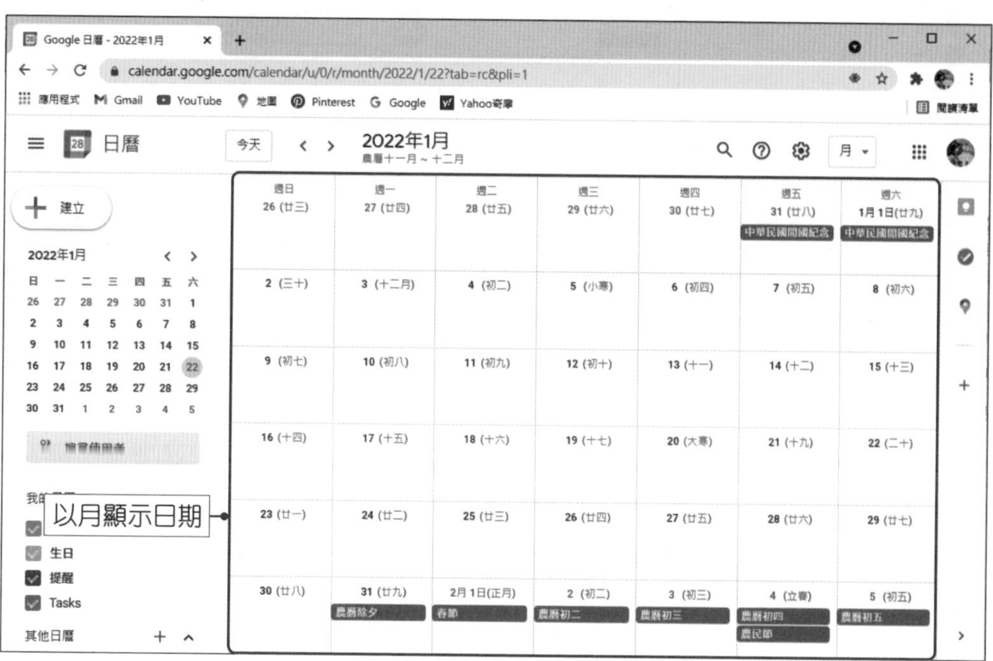

6-1-2 建立新活動

使用Google日曆可以輕鬆又快速地建立工作會議、家人出遊行程、同學聚餐等事項，且不用擔心會忘記，因為Google日曆會提醒你喔！

STEP01 先將日曆檢視模式更改為**月**，再點選要建立活動的日期，開啓訊息框後，輸入活動主題，設定時間，都設定好後按下**更多選項**按鈕。

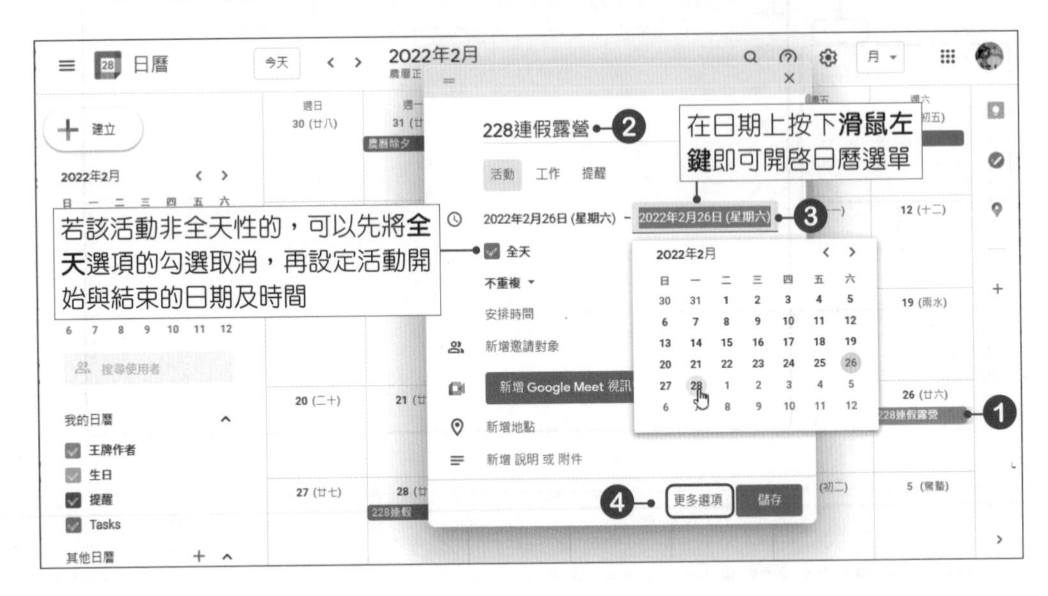

STEP02 在**新增位置**欄位中輸入該活動的地點，輸入時，Google日曆會依據所輸入的文字判斷地點名稱。

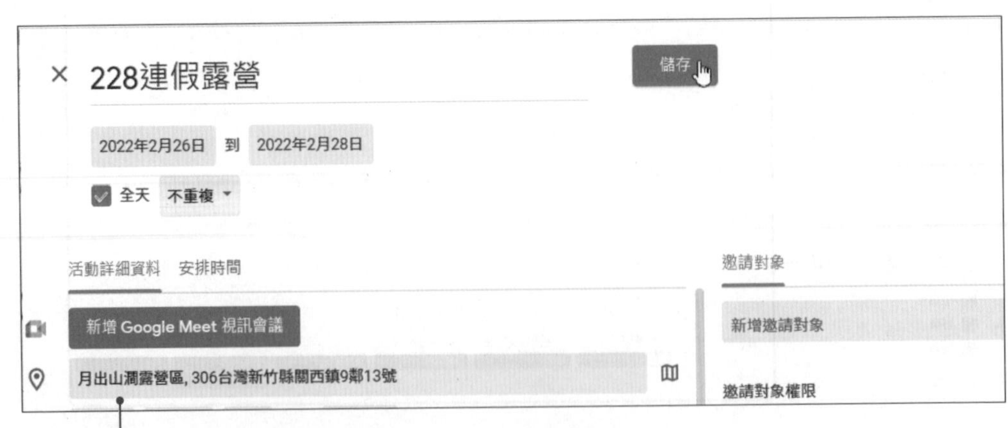

輸入地點時，Google日曆會依據所輸入的文字判斷地點名稱及地址

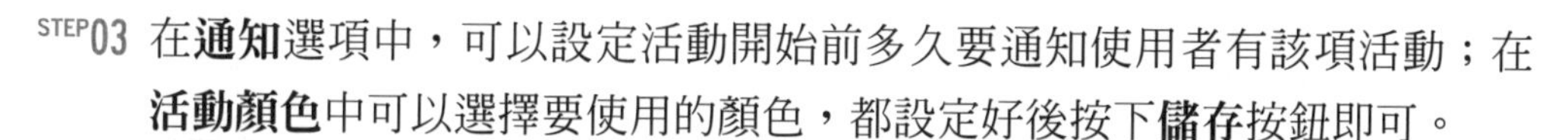

STEP03 在**通知**選項中，可以設定活動開始前多久要通知使用者有該項活動；在**活動顏色**中可以選擇要使用的顏色，都設定好後按下**儲存**按鈕即可。

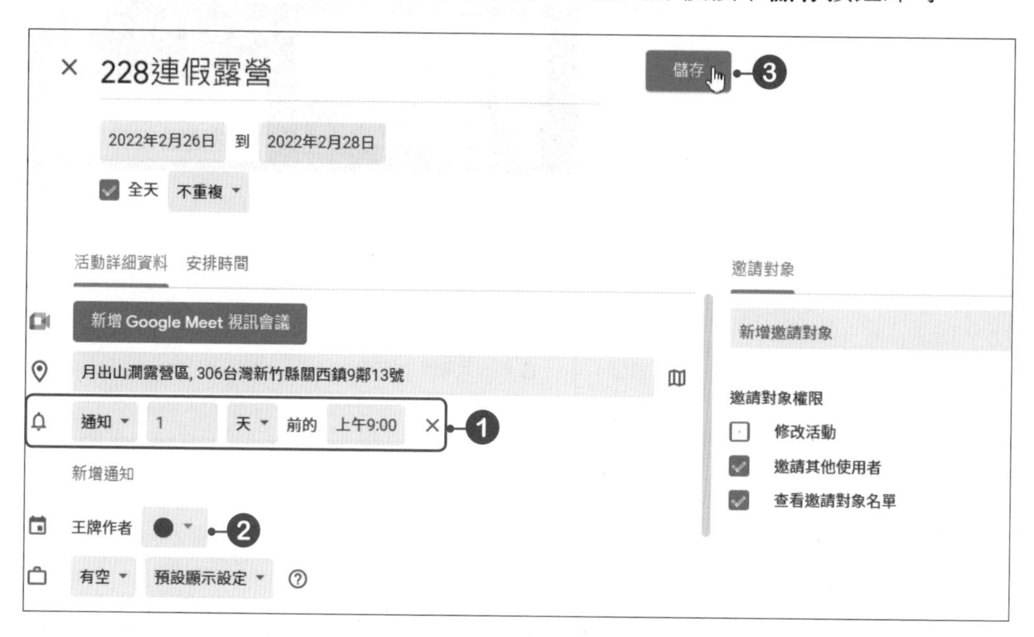

STEP04 回到日曆後，即可看到日曆已顯示我們所建立的活動。

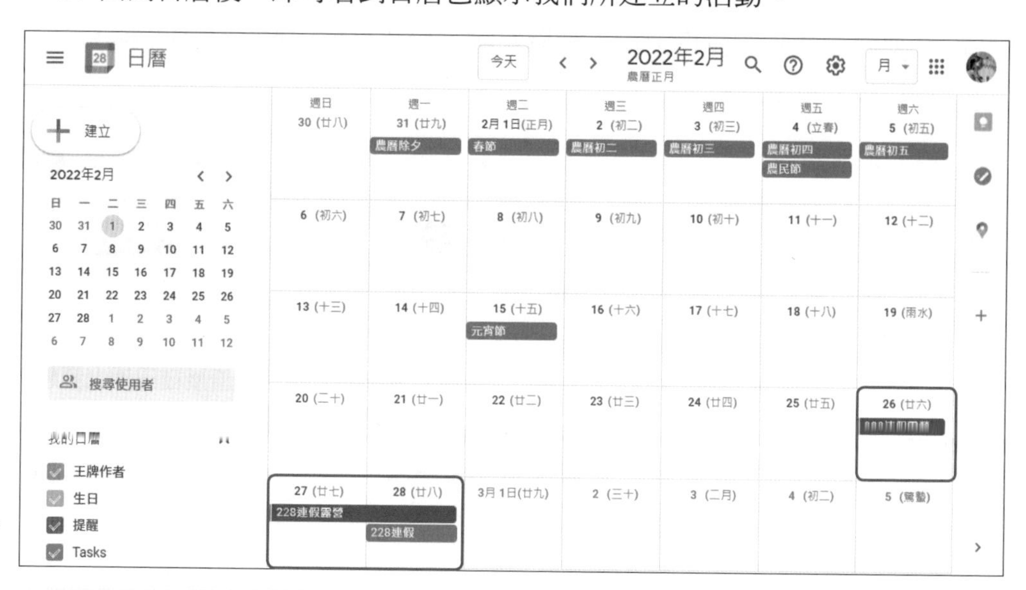

NOTE 若要檢視在日曆中所建立的所有活動，可以進入**時間表**模式，該模式會列出所有活動的清單。

6-1-3 編輯與刪除活動

建立好的活動若要修改時，只要在活動名稱上按一下**滑鼠左鍵**，在訊息框中按下**編輯活動**按鈕，即可進行編輯的動作；若要刪除活動時，則按下**刪除活動**按鈕。

6-1-4 建立週期性活動

生活中有許多每個月或每年都會固定發生的事情，也可以透過Google日曆來建立重複性的活動。

STEP01 在要建立活動的日期上按下**滑鼠左鍵**，於訊息框中輸入活動名稱，輸入好後按下**更多選項**按鈕。

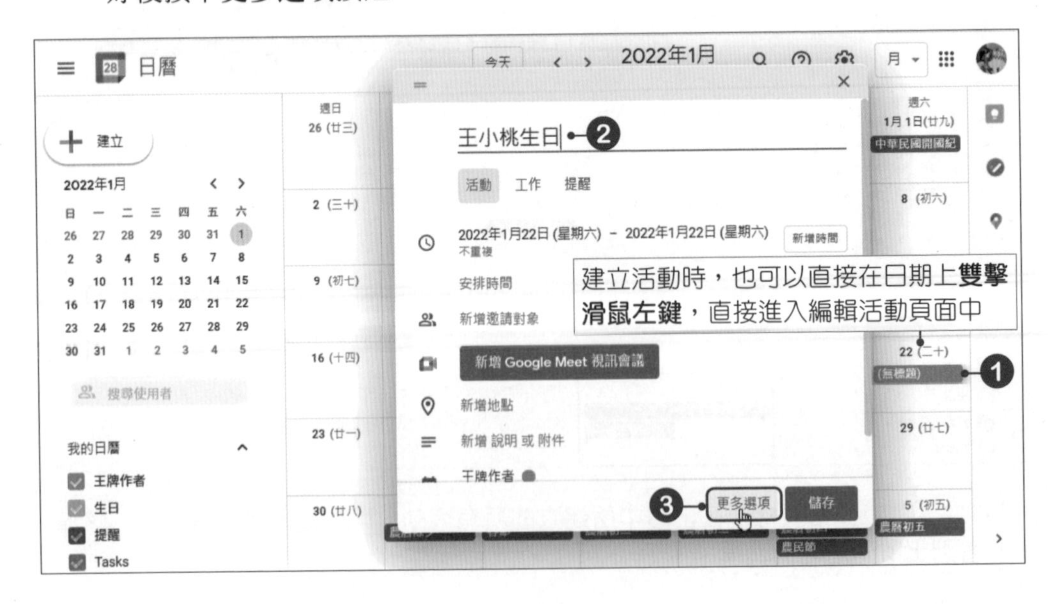

STEP02 按下**不重複**選單鈕，選擇顯示頻率。

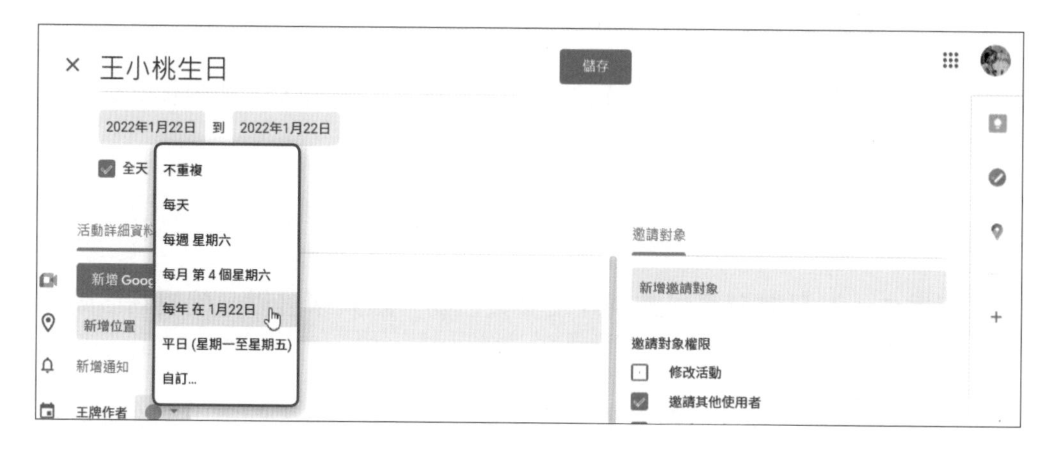

STEP03 若要設定通知，請按下**新增通知**，設定通知的時間。

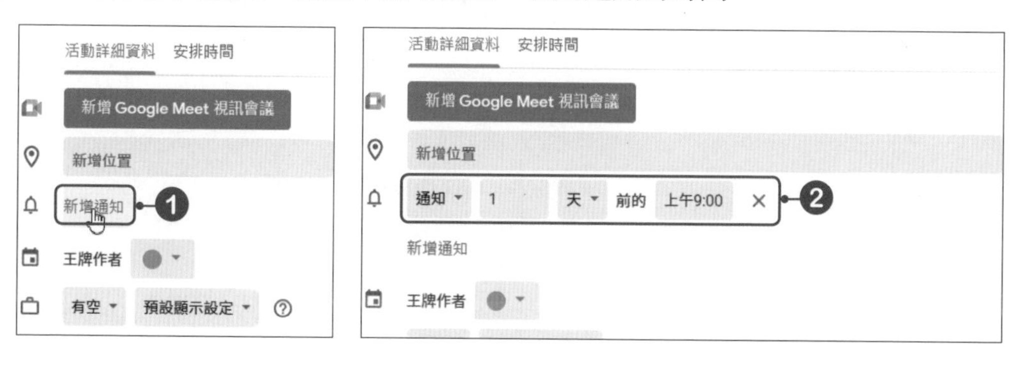

STEP04 都設定好後，按下**儲存**按鈕，完成週期性活動的建立。

6-2 分享及共用Google日曆

Google日曆除了自行建立活動外，還可以邀請親朋好友一起參加活動，或是和其他人共用日曆。

6-2-1 邀請好友參加活動

使用Google日曆還可以邀請好友參與活動，讓大家可以一起規劃活動內容或是修改活動內容。

STEP01 先建立一個活動，於**新增邀請對象**欄位中輸入受邀人的電子郵件或直接輸入聯絡人姓名，輸入好後按下**Enter**鍵。

STEP02 於下方就會顯示被邀請對象的電子郵件，如果要刪除某人時，按下右側的 × **移除**按鈕即可。

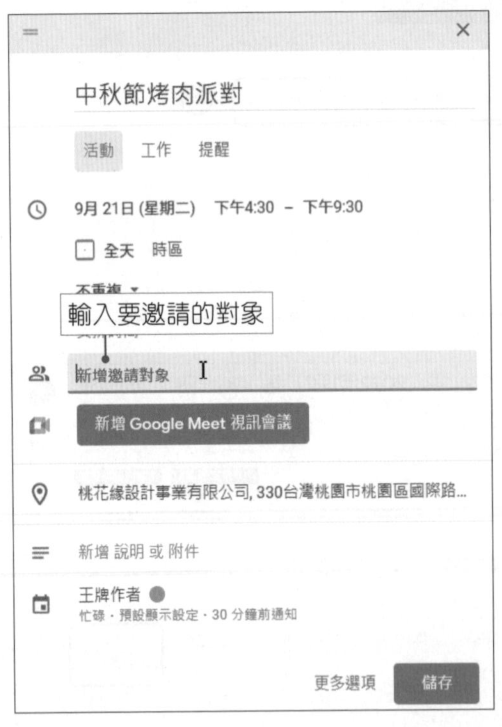

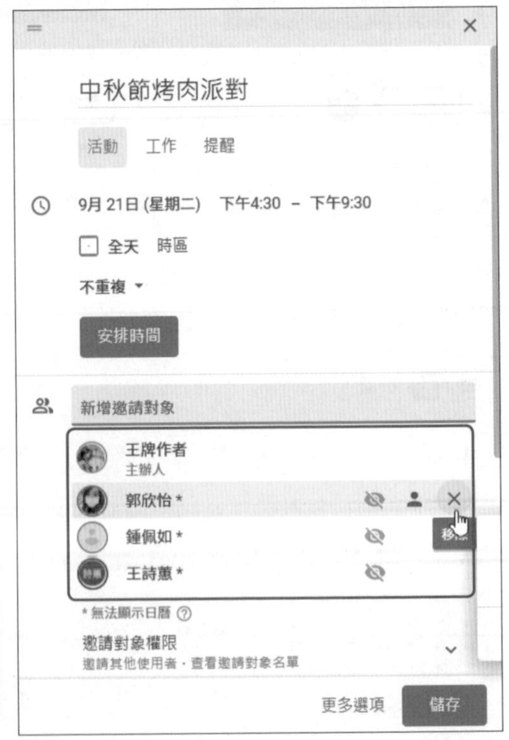

STEP 03 都設定好後按下**儲存**按鈕，便會詢問是否要傳送邀請，按下**傳送**按鈕，即可將活動傳送給受邀者。

6-2-2 回覆邀請活動

當被Google日曆邀請參與活動後，受邀對象就會收到邀請的電子郵件，此時可以回覆是否要參加。

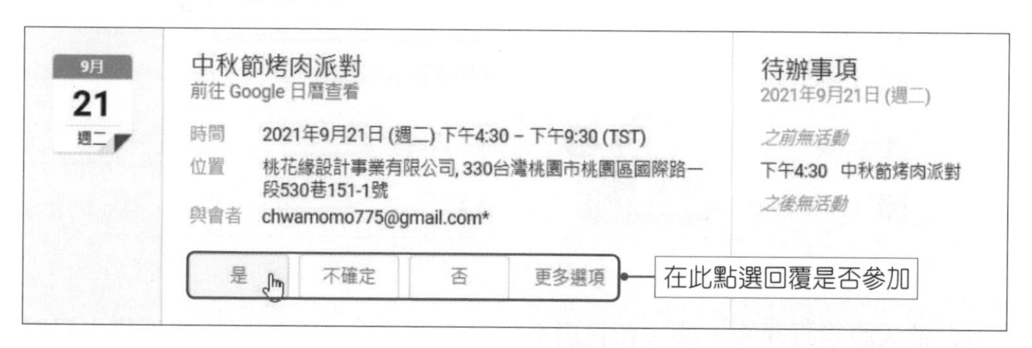

要查看回覆情況時，可以在活動上按一下**滑鼠左鍵**，即可查看相關資訊。

6-2-3 與其他人共用日曆

Google 日曆還可以與其他成員共用，讓彼此都能了解相關的活動內容。而爲了避免自己的日曆被公開，所以在進行團隊的專案管理時，可以先建立一個新的日曆，再將此日曆與團隊成員共用，這樣就可以保有自己的隱私囉！

STEP01 按下其他日曆右邊的 + 按鈕，在選單中點選**建立新日曆**選項。

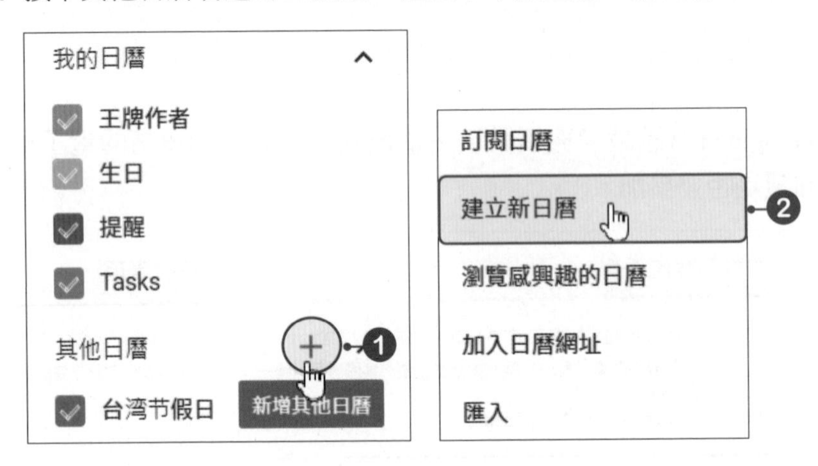

STEP02 進入設定頁面後，輸入新日曆名稱及說明文字，設定好後按下**建立日曆**按鈕。

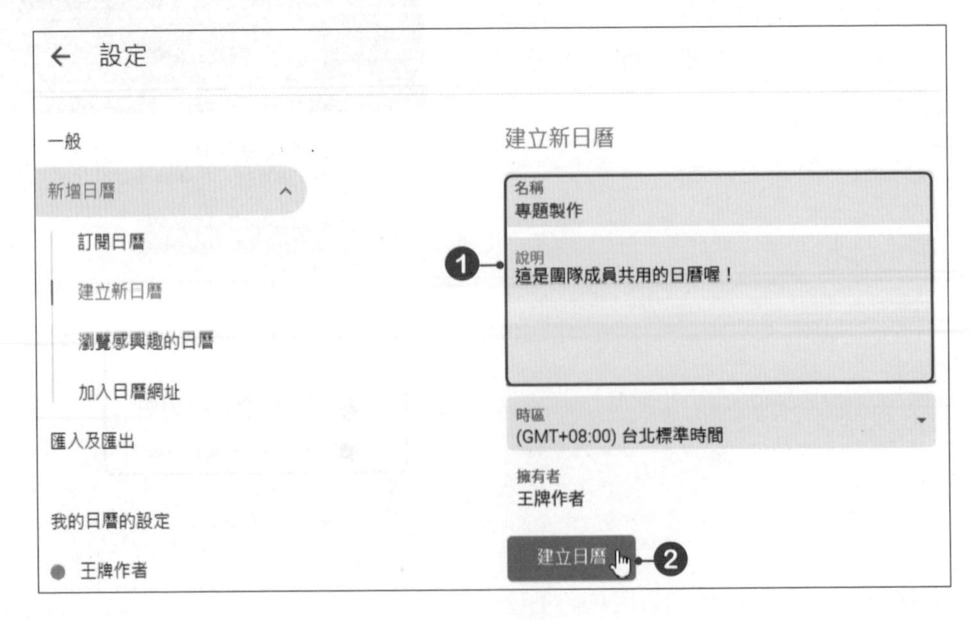

STEP03 回到日曆首頁後，在**我的日曆**中就會多了一個剛剛建立的日曆。

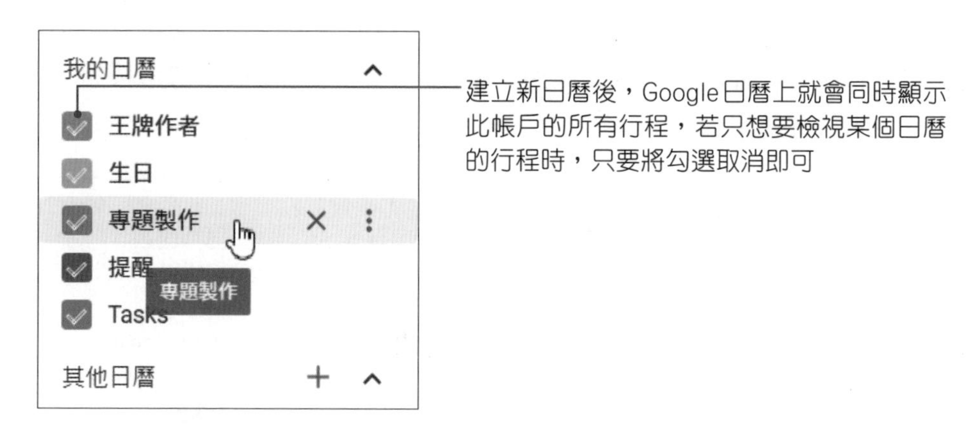

STEP04 新日曆建立好後，便可開始進行共用的設定。在**我的日曆**選單中，按下要共用日曆的⋮按鈕，於選單中點選**設定和共用**。

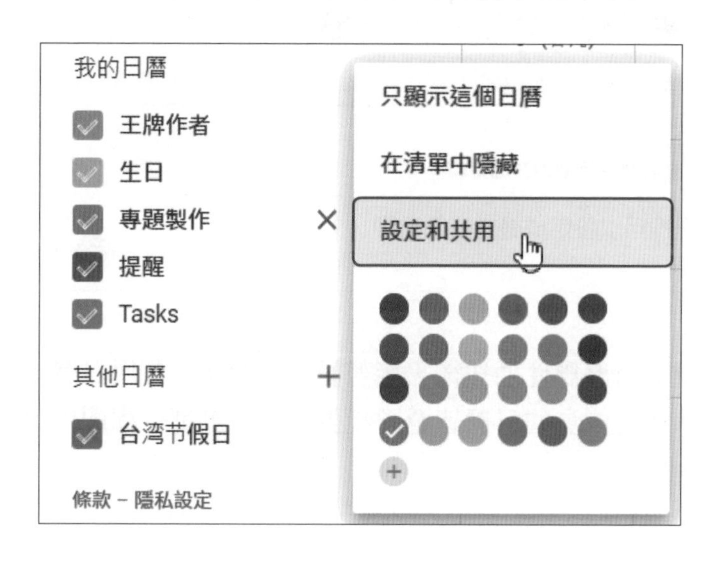

STEP 05 進入**設定**頁面後，點選左邊窗格中的**與特定使用者共用日曆**，按下**＋新增邀請對象**，開啟**與特定使用者共用日曆**視窗，輸入使用者名稱或電子郵件，在**權限**中選擇要共用的權限，都設定好後按下**傳送**按鈕，即可將邀請寄送出去。

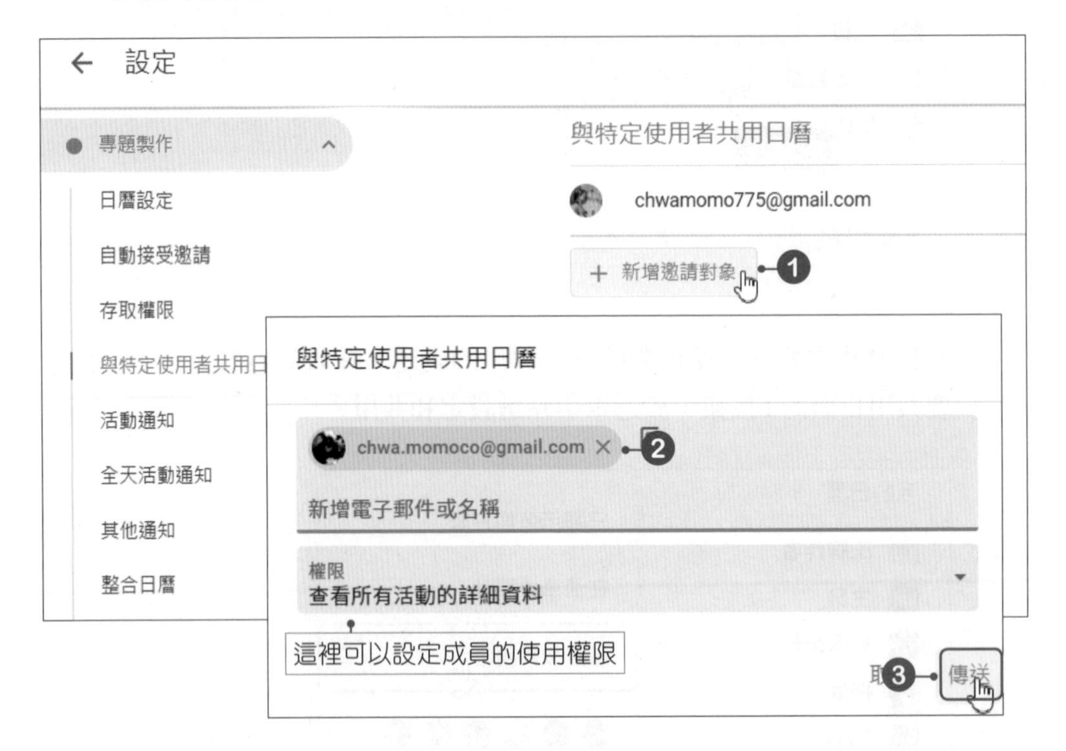

STEP 06 團隊成員收到分享日曆郵件通知後，接著便可開始使用共用日曆，當成員建立行程時，所有成員的日曆皆會同步更新，而點選行程即可得知此行程的建立者。

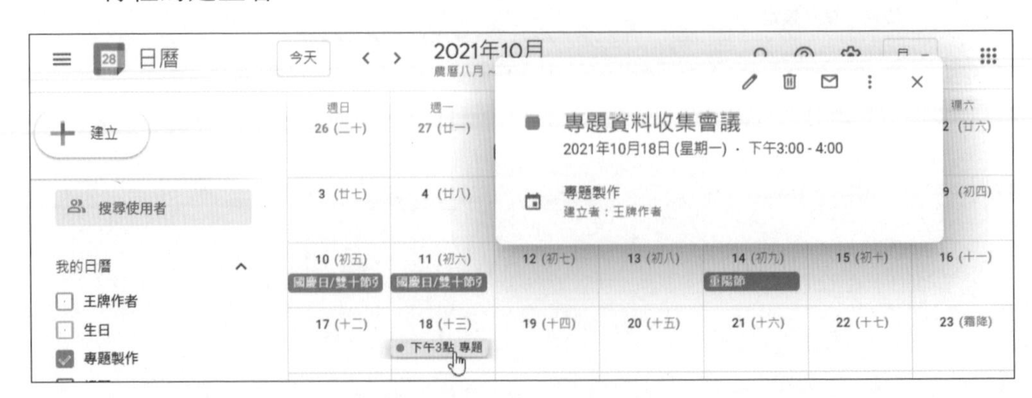

6-3 Google日曆App的使用

Google日曆除了在電腦上使用外，也可以在行動裝置中使用，這節就來看看該如何在行動裝置中使用Google日曆，本節將以iOS系統爲例。

6-3-1 在行動裝置中同步Google日曆

這裡將以iOS系統爲例，直接將iOS內建的行事曆與Google行事曆進行同步。在2-4-1節時，介紹了Gmail帳號設定，其中設定時已包含了將行事曆也進行同步的動作。若在設定Gmail時，未將行事曆設爲同步，那麼只要再開啓同步設定即可。

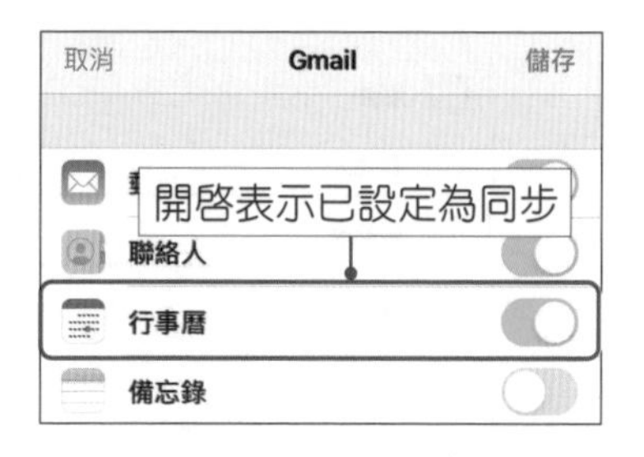

若未開啓Gmail的行事曆，請依以下步驟進行同步設定。

STEP01 點選**設定**，於設定頁面中找到**密碼與帳號**功能，進入後，點選**Gmail**。

STEP 02 將**行事曆**選項開啓即可。

STEP 03 設定好後，進入行事曆App後，便會將雲端上的Google日曆，全部匯入行事曆中。

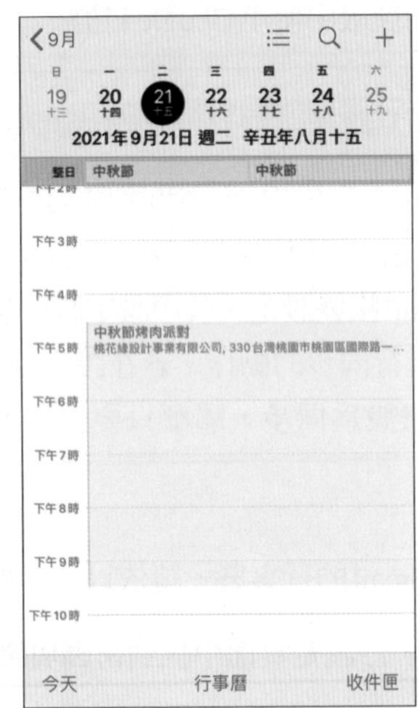

6-3-2 Google日曆App的使用

在iOS系統中除了將內建的行事曆與Google日曆同步外，也可以直接下載Google日曆App來使用，可以至App Store下載，或是直接用行動裝置掃描本書所提供的QR Code，進行下載及安裝。

登入Google日曆App

STEP01 點選**Google日曆**App，此時會顯示取用訊息，這裡請自行選擇是否允許，選擇好後，進入**選取Google帳戶**中，開啓要使用的帳戶，按下**開始使用**按鈕。若沒有帳戶，請點選**新增其他帳戶**。

STEP02 此時會顯示取用訊息及傳送通知訊息，這裡請自行選擇是否允許。

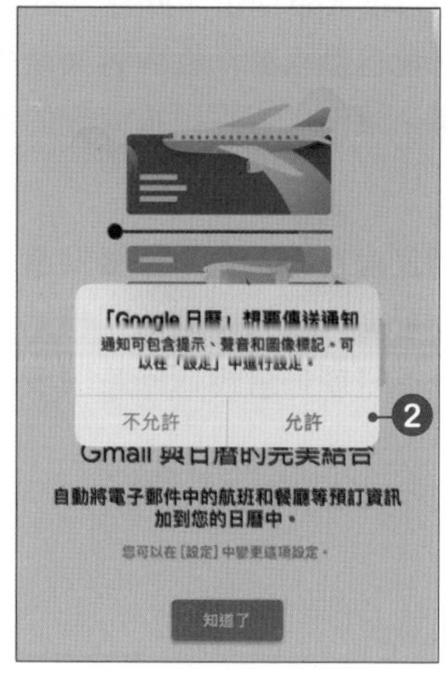

STEP 03 最後按下**知道了**按鈕，進入Google日曆，預設下，日曆會以**時間表**模式顯示。

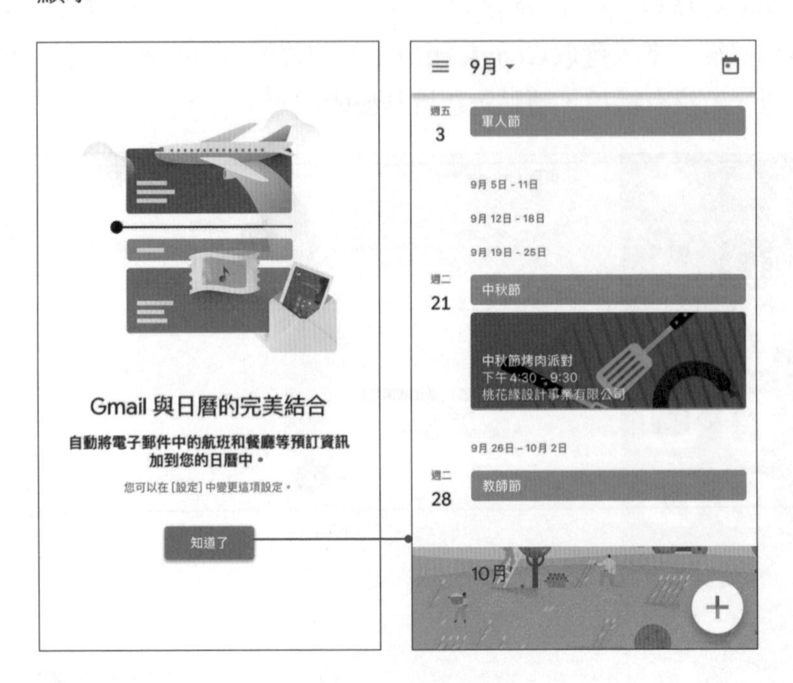

檢視日曆

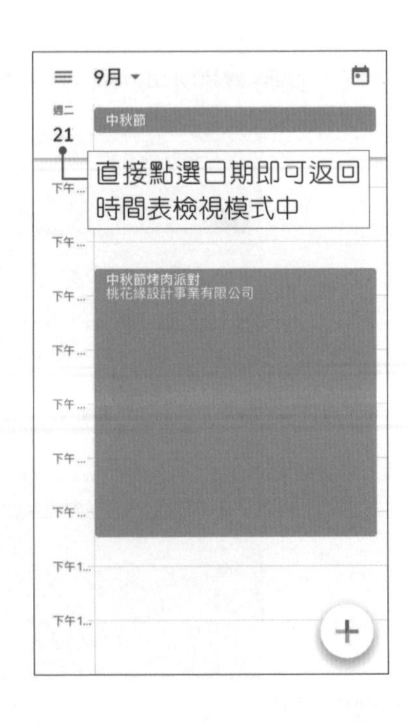

Google日曆App提供了圖像式的時間表檢視模式，它會自動根據活動內容來產生相關的圖片或地圖，讓使用者可以很直覺的瀏覽該行程的內容。

在時間表檢視模式中，直接點選左側標示的日期，即可進入當天明細檢視模式中，進入後，再點一下日期則會再返回時間表檢視模式中。

檢視模式切換

Google日曆除了時間表模式外，還可以將模式切換爲**天**、**3天**、**週**、**月**來檢視，只要點選左上角的≡，即可選擇要切換的模式。

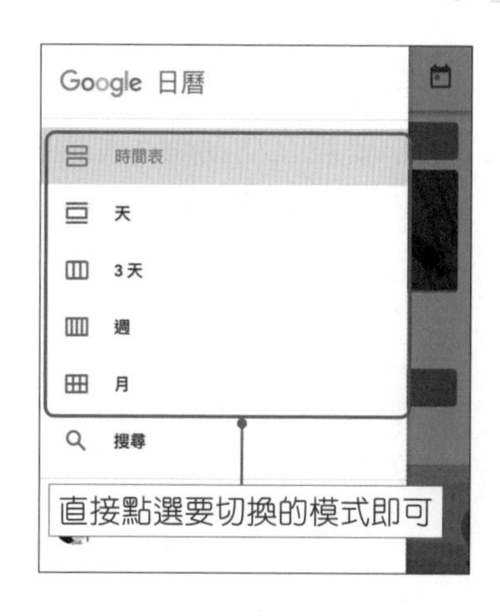

展開月份月曆

在時間表、天、3天及週的檢視模式中，若想要顯示當月份的月曆時，只要點選上方的月份，便會展開當月的月曆。在月曆中有圓點的部分，表示該天有活動。若要檢視上一個月份或下一個月份時，只要左右滑動畫面即可切換月份。

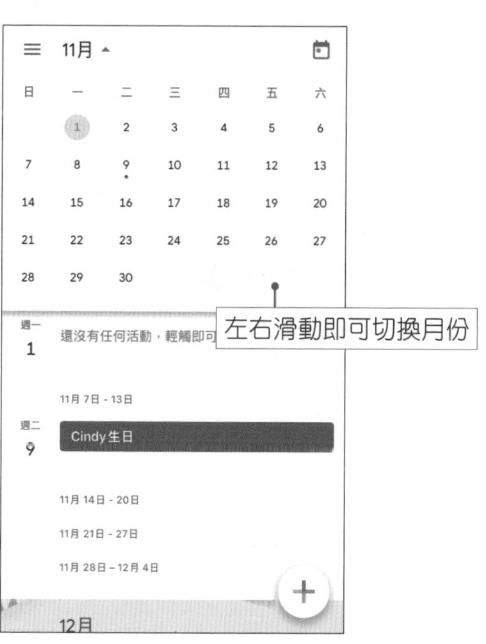

建立活動

STEP 01 要建立活動時，點選要建立活動的日期，按下日曆右下角的＋，在選項中點選 活動項目。

STEP 02 進入編輯頁面後，在**新增標題**中輸入標題名稱，再設定活動時間。

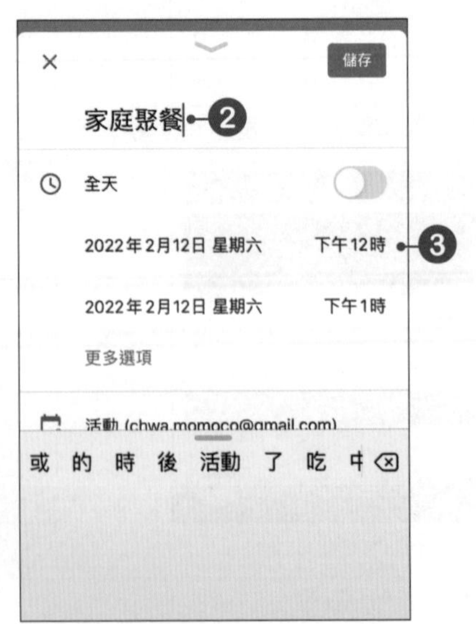

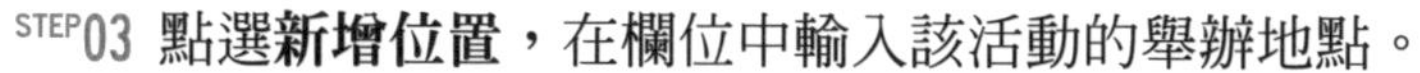

STEP03 點選**新增位置**，在欄位中輸入該活動的舉辦地點。

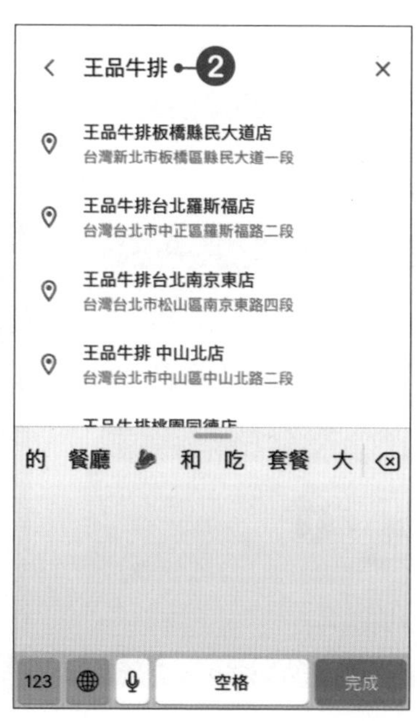

STEP04 設定通知時間及標示色彩，活動內容建立好後，按下**儲存**按鈕，即可完成活動的建立。

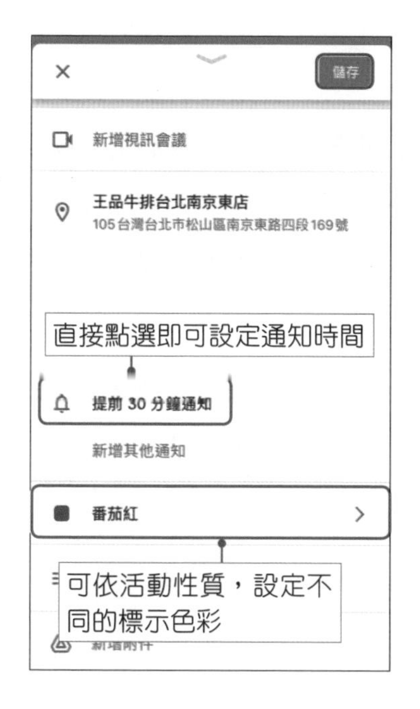

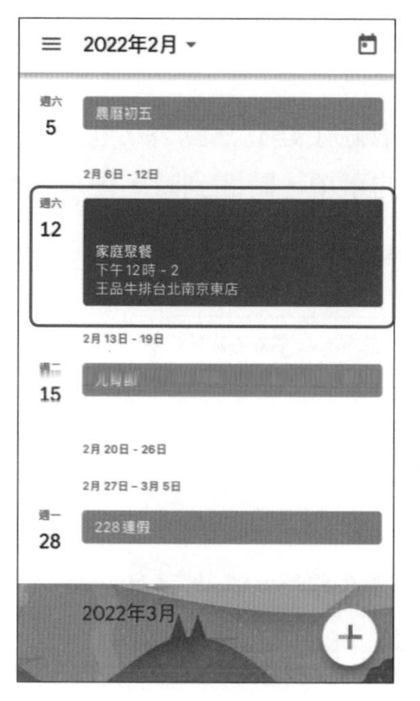

移除活動

要移除已建立的活動時，將活動**由左至右滑動**，便會詢問是否移除此活動，確定移除時，請點選**移除活動**。

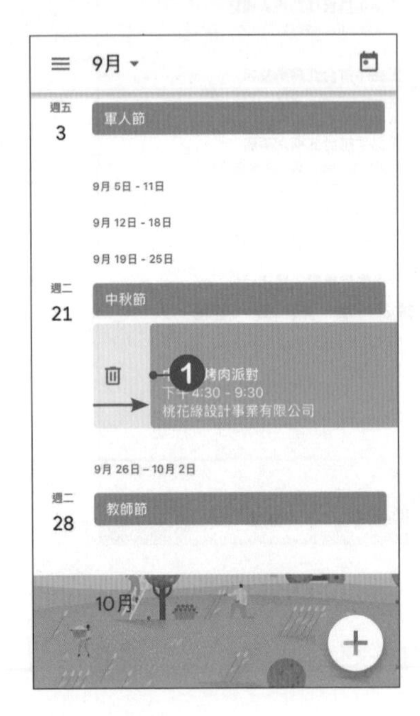

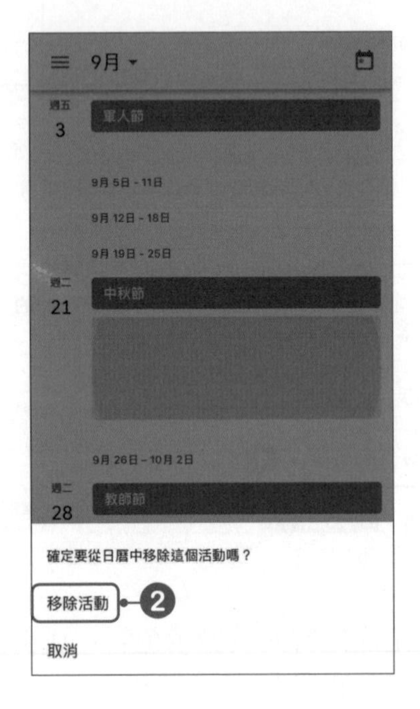

提醒設定

Google日曆除了建立活動外，也可以進行提醒設定，讓我們可以記下生活或工作上待辦的事項，時間到時，便會提醒我們要進行了。

STEP01 要建立提醒時，只要按下日曆右下角的＋，在選項中選擇**提醒**項目。

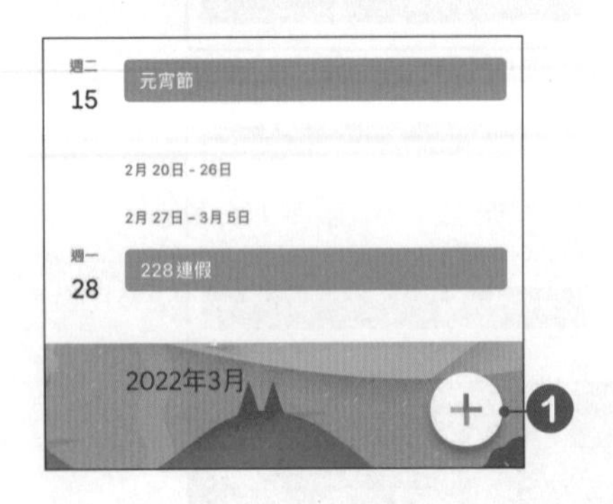

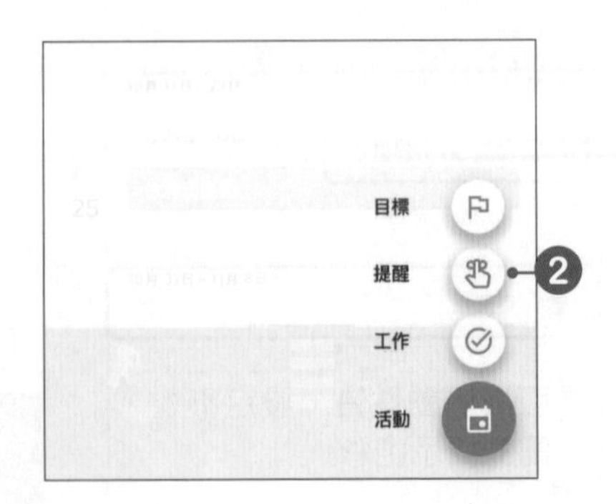

STEP02 進入編輯頁面後，在**提醒我**欄位中輸入要提醒的內容，再設定要提醒的日期及時間，若要在某個時間提醒的話，請將**全天**取消，再設定日期及時間。都設定好後按下**儲存**按鈕。

STEP03 設定好後，在日曆中就會建立該提醒項目，而在提醒時間到來時，便會出現提醒訊息。

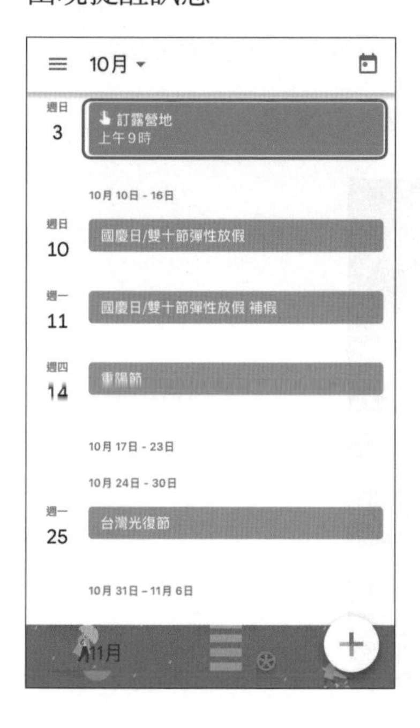

STEP04 當處理完某個提醒時，可以在項目上由左至右滑動，即可將此項目標示爲完成，而該則提醒會出現一條刪除線，表示已完成。

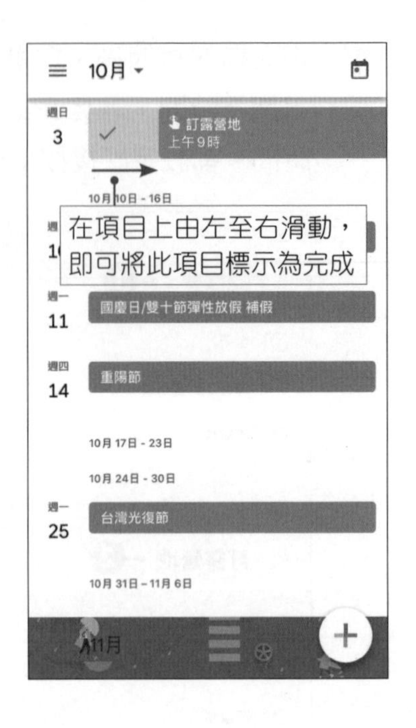

6-3-3 從Gmail新增活動

在預設下，不管是電腦版還是行動裝置版，Google日曆都會自動將Gmail中的航班、飯店及餐廳等預訂資料加入到Google日曆中。如果不希望Gmail中的活動出現在日曆上時，可以直接刪除此活動，或是將此功能取消。

STEP01 在Google日曆中點選左上角的≡，點選**設定**選項。

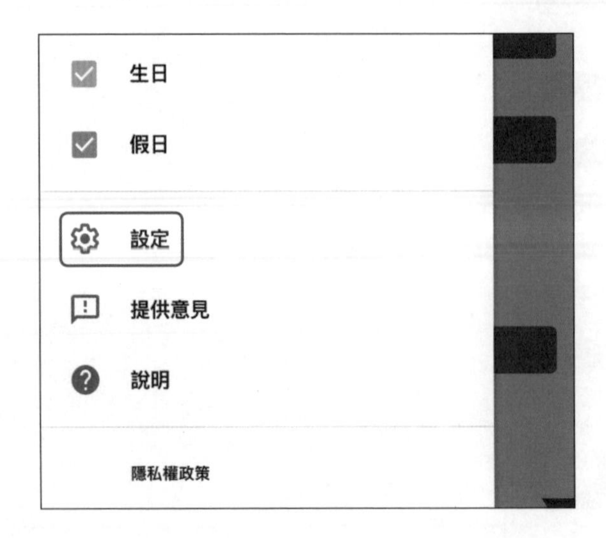

STEP 02 進入設定頁面，點選**Gmail中的活動**，將**從Gmail新增活動**關閉即可。

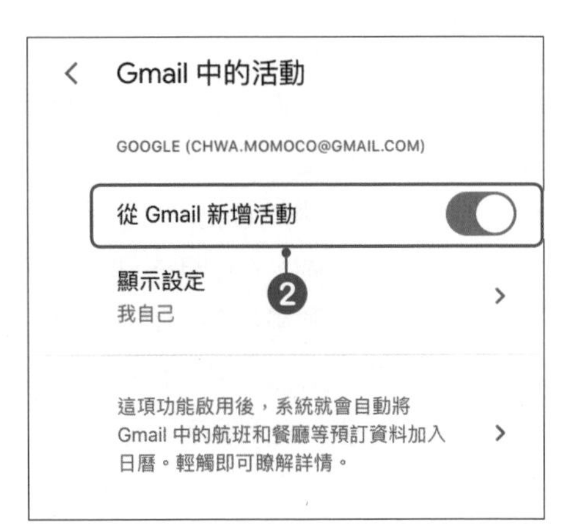

若要取消電腦版的自動新增功能，請按下右上角的 ⚙ 按鈕，於選單中點選**設定**功能，進入設定頁面後，按下**Gmail中的活動**，將**在日曆中顯示Gmail自動建立的活動**勾選取消。

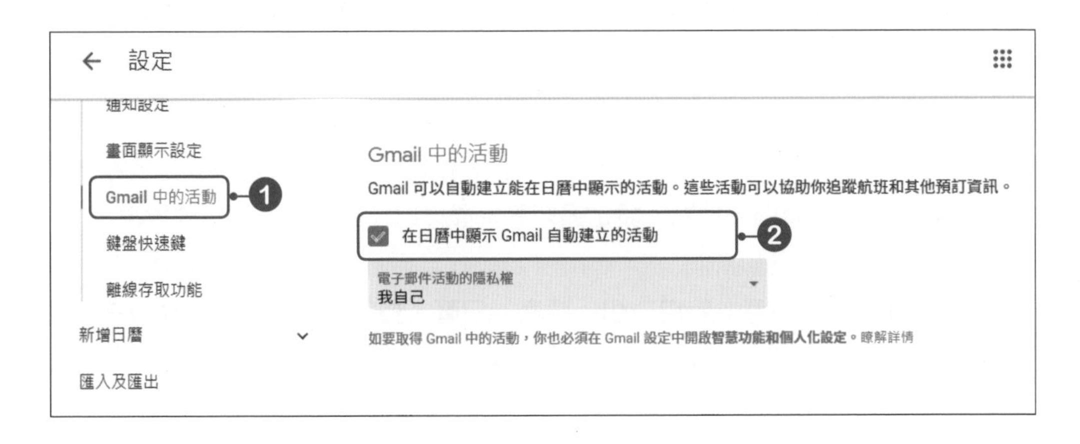

自我評量

選擇題

(　　)1. 下列何者為Google日曆所提供檢視模式？ (A)天　(B)週　(C)月　(D)以上皆是。

(　　)2. 下列關於Google日曆的敘述，何者不正確？ (A)建立活動時可以設定通知時間　(B)無法建立週期性活動　(C)在建立活動時，可以用顏色來區別活動重要性　(D)在建立活動時，可以邀請朋友參與活動。

(　　)3. 在Google日曆中，所有建立的活動都會列表於哪個功能選項中？ (A)時間表　(B)設定　(C)我的日曆　(D)本週活動。

(　　)4. 下列關於Google日曆共用設定的敘述，何者不正確？ (A)設定共用時，可以將日曆設定為只能變更活動　(B)可以邀請多位朋友共用　(C)只能邀請一位朋友共用　(D)設定共用時，可以將日曆設定為查看所有活動詳細資訊。

(　　)5. Google日曆App在預設下是使用下列何種檢視模式來檢視日曆？ (A)月　(B)時間表　(C)日　(D)週。

(　　)6. 下列何者非Google日曆App所提供的檢視模式？ (A)天　(B)週　(C)月　(D)4天。

實作題

1. 請依照你的個人行程，在你的Google日曆上建立你這個月的既定活動或聚會，並詳填完整活動時間、地點、設定通知等，最後以「時間表」的方式檢視。

2. 請在你的Google日曆上新增一個「課表」日曆，並將你的一周課表建立在日曆中。建立完成後，並將該課表以「共用」方式分享給其他同學。

CHAPTER 07

視訊會議──Meet

7-1 常見的視訊會議軟體

以往視訊會議不是那麼的方便，需要安裝特定的硬體及軟體，還有單點對單點、單點對多點等，複雜的視訊會議系統。而如今，因爲COVID-19疫情的關係，許多公司開始**在家工作**(Work from home, WFH)的辦公模式，因此，線上視訊會議軟體需求大增。

使用線上視訊會議軟體即可輕鬆又快速地進行線上會議或教學。常見的線上視訊會議軟體有：Google Meet、Zoom、Microsoft Teams、Line等。

7-1-1 Google Meet

只要擁有Google帳戶，都可登入Google Meet使用視訊會議功能，無需下載任何軟體，還可以在行動裝置上使用。除了工商行號會使用外，還有許多學校也都使用Meet來進行線上教學。

Google Meet有免費版及付費版，免費版的群組會議參加人數最多100人；付費版150人；免費版與付費版的一對一視訊對談最長24小時，而3人以上的群組會議時間免費版只提供1小時，付費版則爲24小時。詳細的資訊可上Google Meet說明網站查詢(https://apps.google.com/intl/zh-TW/meet/pricing/)。

7-1-2 Zoom

Zoom是免費軟體，任何人都可以下載並安裝，使用基本的會議功能。目前支援Windows、macOS、iOS、Android等系統。免費版最多支援100人同時進行視訊，群組會議最長爲40分鐘，一對一會議則沒有時間限間，可以使用分享螢幕畫面、遠端鍵盤等功能，還內建虛擬背景和濾鏡。

使用Zoom時，線上會議的發起人一定要申請Zoom帳號(https://zoom.us/)，而會議參與者則可以沒有Zoom帳號。

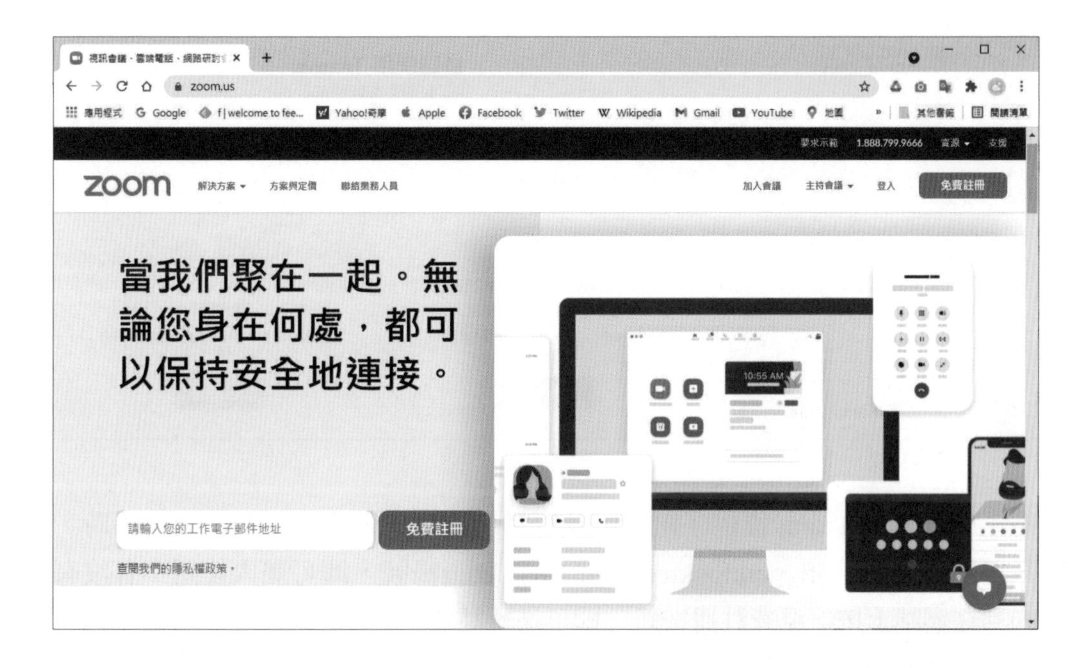

不過，因爲Zoom面臨資安問題，包括在國外曾傳出視訊會議被不明人士入侵的事件，及資料被傳至中國的資安問題。所以，臺灣教育部要求各級學校全面禁用Zoom。

但該軟體在全球的使用率非常高，例如2021年的Leaders' Summit on Climate全球氣候視訊峰會，全世界各國領袖在Zoom上進行視訊會議，除此之外，美國總統拜登也使用Zoom進行視訊會議。

7-1-3 Microsoft Teams

Microsoft Teams與Office及Microsoft 365整合，使用者可以透過Outlook進行視訊會議排程。Microsoft Teams也分爲免費版及付費版，免費版的群組會議最多可100人同時使用，會議時間最長爲60分鐘，相關資訊可以至Microsoft Teams網站查詢。

Microsoft Teams提供了電腦版及行動裝置版供使用者下載。要使用時，只要擁有Microsoft、outlook.com、hotmail.com帳號，即可登入使用；若沒有的話在網站上按下**免費註冊**按鈕，即可進行註冊。

7-1-4 LINE會議室

因應防疫期間減少移動與接觸機會之需求，LINE推出**LINE會議室**功能，「LINE會議室」的最大特色，在於「LINE會議室」不像原有的「多人視訊通話」功能一樣需特別成立群組，也不需要互為好友，只要透過一個會議連結，就能邀請所有人加入線上會議。Android、iOS裝置以及電腦版皆適用。

進行視訊會議的同時，會產生一個即時聊天室，方便與會者同步進行文字討論、傳送圖片與檔案。當最後一個人離開視訊會議，即時聊天室也會自動消失並清除所有內容。

同一個會議室連結最長可使用90天，期間使用同一個連結即可連上，適合長期固定舉行的線上會議。每人最多可建立30個會議室，每場會議最多可容納500人參加。

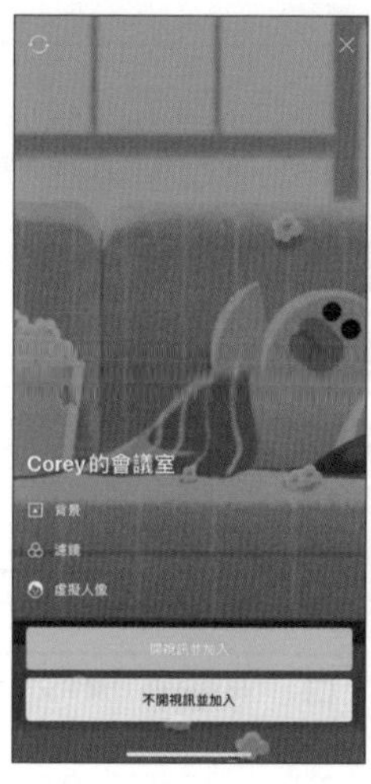

7-2 Google Meet的使用

隨著COVID-19疫情的升溫，學校因此停課，而企業也讓員工居家辦公，爲了解決線上教學與企業會議的問題，Google Meet就成爲了線上教學與線上視訊會議的最佳工具，這節就來看看該如何使用吧！

7-2-1 發起會議

只要擁有Google帳戶的使用者都可以使用Google Meet發起會議。

STEP01 進入Google首頁中，按下右上角的 **Google應用程式**，於選單中點選**Meet**，進入Meet網站中；也可以直接輸入Google Meet網站網址(https://meet.google.com)，進入網站後，按下**新會議**按鈕，於選單中點選**發起即時會議**，會開啓允許使用攝影機、麥克風等(若電腦有安裝相關硬體時會顯示相關訊息)訊息，允許後即可進入會議頁面中。

STEP 02 進入Meet頁面後，會有一個會議連結，將此連結複製再傳送給要參加視訊會議的人，使用者透過該連結即可參與會議。

STEP 03 也可以按下**新增其他人**按鈕，直接點選要邀請的對象，再按下**傳送電子郵件**按鈕，將訊息傳送給對方。

STEP04 當受邀者收到電子郵件後，按下**加入會議**按鈕，進入Google Meet頁面中，再按下**立即加入**按鈕，即可進入會議中。

STEP05 要離開會議時，只要按下**退出通話**按鈕，即可退出該場會議。當所有使用者都離開會議後，該會議代碼就會立即失效。

7-2-2 預先建立會議

若不是要立即進行視訊會議時，可以進入Google Meet網站後，按下**新會議**按鈕，於選單中點選**預先建立會議**，就會產生會議連結，將此連結傳送給相關的參與者，參與者再透過此連結即可進入會議中。

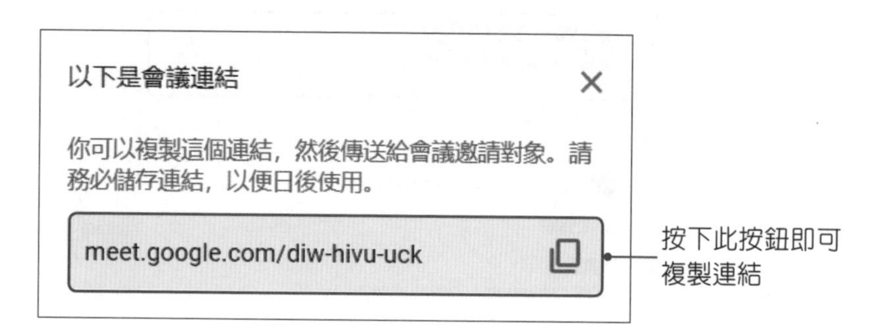

7-2-3 在Google日曆中安排會議

使用Meet時，也可以先在Google日曆中，設定一個會議日期，並加入Google Meet選項，再邀請參與者，此會議就會顯示於受邀者的行事曆上，到時，受邀者就可以從自己的行事曆，點擊Google Meet會議的超連結，加入視訊會議。

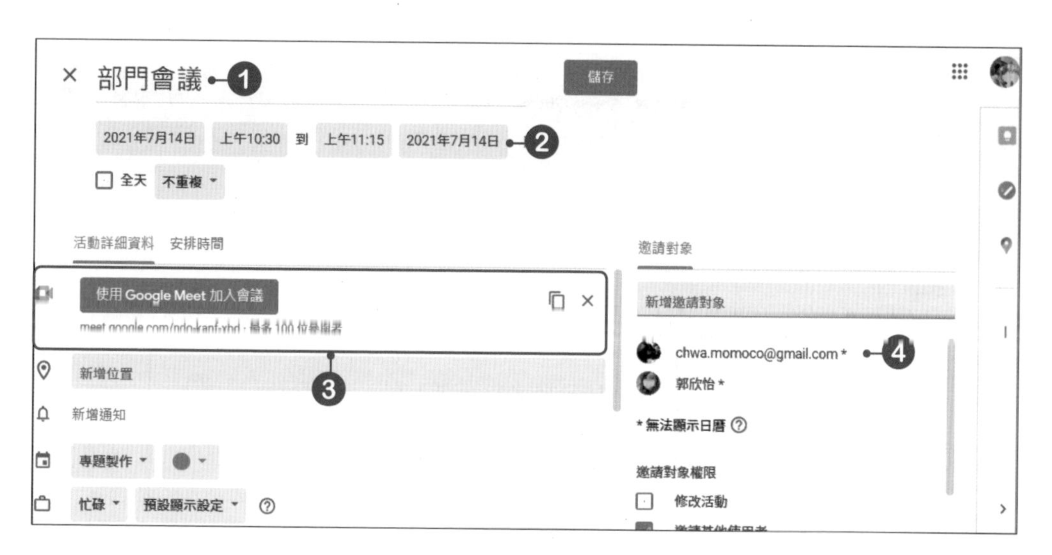

受邀者只要點選**使用Google Meet加入會議**按鈕，即可進入會議中。

7-2-4　透過Gmail發起會議

發起視訊會議時，也可以進入Gmail，在**Meet**選項中，點選**發起會議**，便會產生會議連結，將此連結傳送給相關人士，即可進行會議。

7-2-5 加入會議

要加入會議時，進入Google Meet網站中，在**輸入會議代碼或連結**欄位中，輸入會議連結或會議代碼(meet.google.com/會議代碼)，再按下**加入**按鈕，受邀請者在加入後，會自動進行攝影機、麥克風相關權限設定，設定好後，按下**要求加入**按鈕，等待會議主持人接受後，便可加入會議。

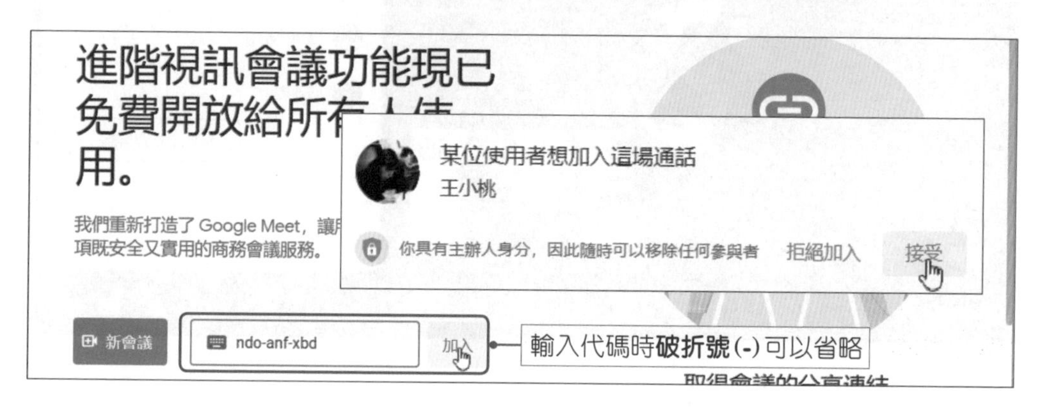

7-2-6 會議主持人

Google Meet的主持人，就是會議的發起者，會議主持人具有將所有人靜音，或讓某位參與者離開視訊會議等。要將某位使用者靜音時，開啓聯絡人窗格後，按下⋯按鈕，即可將參與者設爲靜音。

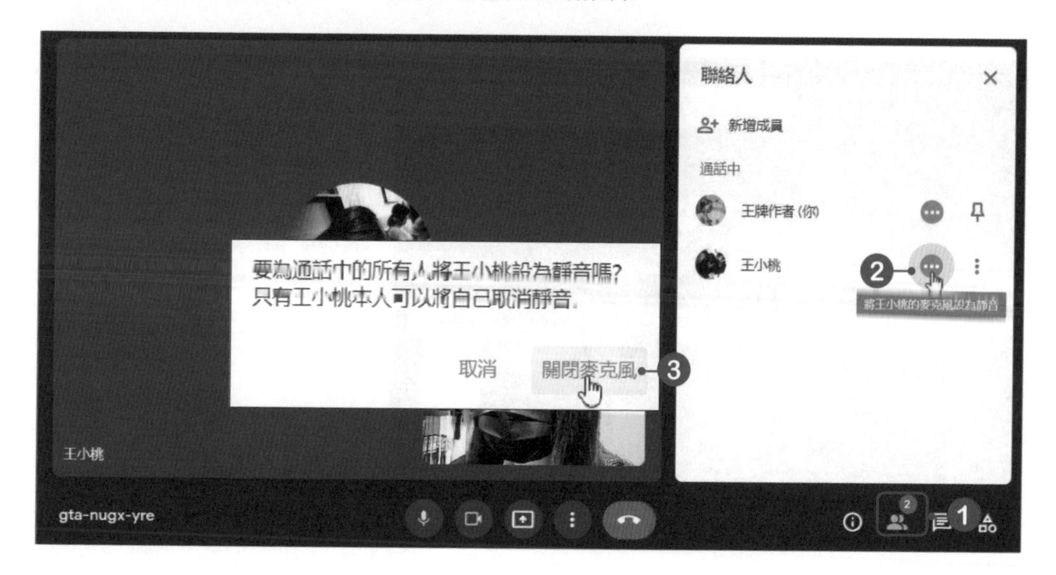

按下參與者的 **⋮更多選項**按鈕，開啟選單後，點選**從會議中移除**，即可將參與者請出會議。

7-2-7 傳送文字訊息

Google Meet除了使用麥克風進行溝通外，若沒有麥克風時，可以使用通話中的訊息功能，將要表達的內容傳送到會議中。按下 按鈕，開啟通話中的訊息窗格，即可輸入要傳送的內容，不過該功能無法進行一對一私下聊天。

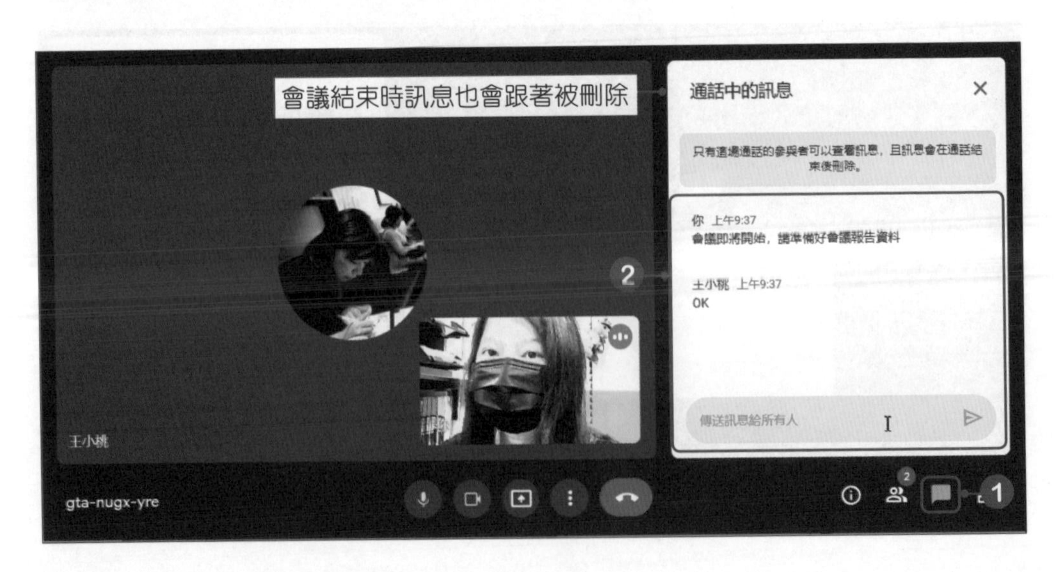

7-3 分享螢幕畫面及白板的使用

Google Meet的分享螢幕畫面及白板功能，對線上教學相當的有幫助，會議主持人可以分享畫面，或是使用白板功能來講解和討論。

7-3-1 分享螢幕畫面

Google Meet提供了**分享螢幕畫面**功能，參與者可以將電腦中的畫面分享到會議中，讓所有參與者看到畫面，這功能很適合要進行簡報、線上教學時使用。分享螢幕畫面時，可以分享整個畫面，也可以分享單一視窗畫面或分頁。分享單一視窗時，軟體視窗必須是開啓的狀態。

STEP01 點選按鈕，開啓分享螢幕畫面選單，於選單中選擇要如何分享畫面。

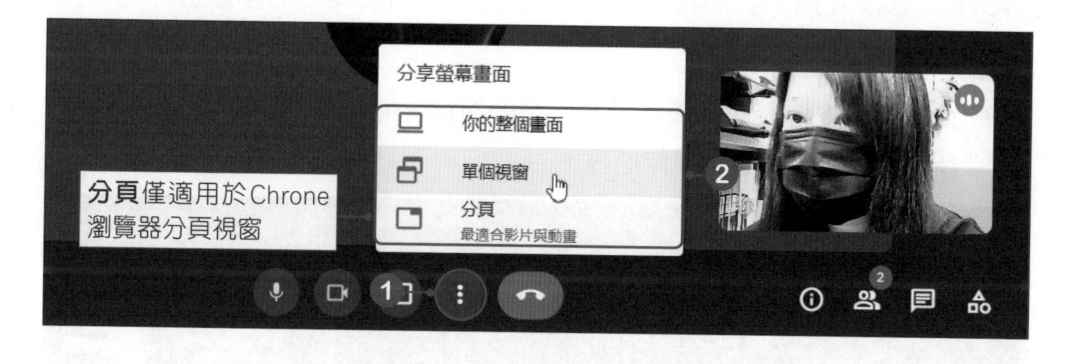

STEP02 若點選單個視窗，會開啓「分享應用程式視窗」對話方塊，這裡請選擇要分享的視窗，再按下**分享**按鈕。

STEP03 該視窗就會顯示在Meet會議畫面中。

NOTE 使用分享螢幕畫面功能時，無法同時兩個人以上分享畫面。

STEP04 此時會議主持人即可操作分享出來的視窗，而在操作過程中，會議中的所有參與者都會看到操作過程。

NOTE Google Meet免費版的3人以上會議時間最長為1小時，當55分時，系統會通知所有使用者即將斷線。不過Google Meet有針對教育市場的G Suite教育版(Google Workspace for Education)，保有教育單位免費使用，但必須由學校提出申請才能獲得資格，個人帳號無法使用。

要結束畫面分享時，只要按下**停止共用**按鈕即可，或是按下通知區顯示的通知訊息，即可返回Google Meet。

若分享的是整個電腦畫面，分享者在電腦上的所有操作過程都會顯示在會議中，這種分享方式較無隱私權。

7-3-2 白板功能

進行線上教學或公司會議時，若須要講解及討論，可以開啓**白板**功能，進行講解與溝通。

STEP01 按下⋮按鈕，於選單中點選**白板**，開啓白板窗格後，按下**建立新白板**。

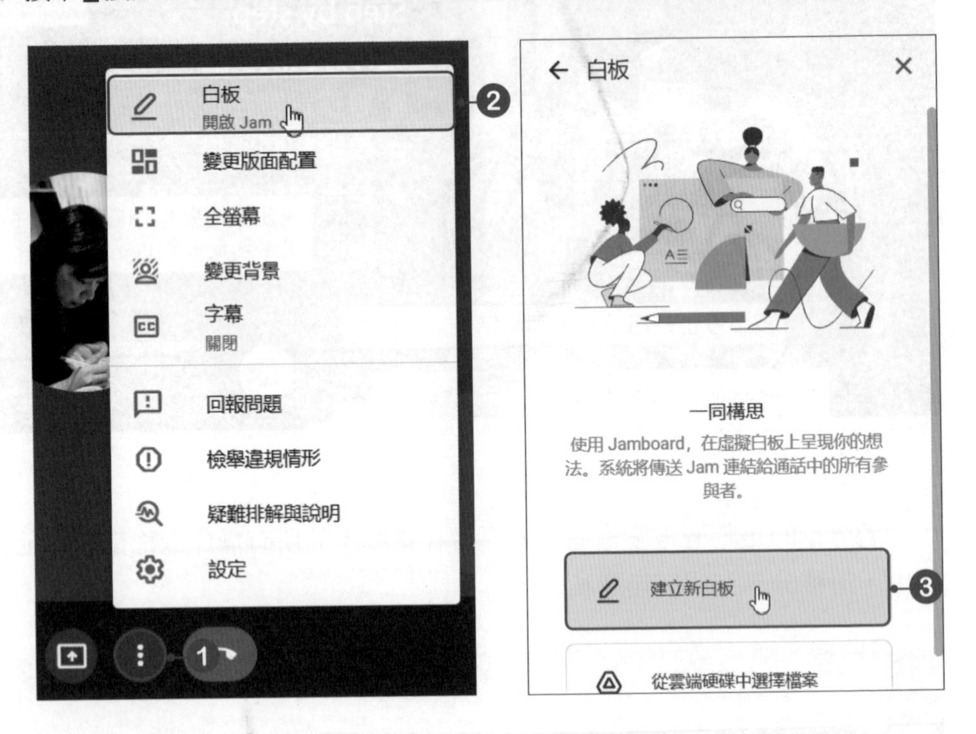

STEP02 接著設定檔案存取權限，設定好後按下**傳送**按鈕，就會自動產生一組連結在**通會中的訊息**窗格內。

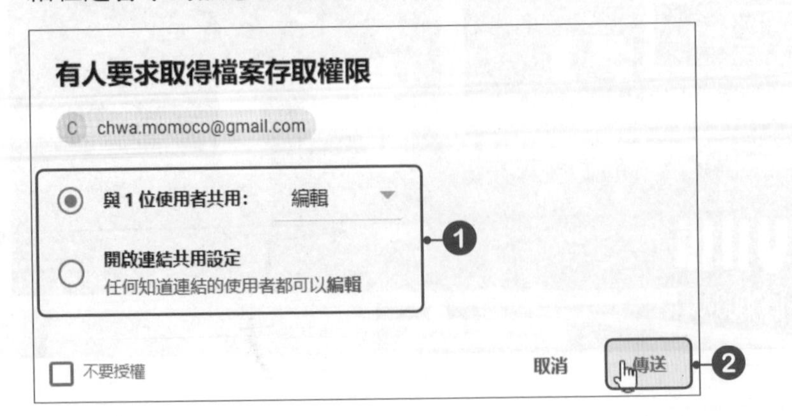

STEP 03 參與者按下按鈕，進入**通話中的訊息**窗格，按下在會議分享的Jam檔案連結後，就可以開啓白板。

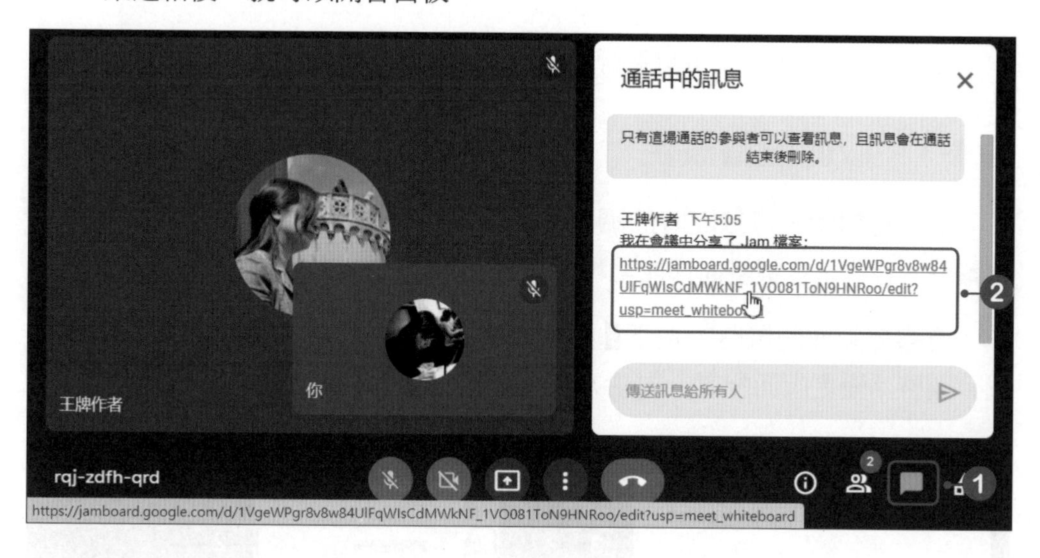

STEP 04 開啓白板視窗後，就可以開始在白板上使用畫筆進行繪畫、加上便利貼、文字、圖片等，而在白板上的操作過程其他人也會同步看見。

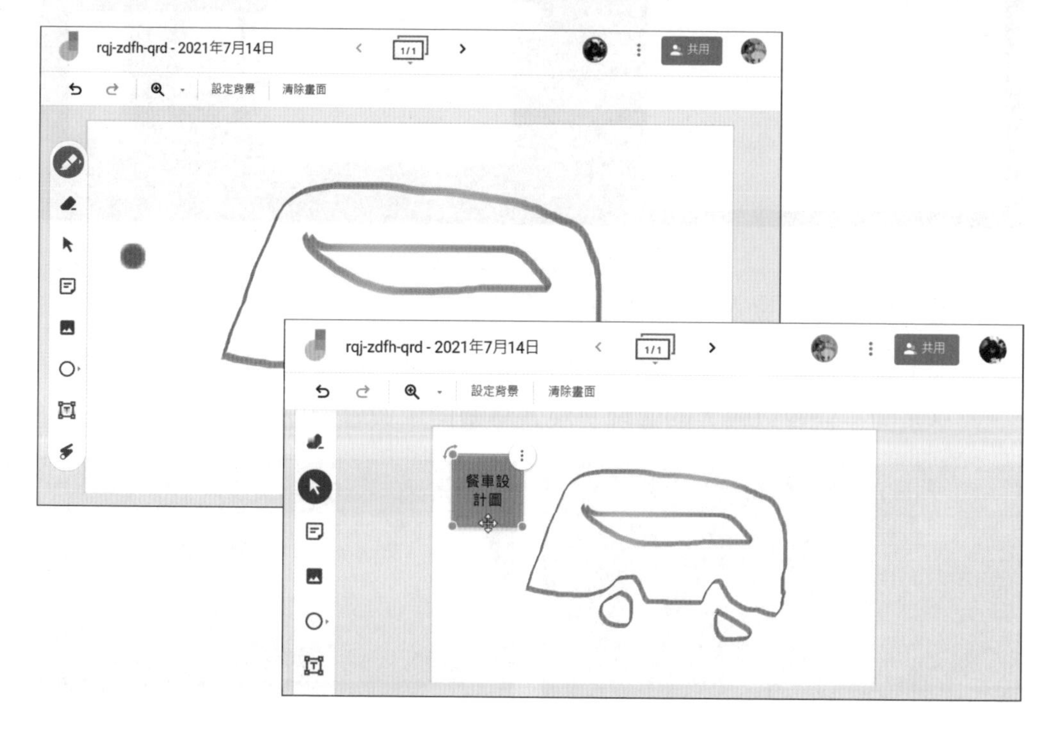

7-4 Google Meet的設定

使用Google Meet時可以進行版面配置、全螢幕、變更背景等設定。

7-4-1 版面配置設定

進行會議時，可以隨時的調整畫面上的版面配置，當有許多人一起進行會議時，若希望會議畫面都能呈現參與者，此時就可以進行版面配置的調整。

要選擇版面配置時，按下⋮**更多選項**按鈕，於選單中點選**變更選版面配置**，開啓「變更版面配置」對話方塊，選擇要使用的配置。

- **自動**：Meet會自動選擇版面配置。
- **圖塊**：如果沒有共享畫面時，版面配置會顯示大小相同的影像圖塊；如有共享畫面，則會以較大的圖塊呈現共享畫面，與會者則顯示在旁邊。

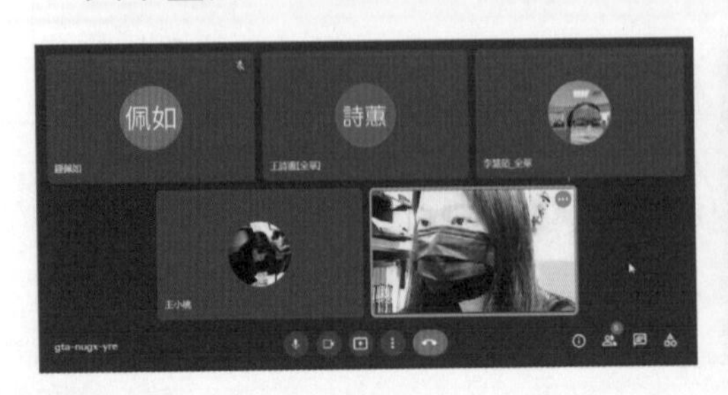

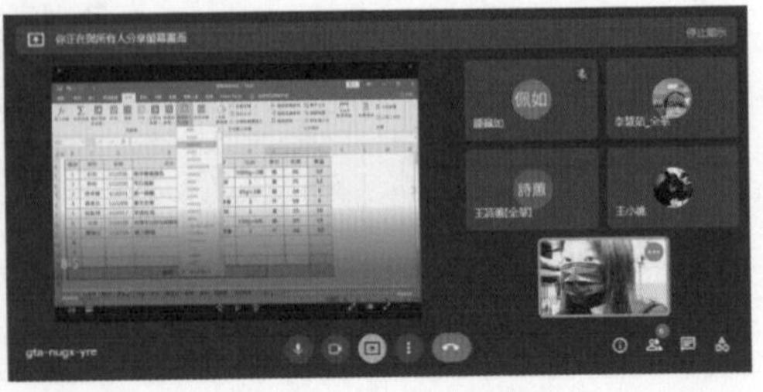

- **聚光燈：**共享畫面會以全螢幕版面配置顯示，而正在說話的參與者或被固定的參與者，影像就會一直顯示在畫面的右下角。

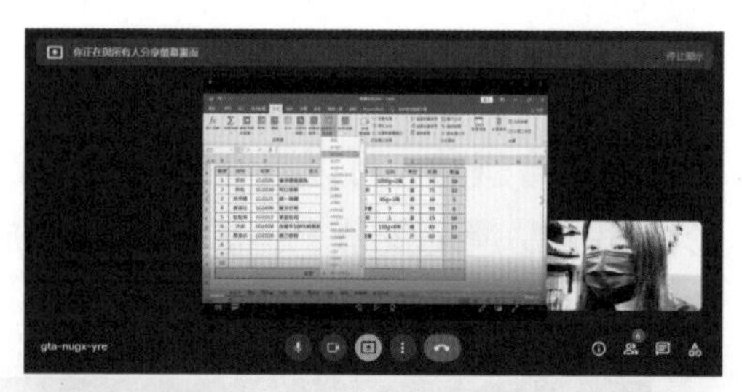

- **側欄：**將參與者或共享畫面顯示為主要影像，其他參與者的影像圖塊則會群組在一起。

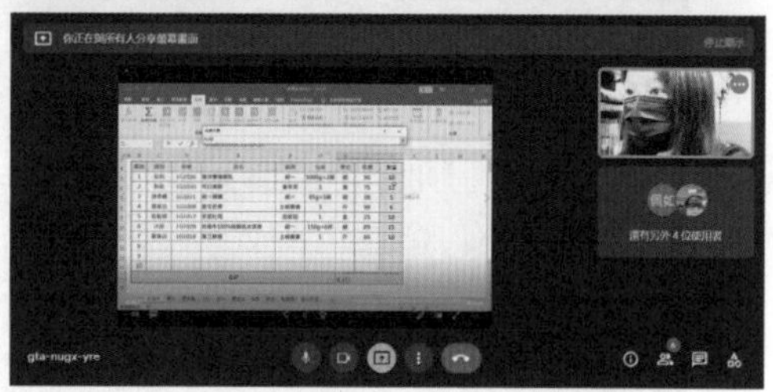

7-4-2 將參與者固定在畫面中

若要將某位參與者固定在畫面時，只要將滑鼠游標移至參與者圖塊上，按下**固定**按鈕，即可將此參與者固定在左側。

7-4-3 全螢幕顯示

進行會議時，可以將會議畫面以全螢幕顯示，只要按下⋮**更多選項**按鈕，於選單中點選**全螢幕**，會議畫面就會放大到整個電腦螢幕，要離開全螢幕模式時，只要按下**Esc**鍵即可。

7-4-4 變更視訊背景

進行視訊會議時，若擔心自己的背景太過於雜亂，可以使用Google Meet提供的背景，只要按下⋮**更多選項**按鈕，於選單中點**變更背景**，在背景窗格中即可選擇要套用的背景。

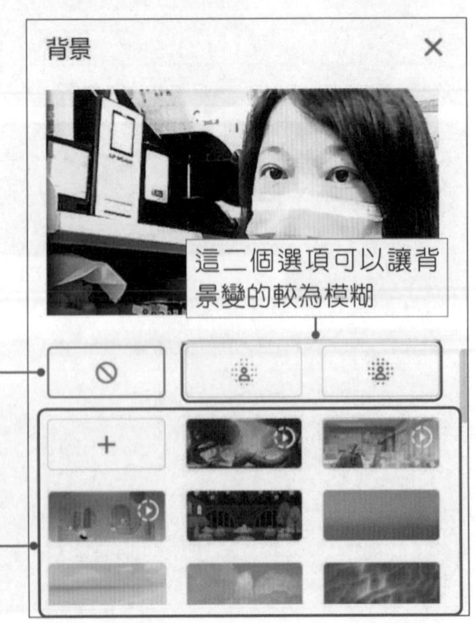

不過在使用背景時，人的影像呈現時好時壞的，有時甚至會消失喔！

具有動畫效果的背景

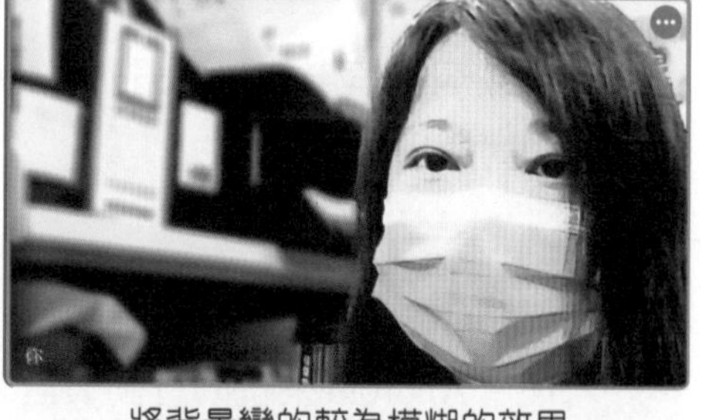

將背景變的較為模糊的效果

使用自己所準備的圖片做為背景

有時人的影像會不見

要變更背景時，也可以在準備要加入會議時，先進行背景的設定，只要按下 按鈕，即可選擇要使用的背景。

7-5 Google Meet App的使用

除了在瀏覽器上使用Google Meet外，在行動裝置上也能使用，這節就來看看該如何使用。

7-5-1 下載Google Meet App

若使用Android系統的行動裝置，可以至Google Play下載，或是直接用行動裝置掃描本書所提供的QR Code，進行下載及安裝。

若使用iOS系統的行動裝置，可以至App Store下載，或是直接用行動裝置掃描本書所提供的QR Code，進行下載及安裝。

Android

iOS

7-5-2 發起會議

要發起會議時，與電腦版一樣，可以**取得會議連結以便與其他人分享**，也可以**發起即時會議**，或是**在Google日曆App中安排會議**。

進入Google Meet時，會先開啓歡迎使用的訊息，並說明要授權Meet使用裝置的相機和麥克風等權限，這裡請允許授權。進入後，按下**發起新會議**按鈕，即可選擇要如何發起會議。

歡迎使用 Meet

如要開始使用，請授權 Meet 使用裝置的相機和麥克風以及傳送通知

《服務條款》、《合約摘要》和《隱私權政策》

繼續

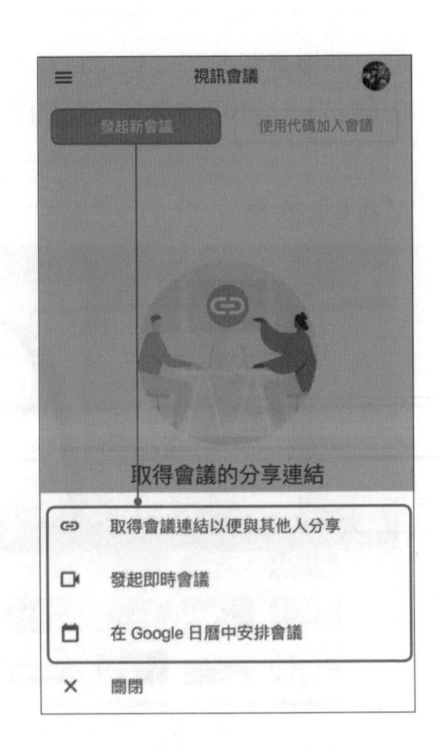

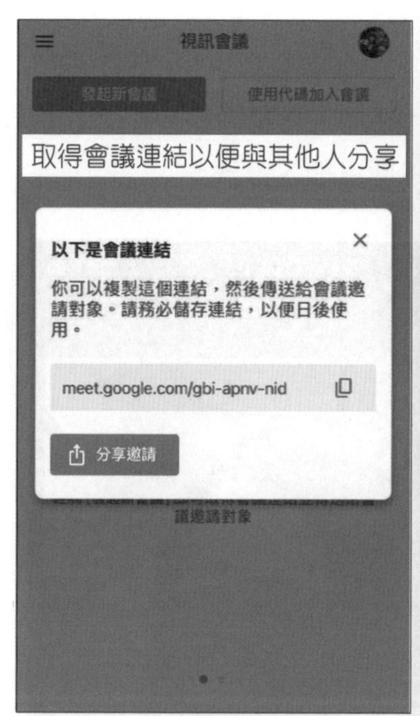

當有人加入會議時，會議主持人會收到通知，按下**允許**按鈕，即可讓使用者加入這場會議。

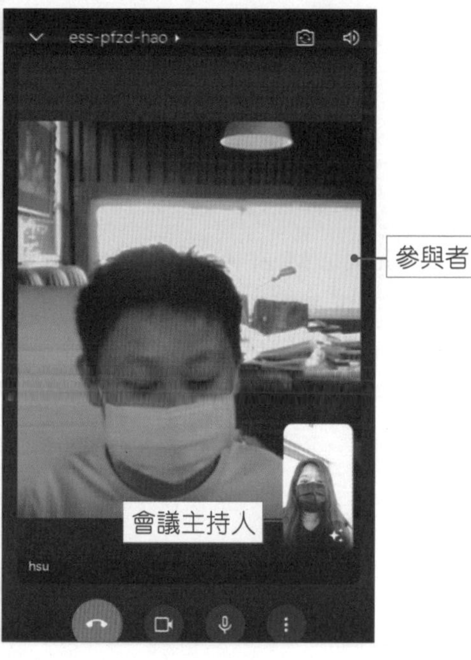

7-5-3 使用代碼加入會議

在Google Meet App中也可以使用代碼加入會議，只要按下**使用代碼加入會議**按鈕，進入畫面後，按下**加入**按鈕，即可加入會議。

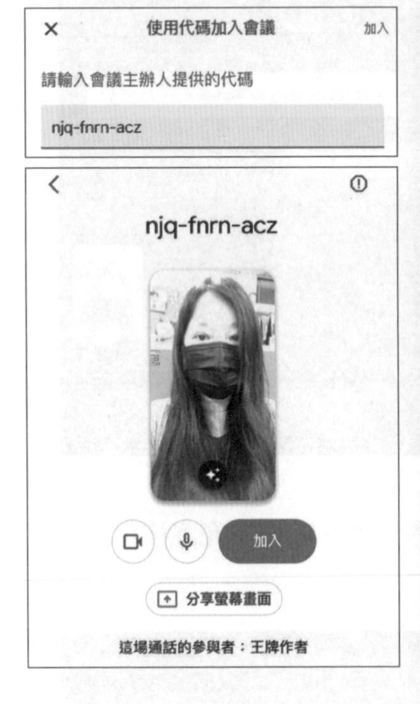

7-5-4 分享螢幕畫面

在Google Meet App中要分享螢幕畫面時，按下⋮**更多選項**按鈕，在選單中點選**分享螢幕畫面**選項。

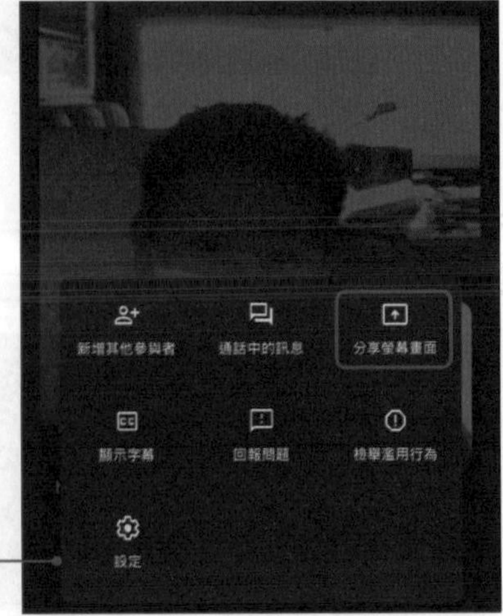

接著按下**開始直播**按鈕，即可開始進行操作，Meet會錄製你在行動裝置上的所有操作，而參與者也會同步看到操作過程。直播時，行動裝置上方會呈紅色狀態，表示目前正在錄製螢幕，錄製完成後，點選上方紅色區塊，即可停止螢幕直播的動作。

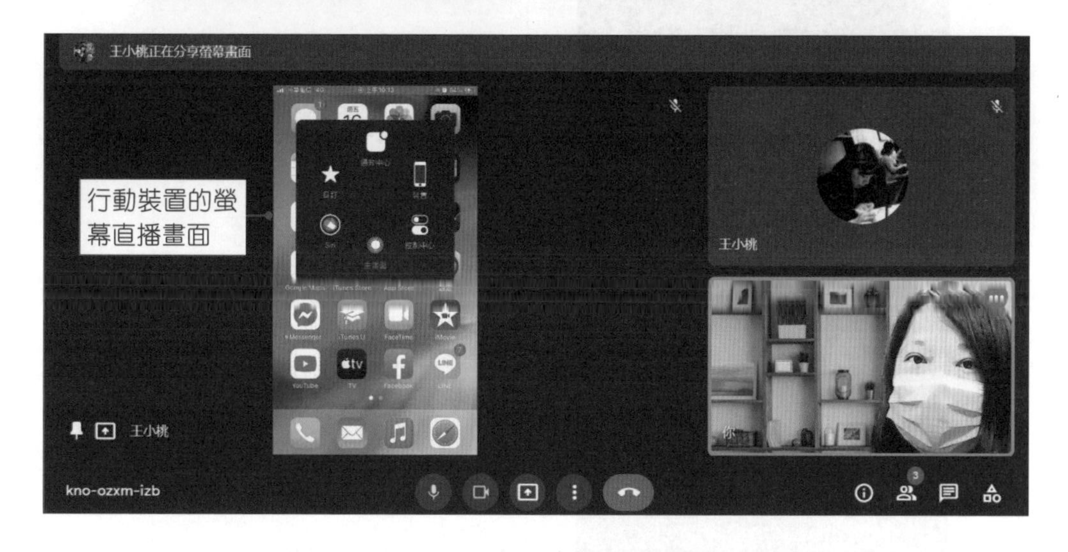

參與者使用電腦版分享畫面時，在Google Meet App中，也能看到分享的畫面。

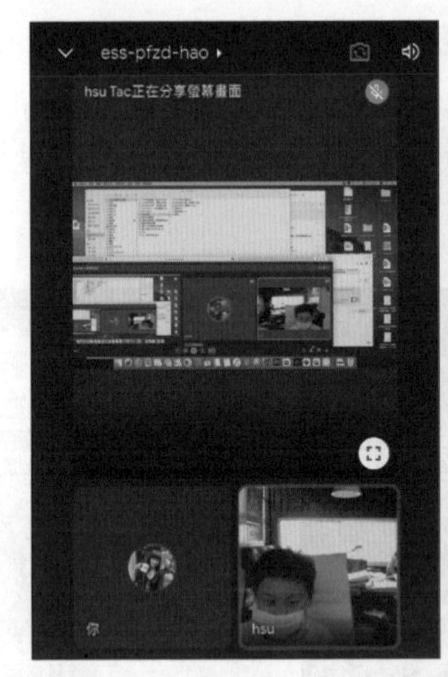

7-5-5 通話中的訊息

Google Meet App同樣也有傳送文字訊息功能，要傳送文字訊息時，按下⋮**更多選項**按鈕，在選單中點選**通話中的訊息**選項，即可進入頁面中，輸入要傳送的訊息。而當會議中有與會者傳送訊息時，也會直接顯示在畫面中。

7-5-6 變更視訊背景

在Google Meet App中要變更視訊背景時，只要在影像圖塊上，按下**特效**圖示，即可開啓特效選項，這裡提供了模糊、背景、風格及濾鏡等選項，直接點選要套用的選項，影像就會立即套用該特效。

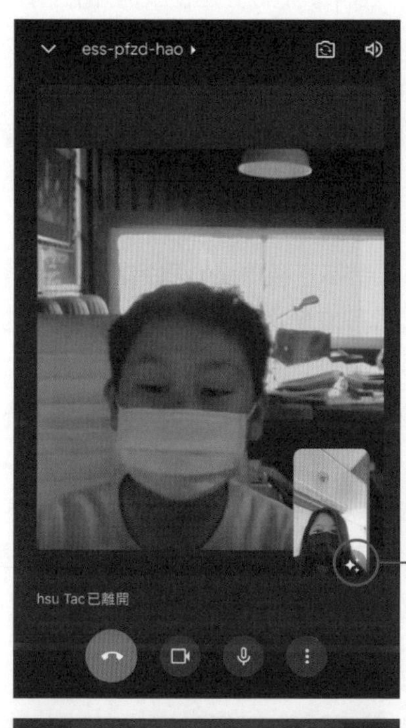

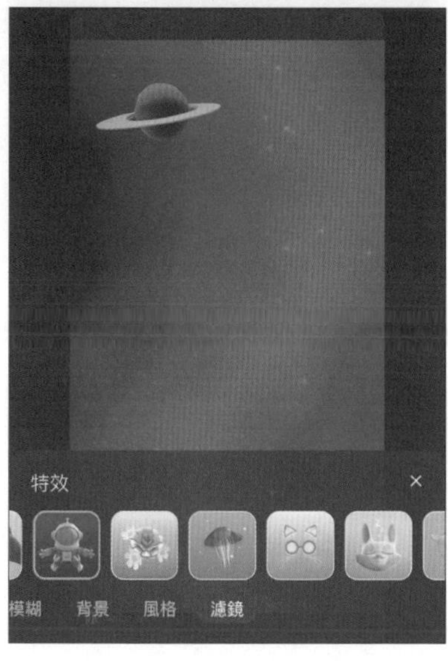

自我評量

選擇題

(　　) 1. 使用Google Meet進行視訊會議時，下列哪項設備一定要有？(A)有安裝瀏覽器軟體的電腦　(B)攝影機鏡頭　(C)麥克風　(D)滑鼠。

(　　) 2. 小桃傳送了「meet.google.com/123-456-789」連結給小怡，請問小怡要輸入哪個代碼，才能順利進入Meet會議中？(A) meet　(B)google.com　(C) 123-456-789　(D) meet.google.com。

(　　) 3. 使用Google Meet進行共享畫面時，無法做到？(A)分享電腦的整個畫面　(B)多人同時分享畫面　(C)分享單個視窗　(D)分享Google Chrome的分頁。

(　　) 4. 下列關於Google Meet的敘述，何者不正確？(A)具有版面配置設定功能　(B)可以變更視訊背景　(C)能邀請多位參與者一同進行會議　(D)可以使用文字訊息功能進行一對一私聊。

(　　) 5. 使用Google Meet時，若要關閉攝影鏡頭時，可以使用下列哪組快速鍵？(A) Ctrl+E　(B) Ctrl+A　(C) Ctrl+S　(D) Ctrl+D。

(　　) 6. 下列關於Google Meet App的敘述，何者不正確？(A)可以視訊變更背景　(B)無法使用Google日曆App安排會議時間　(C)可以分享螢幕畫面　(D)可以關閉攝影鏡頭。

實作題

1. 請使用Google Meet與朋友們進行一場視訊會議，並試試共享畫面、白板、版面配置、變更背景等功能。

CHAPTER 08

影音平台—YouTube

8-1 認識YouTube

YouTube是一個專門提供使用者上傳、觀看與分享影片的影音共享網站，網站上收集了世界各地使用者所上傳的影片，並提供搜尋功能，讓使用者能夠在成千上萬的影片中迅速搜尋到特定的影片。

2005年查德・賀利(Chad Hurley)、陳士駿(Steve Chen)、賈德・卡林姆(Jawed Karim)創辦了影片分享網站「YouTube」。創立時以「Broadcast Yourself」(表現你自己)爲口號，讓使用者可以不限數量的一直上傳影片。

2005年4月23日，創辦人賈德・卡林姆，在YouTube上傳了第一支影片「我在動物園」(Meat the zoo)，而目前該影片仍可在網站上觀看。

8-2 YouTube的使用

在YouTube中，若只是單純想要瀏覽影片，可以不用進行登入的動作，即可在網站中進行搜尋或觀看影片。但若是想要使用YouTube進階的個人化功能(例如：訂閱影片、我的頻道、我的最愛等)，就必須要登入Google帳戶。

8-2-1 搜尋及探索發燒影片

要觀看YouTube中的影片時，可以使用搜尋功能找出想要觀看的影片，只要在搜尋欄位中輸入關鍵字，即可搜尋出相關影片，或是直接點選頁面上方的推薦內容的主題標籤，就會列相關的影片。

YouTube提供了**探索**功能，進入探索頁面後，會有發燒影片、音樂、遊戲、新聞、電影、直播、體育等選項，點選就會列出相關的影片。

其中「**發燒影片**」是YouTube將多數人會感興趣的影片，或熱門的影片列出，例如知名歌手推出的新歌MV、新電影的預告片，或是一夕爆紅的影片。發燒影片在同一國家/地區的所有觀眾都會看到同一份發燒影片清單，YouTube大約每15分鐘會更新一次清單。

8-2-2 字幕設定

觀看影片時，可以隨時將影片的字幕開啓或關閉，除此之外，還可以選擇字幕的語言。YouTube中的影片字幕產生方式大致有二種，一種是影片創作者自行爲影片製作字幕，另一種則是YouTube自動爲影片產生字幕。

要開啓字幕時，將滑鼠游標移至觀看的影片上，下方就會出現工具列，若該影片有支援字幕功能，則會看到按鈕，按下按鈕即可開啓字幕，而按鈕下方就會有一條紅線，表示有開啓字幕，若要關閉字幕，再按下按鈕。

NOTE 若要永遠顯示字幕，可以按下右上角的使用者圖示，於選單中點選**設定**選項，進入設定頁面後，點選左側選單中的**播放與觀影體驗**選項，即可勾選是否要**永遠顯示字幕**及**包含自動產生的字幕(如有)**。

設定
帳戶
通知
播放與觀影體驗
隱私權
已連結的應用程式

打造符合需求的觀影體驗
播放設定僅適用於這個瀏覽器

資訊卡　顯示影片內的資訊卡
字幕　永遠顯示字幕
包含自動產生的字幕 (如有)

當 YouTube 自動爲影片產生字幕時，可以按下⚙**設定**按鈕，於選單中點**字幕**選項，進入字幕選單後，會列出該影片有提供的字幕語言，若想要將該語言翻譯成其他國的語言時，可以點選**自動翻譯**，在選單中就會列出各國語言，直接點選要將字幕翻譯成哪一國語言，系統便會將字幕翻譯成所選擇的語言。

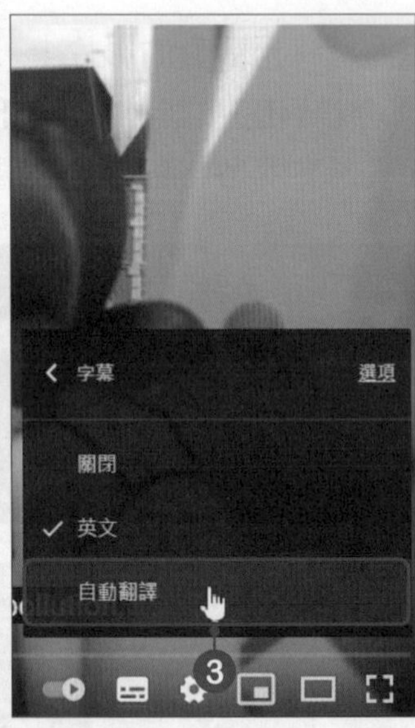

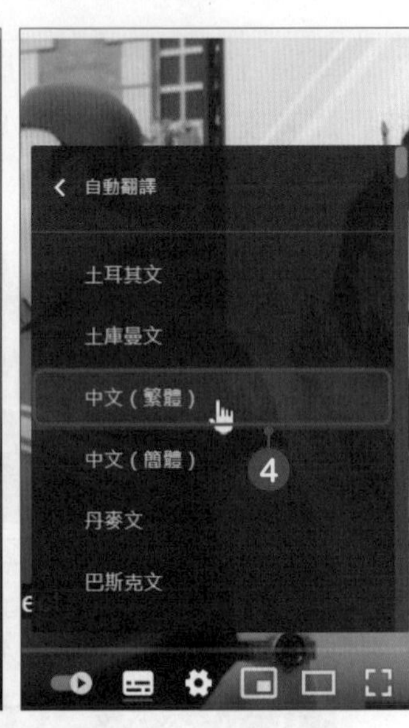

8-2-3 觀看記錄及搜尋記錄

在YouTube中有了觀看或搜尋的行爲時，YouTube就會將這些記錄呈現在YouTube首頁中，所以你會發現，觀看了與美食有關的影片後，在YouTube的首頁、建議影片等位置，就會看到許多與美食有關的推薦影片。

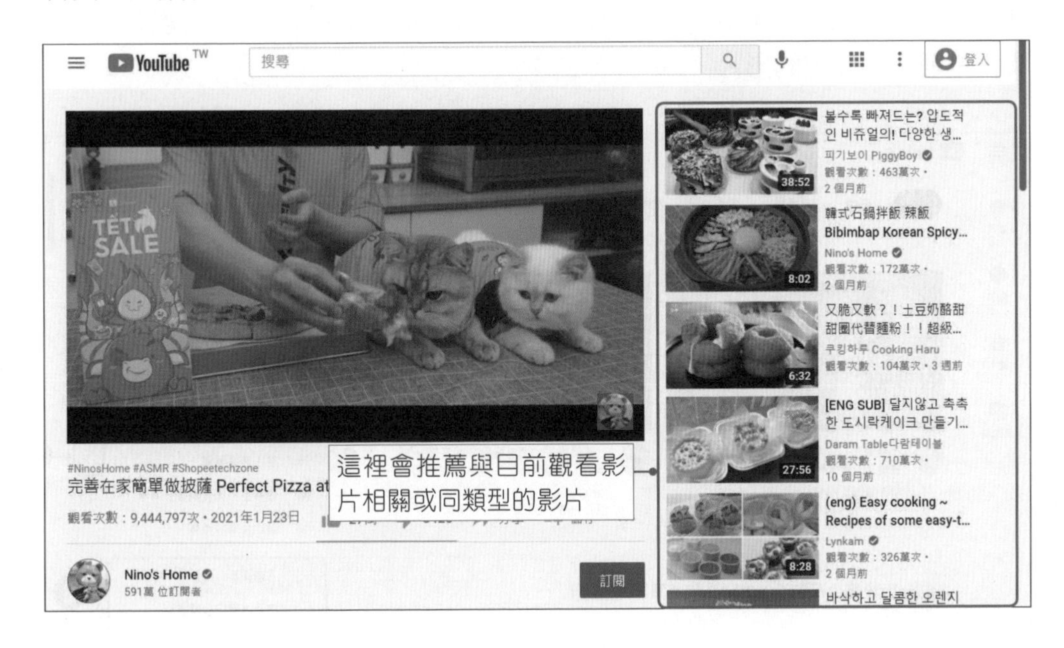

根據觀看及搜尋記錄來推薦影片，雖然很貼心，但有時又不想看到太多相關的影片時，可以暫停觀看及搜尋記錄，或是清除記錄，這樣YouTube就會重新評估要推薦的影片類型。

要移除推薦影片時，按下影片上的⋮**更多**按鈕，開啓選單後，點選**不感興趣**或**不要推薦這個頻道**選項，點選前者會將影片從頁面中移除；點選後者就不會再推薦這個頻道的影片。

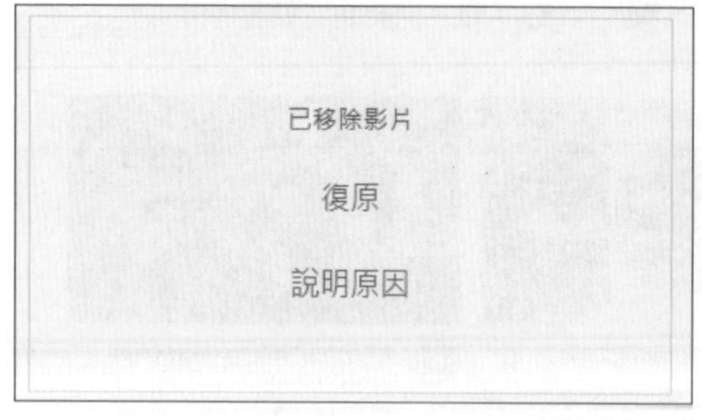

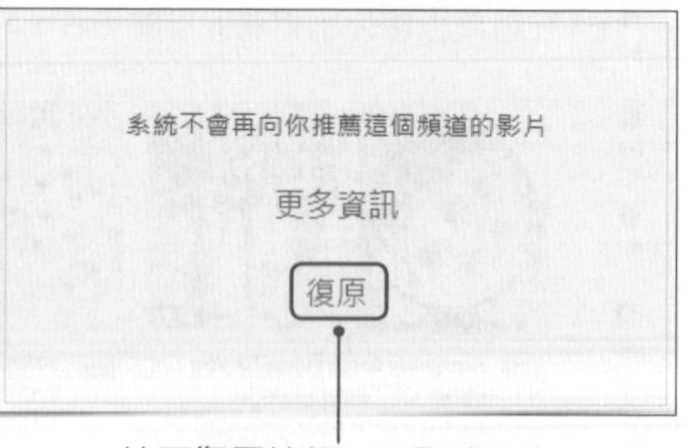

按下**復原**按鈕，可取消動作

NOTE 在Google Chrome的瀏覽及搜尋記錄，也會影響YouTube首頁及建議影片的推薦內容喔。

8-2-4 待播清單與稍後觀看

在YouTube中使用搜尋功能可以找出想要觀看的影片，如果喜歡某個影片，還可以將該影片加入「**待播清單**」或是儲存至「**稍後觀看**」清單中，日後便可以很方便地瀏覽與管理。

將影片加入待播清單

當影片看完後會自動播放推薦影片，當然也可以使用「**待播清單**」來建立一次性播放清單，讓影片按照順序播放。不過，當關閉播放器時，系統會清空該份播放清單，若之後還想繼續觀賞，那麼建議將影片儲存至「**稍後觀看**」播放清單中。

STEP01 將滑鼠停留在影片縮圖上，在右上角就會顯示**稍後觀看**及**加入待播清單**兩個按鈕，點選按鈕，會開啓**迷你播放器**觀看影片。

STEP02 使用**迷你播放器**觀看影片時，還可以同時瀏覽YouTube網站，此時還可以再將想要觀看的影片繼續加入待播清單中。

STEP03 在**迷你播放器**中會顯示待播清單的影片數，按下**待播清單**連結，就會開啓要待播的影片清單。

STEP04 若要移除清單中的影片，按下⋮**更多**按鈕，點選**從播放清單中移除**選項。

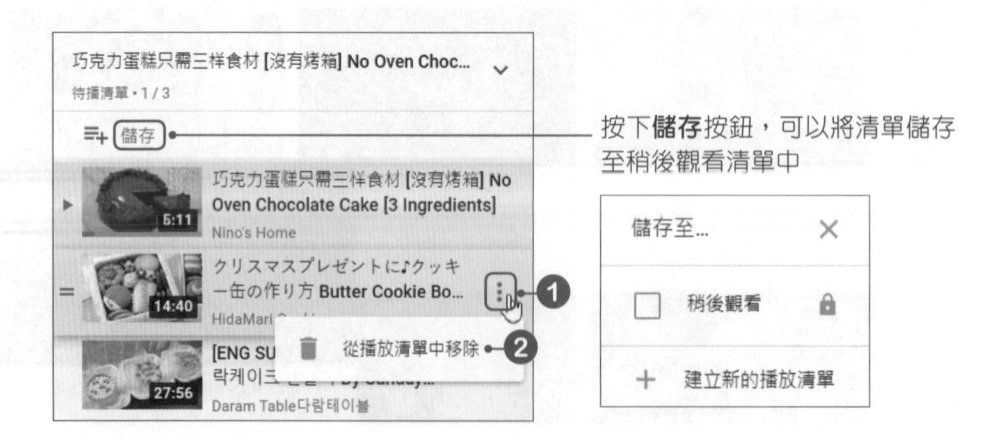

STEP05 若要展開**迷你播放器**，只要按下影片左上角的**展開**按鈕，即可將畫面轉換爲整個視窗。

STEP06 若按下影片右上角的 ✕ **關閉**按鈕，表示要關閉**迷你播放器**，此時會顯示**待播清單將會清空**的訊息，若還想繼續播放按下**取消**按鈕；若不想播放了，按下**關閉播放器**按鈕即可。

將影片儲存至稍後觀看清單

「**待播清單**」可以建立一次性播放清單，但卻不能保留，若要隨時都能觀看，那麼就要將影片儲存至「**稍後觀看**」清單中。

STEP01 建立稍後觀看清單時，只要在影片縮圖的右上角按下**稍後觀看**按鈕即可，也可以在觀看影片時，按下**儲存**按鈕，將影片加入稍後觀看清單中。

STEP02 開啓儲存至對話方塊後，將**稍後觀看**勾選，再按下 ✕ **關閉**按鈕，即可完成加入的動作。

STEP03 要繼續觀看加入**稍後觀看**清單中的影片時，按下☰選單鈕，於選單中點選**稍後觀看**選項，或是進入**媒體庫**中點選**稍後觀看**選項，即可進入頁面中。

媒體庫裡記錄著你的觀看記錄、影片、稍後觀看及喜歡的影片等清單

STEP04 在**稍後觀看**頁面中，列出了所有加入的影片。在此頁面中可以重新編排影片順序、移除影片，或是將影片加入待播清單中。

8-2-5 訂閱頻道

在YouTube中，每一個帳戶都有自己的頻道，上傳的影片都會存放在該頻道內，當使用者訂閱了該頻道，則該頻道只要有更新影片，訂閱者都能觀賞到。要訂閱頻道時，只要進入該頻道或影片中，按下**訂閱**按鈕即可。

訂閱好後，在**訂閱內容**清單中，便會列出所有影片。

若要查看或取消訂閱時，按下**管理**按鈕，即可進入訂閱項目的設定頁面。要取消訂閱時，按下**已訂閱**按鈕，即可取消訂閱該頻道。若頻道每次推出新影片時，想要立即接收到通知，可按下🔔**小鈴鐺**按鈕，在預設下是**個人化通知**，系統會自動傳送通知，告知該頻道值得關注的消息；若要接收所有的通知時，則可以設定爲**全部**。

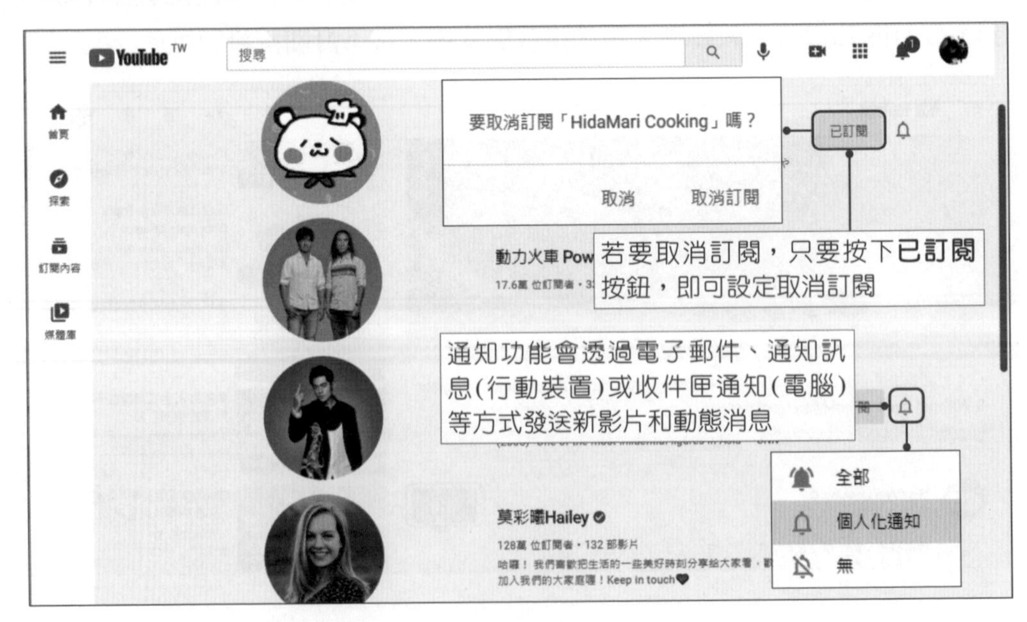

8-3 上傳、分享及直播影片

只要擁有Google帳戶，就都能在YouTube中進行影片上傳、分享及直播，而要進行這些動作時，都需要先登入喔！

8-3-1 上傳影片

YouTube可上傳的影片檔案格式有：.MOV、.MPEG-1、.MPEG-2、.MPEG4、.MP4、.MPG、.AVI、.WMV、.MPEGPS、.FLV、3GPP、WebM、DNxHR、ProRes、CineForm、HEVC (h265)等。

YouTube在預設下，每日可上傳的影片數爲**15部**，而影片的時間長度上限爲**15分鐘**，但有通過驗證的帳戶，則沒有上傳數量及15分鐘的限制，但上傳影片時，檔案大小不得超過**256 GB**或片長不得超過**12小時**。

至於影片的解析度並沒有特別限制，從240p到2160p (4K)都可以，建議解析度至少要是720p或1080p，而影片的尺寸最好是16:9格式，若不是這個格式，YouTube會進行處理，可能會在影片的四周會有黑色的框框，讓畫面變成16:9的格式。

以上相關事項都了解後，接著就來看看該如何上傳影片吧！

STEP01 登入YouTube後，按下右上角的 按鈕，於選單中點選**上傳影片**。

STEP02 按下**選取檔案**按鈕，於電腦中選擇要上傳的影片，選取好後按下**開啓**按鈕，便會將影片上傳至YouTube。

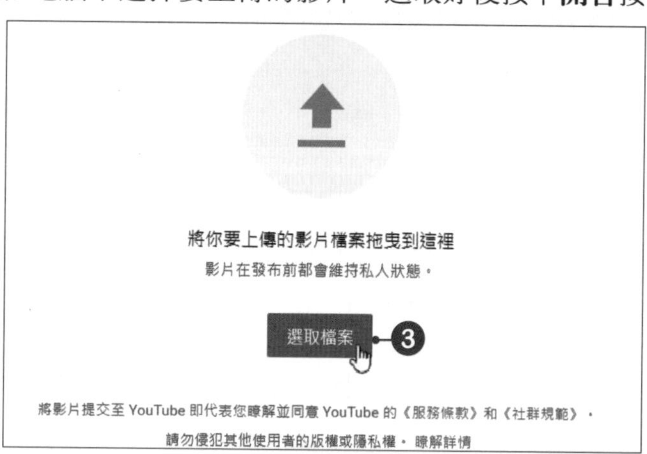

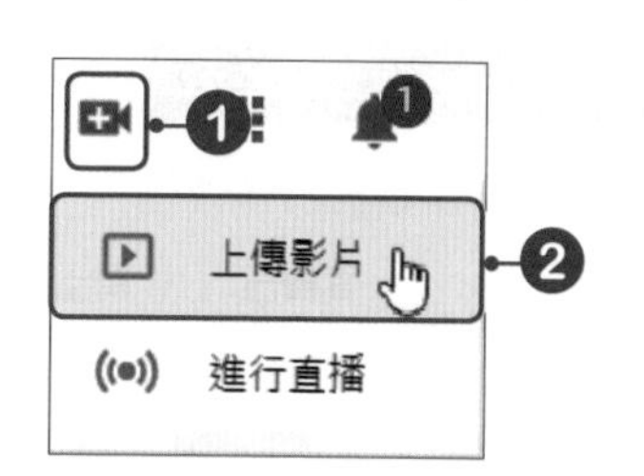

STEP03 影片上傳完成後，即可設定影片的標題、說明、縮圖等。

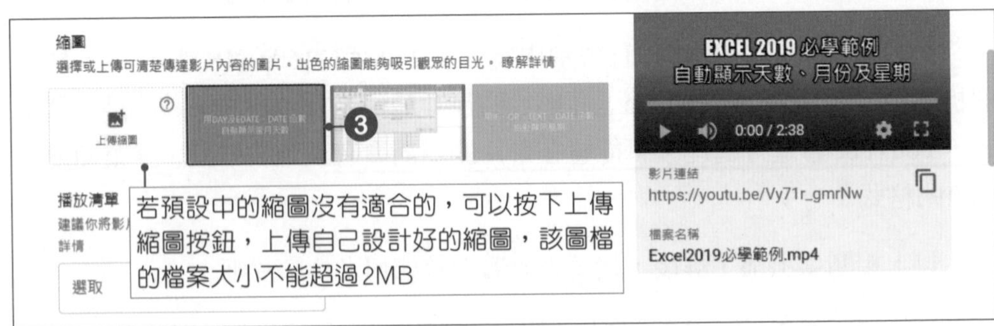

STEP04 繼續設定目標觀眾及年齡限制。

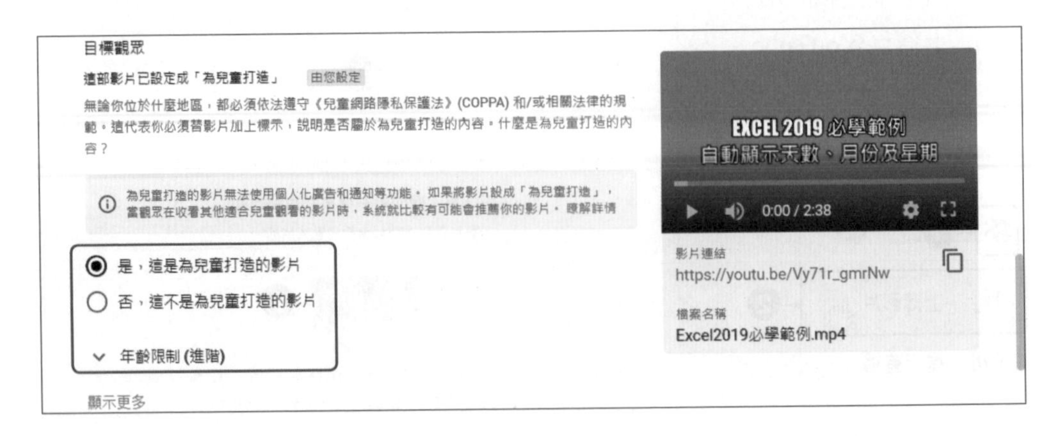

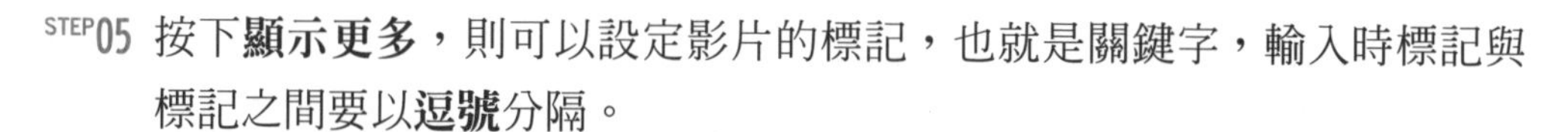

STEP 05 按下**顯示更多**，則可以設定影片的標記，也就是關鍵字，輸入時標記與標記之間要以**逗號**分隔。

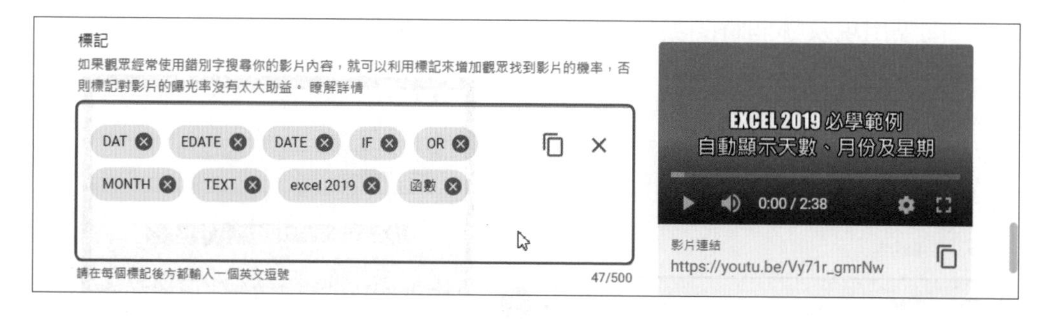

STEP 06 接著設定授權方式及發布平台，都設定好後按**下一步**按鈕。

STEP 07 接著設定影片元素，若要為影片加上字幕，在新增字幕選項中，按下**新增**按鈕。

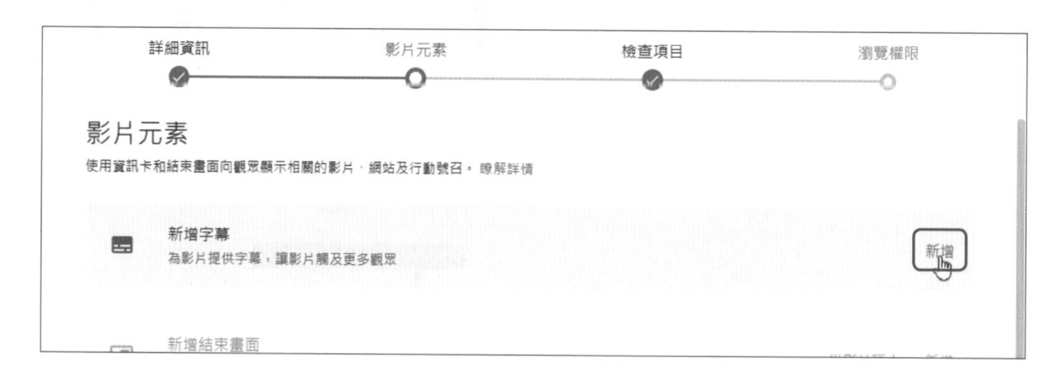

STEP08 接著選取要新增字幕的方式，這裡要用手動方式輸入，所以按下**手動輸入**，進入手動輸入模式後，即可輸入字幕文字，並設定字幕要在哪個時間點出現及哪個時間點結束。

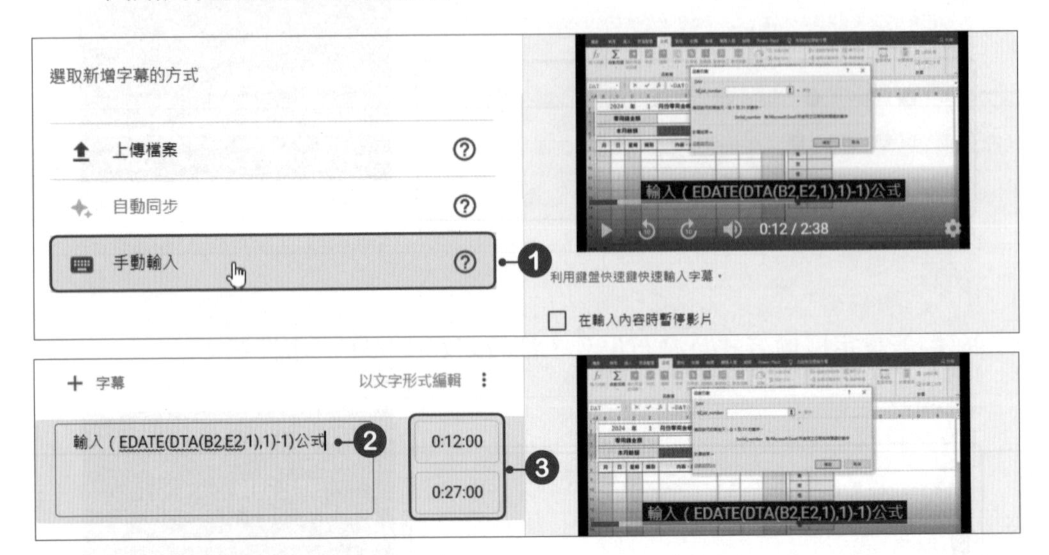

STEP09 第一個字幕設定好後，若還要再設定第二個字幕，只要按下**+字幕**，即可繼續設定第二個字幕。設定時，影片及下方的時間軸中會顯示我們所設定的字幕。字幕都設定好後按下**完成**按鈕，回到上傳影片的步驟。

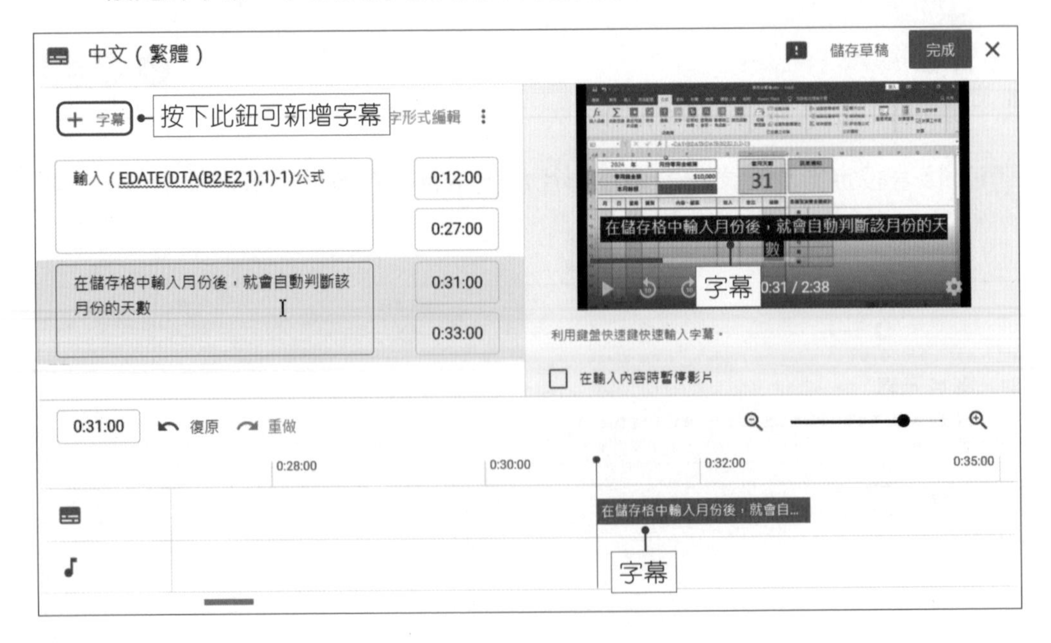

STEP10 回到影片元素步驟畫面後，按**下一步**按鈕。

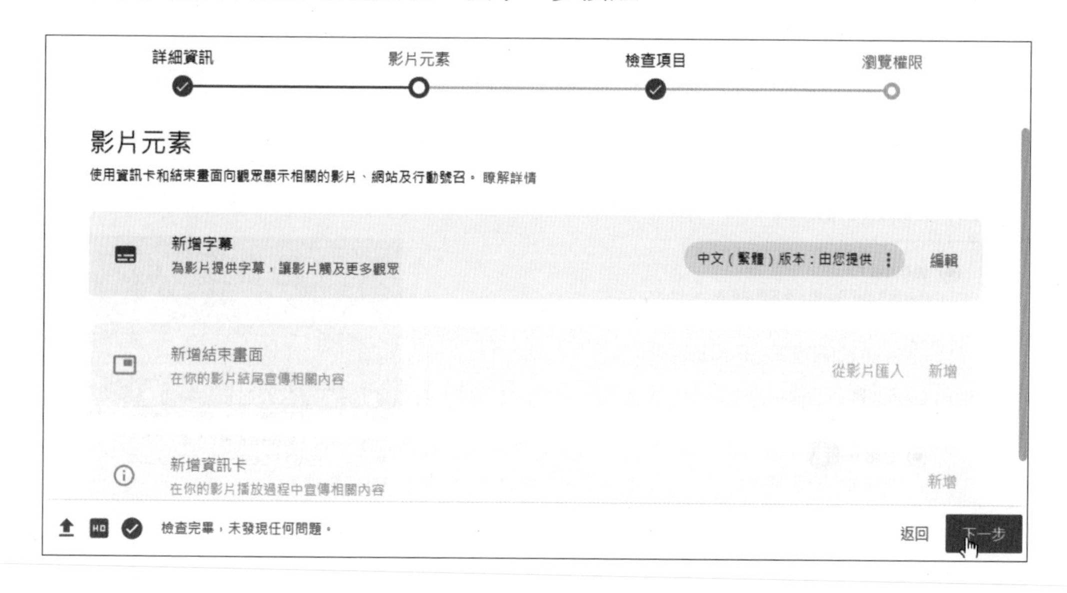

STEP11 進入檢查項目步驟後，會告知發布前會檢查影片是否有版權的問題等，這裡可以直接按**下一步**按鈕。

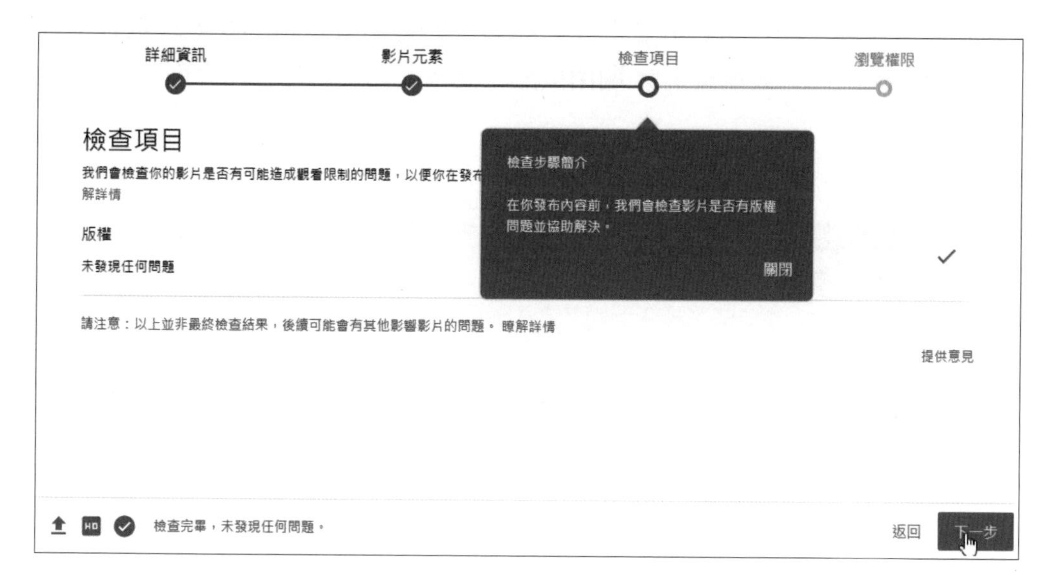

STEP12 最後設定瀏覽權限，設定好後按下**發布**按鈕。

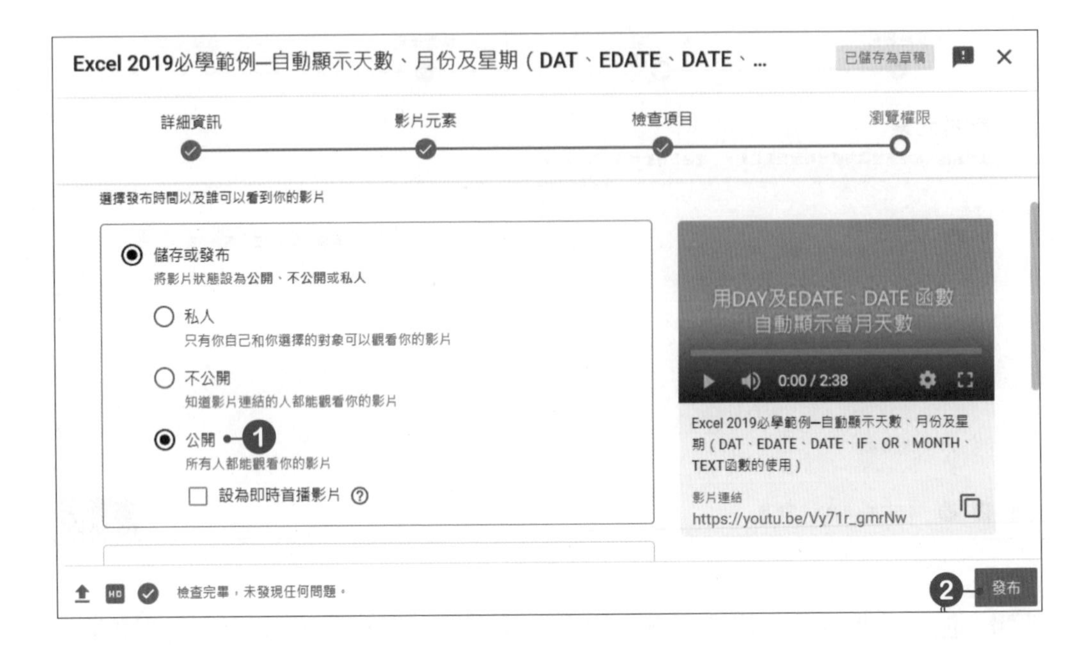

STEP13 發布好後，即可透過分享功能將該影片的連結分享給朋友，或是分享至社群網站中。最後按下✕**關閉**按鈕，便會回頻道影片管理介面。

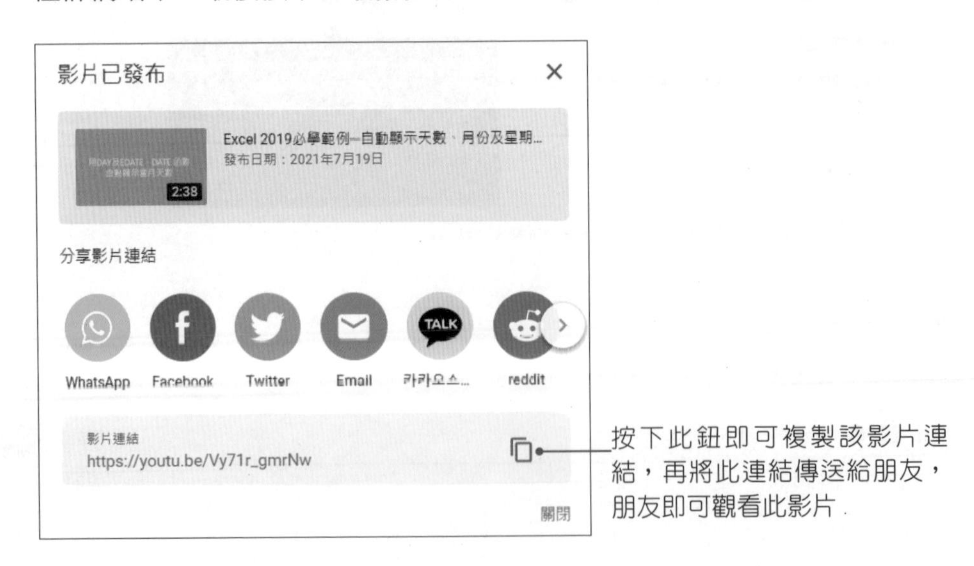

STEP14 在已上傳的影片中會列出所有影片，若要編輯影片資訊，只要點選該影片即可。

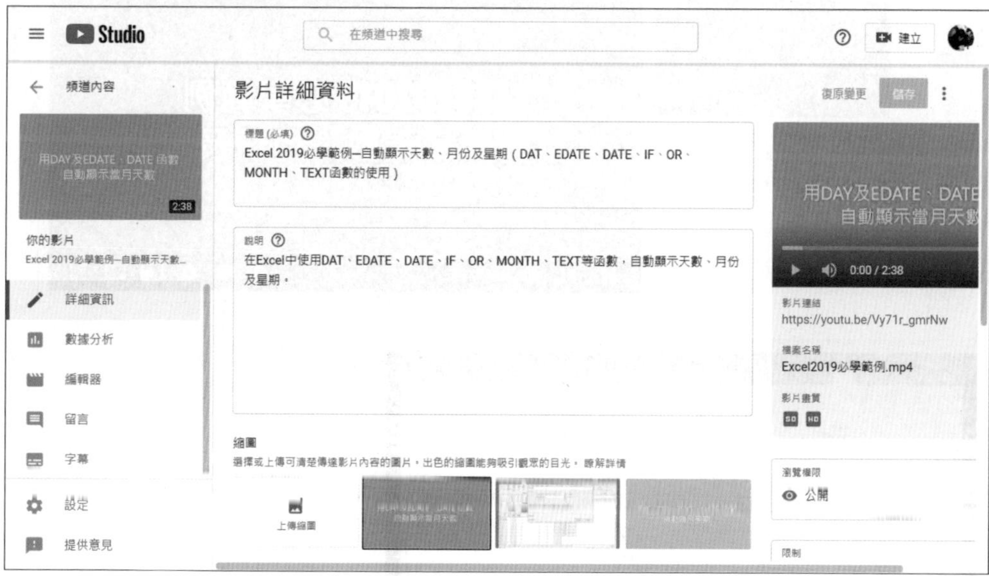

8-3-2 你的頻道

上傳的影片都會列表於「**你的頻道**」中，只要按下右上角的使用者圖示，於選單中點選**你的頻道**，即可進入個人頻道的頁面，這裡會列出所有上傳的影片，在頻道中點選要播放的影片，即可進行播放。

按下**字幕**按鈕，可以開啟影片的字幕，該影片就會顯示字幕

8-3-3 直播影片

除了上傳影片，在YouTube中還可以進行直播，可以透過直播和聊天室功能，與觀眾即時互動交流。不過，若要使用行動裝置進行直播，那麼頻道的訂閱人數必須超過1,000人，而少於1,000人的頻道只能透過電腦進行直播。

進行直播時，電腦必須配有網路攝影機，還必須經過驗證，才能啓用直播功能，這些手續都完成後，還要等24小時後，直播功能才能正式啓用。

STEP01 登入YouTube後，按下右上角的 按鈕，於選單中點選**進行直播**。

STEP02 若尚未啓用直播功能，會顯示目前無法使用，這裡請按下**啓用**按鈕，會顯示使用權限訊息，按下**驗證**按鈕，進行驗證的步驟。

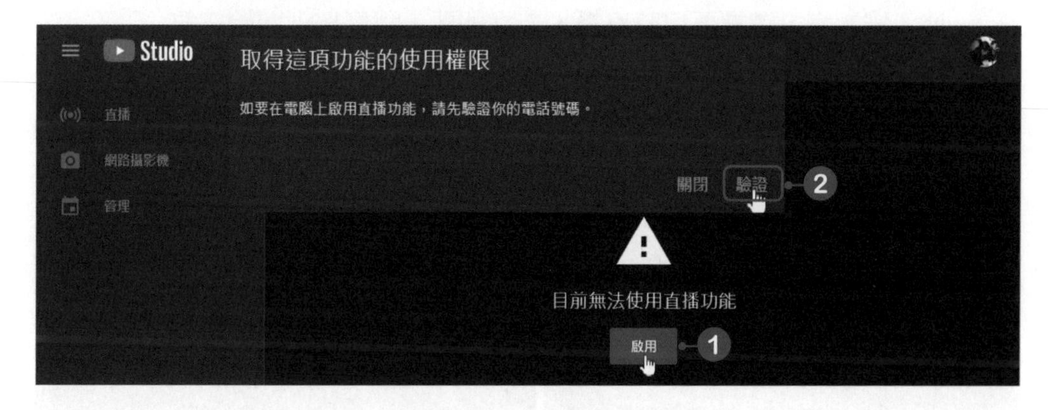

STEP03 進入電話驗證步驟後，選擇要如何提供驗證碼，若選擇透過簡訊傳送驗證碼的話，請輸入電話號碼，再按下**取得驗證碼**按鈕，就會將驗證碼傳送至你所輸入的電話號碼。

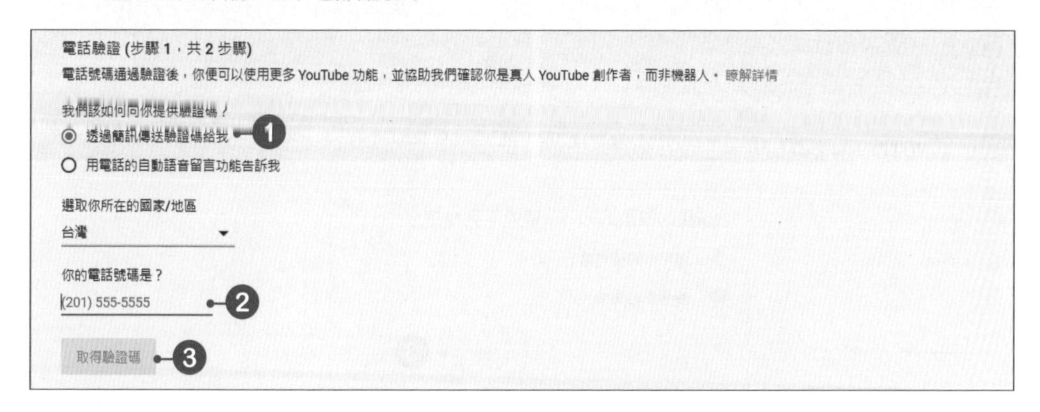

STEP04 收到驗證碼後，輸入驗證碼，輸入好後按下**提交**按鈕，完成驗證。

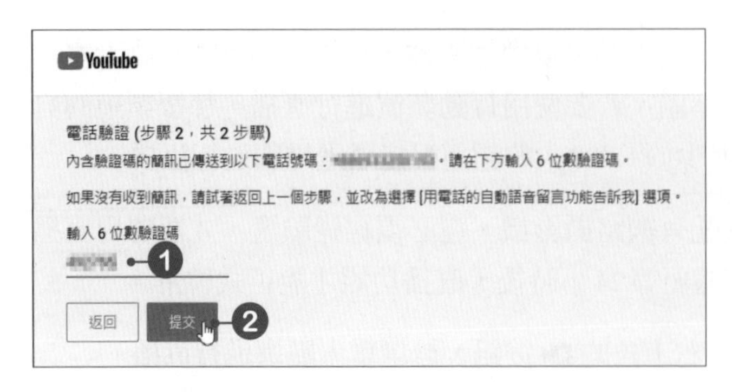

STEP05 完成驗證後(24小時)，按下右上角的 按鈕，於選單中點選**進行直播**，進入控制室，選擇要何時直播，若立即要，那麼按下**開始**按鈕。

STEP06 接著選擇要使用的直播方式，選擇好後按下**開始**按鈕。

STEP07 接著會要求麥克風、網路攝影機的使用授權，這裡請按下**允許**按鈕。

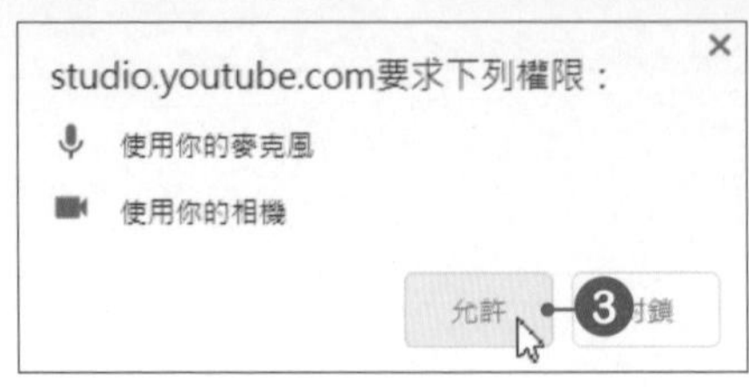

STEP08 進入網路攝影機直播資訊頁面後，進行直播的主題、是否公開、是否爲兒童打造等設定，都設定好後按下**繼續**按鈕。

STEP09 進入直播畫面後，YouTube 會自動使用網路攝影機幫該影片擷取縮圖，若不滿意的話可以將滑鼠游標移至畫面上，按下**重新擷圖縮圖**，或**上傳自訂縮圖**，即可重新設定縮圖。

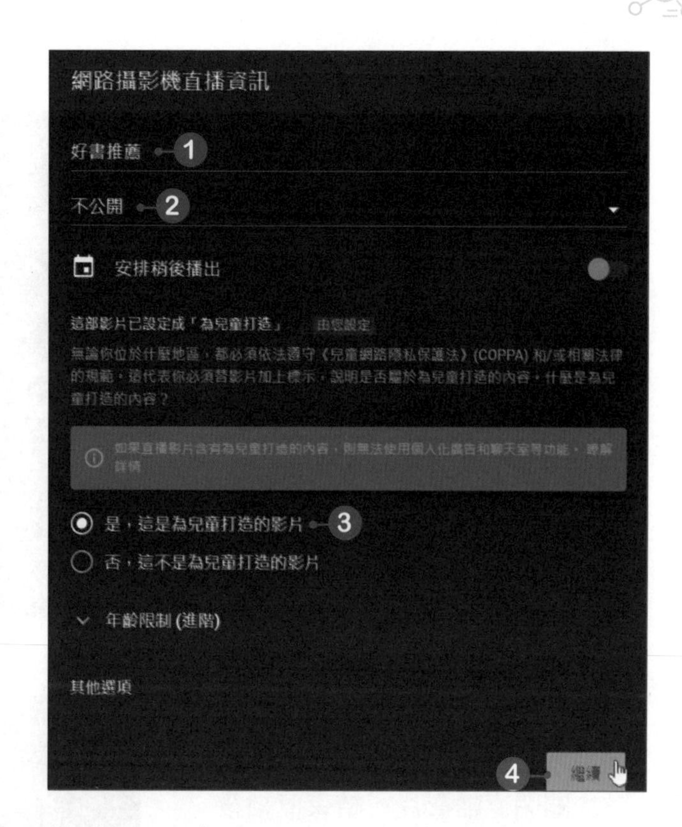

STEP10 都設定好後，按下**進行直播**按鈕，即可開始直播。

STEP11 直播時，可以按下**分享**按鈕，來分享直播影片。

STEP12 要結束時，按下**結束直播**按鈕，再按下**結束**按鈕，即可關閉直播影片。結束直播後會列出該影片的相關數據。

NOTE 直播的興起，讓人人都可以化身為網紅，但也導致了許多亂像發生，例如：直播主為吸引人氣，故意穿著裸露、公然辱罵挑釁、在鏡頭前公然抽菸喝酒等脫序行為，進而衍生出社會治安事件。身為閱聽者的我們，應加強自身的媒體識讀素養，要有判斷資訊真偽是非及過濾的能力，對於以羶色腥內容搏取關注的直播節目，應該要拒看，才能有效遏止這股直播歪風。

8-3-4 影片數據分析

若想要了解自己上傳的影片觀看次數、觸擊率、觀眾群等資訊時，只要按下右上角的使用者圖示，於選單中點選**YouTube工作室**，即可進入頻道資訊主頁中，按下**數據分析**選項，即可查看該影片的相關資料。

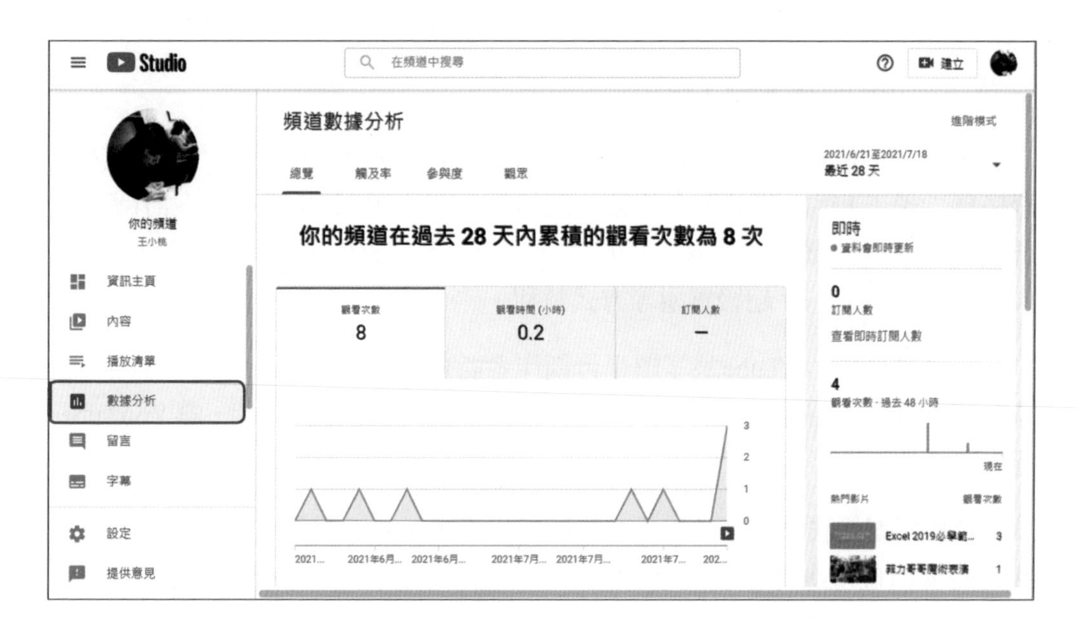

8-4 經營YouTube頻道

越來越多人透過YouTube平台提供娛樂或知識內容影片，並在YouTube上經營自己的頻道，而成為YouTuber。本節將簡單說明什麼是YouTuber及經營頻道。

8-4-1 YouTuber

YouTuber是近年來快速竄紅的新興職業，主要是在自己的YouTube頻道上分享影片，藉由高點閱率引起廣告商注意，進而下廣告或贊助，再從中獲得收入，而以此種方式營利維生的頻道主，即稱之為**YouTuber**。

目前全世界訂閱人數最多的YouTube頻道是「T-Series」，該頻道專門播放印度音樂和電影。在臺灣著名的YouTuber有：這群人TGOP、大蛇丸、阿滴英文、阿神、The DoDo Men - 嘟嘟人等。對YouTuber數據有興趣的話，可以至「socialblade」數據監控網站，查詢即時統計數字(https://socialblade.com/youtube/)。

8-4-2 頻道營利方式

在YouTube中若要靠影片營利，可以加入YouTube合作夥伴計劃，加入的資格為：過去1年內的公開影片觀看時數須超過4,000個小時，頻道訂閱人數須超過1,000人。審核通過後，即可透過**廣告**、**頻道會員**、**商品專區**(頻道訂閱人數須超過1萬人)、**超級感謝**等方式營利。

頻道會員是YouTube為了讓平台創作者能有更多元的收入來源，推出的會員訂閱制度，粉絲能透過每個月付款來支持他們喜愛的創作者，讓YouTuber能賺取額外收入，而YouTube則會從每月訂閱的收入中抽取分潤。

超級感謝是讓觀看影片的粉絲贊助創作者，以表達對創作者的支持，目前共有四種價位，選擇了贊助金額後，粉絲會在留言區看到動畫，還會以醒目的方式顯示留言，讓看到留言的創作者能即時回應。

8-5 YouTube App的使用

在電腦或行動裝置上使用YouTube時，只要使用同一組帳戶登入，所有的瀏覽記錄、訂閱的頻道、上傳的影片等都會同步更新。

8-5-1 下載YouTube App

若使用Android系統的行動裝置，可以至Google Play下載，或是直接用行動裝置掃描本書所提供的QR Code，進行下載及安裝。

若使用iOS系統的行動裝置，可以至App Store下載，或是直接用行動裝置掃描本書所提供的QR Code，進行下載及安裝。

Android

iOS

8-5-2 上傳行動裝置中的影片

在行動裝置中使用YouTube時，與在電腦上使用方法大致相同。這裡就來看看如何上傳行動裝置中的影片，並將影片透過其他應用程式分享給朋友。

STEP01 進入YouTube App並登入，再點選⊕按鈕，於選單中點選**上傳影片**。

STEP02 第一次使用會先出現允許存取的訊息，這裡請直接點選**允許存取**，接著會要求取用照片，這裡請設定爲允許取用，便會列出裝置中的所有影片，直接點選要上傳的影片，進入影片後點選**下一步**按鈕。

STEP03 接著新增影片的詳細資料，新增完後點選**下一步**按鈕，選擇目標觀眾，都設定好後點選**上傳**按鈕。

STEP04 上傳完成後，按下右上角的使用者圖示，點選**你的頻道**，或點選**媒體庫**分頁，再點選**你的影片**，即可看到剛剛上傳的影片，點選該影片即可播放。

STEP05 若要編輯或刪除影片，按下 ⋮ **更多選項**按鈕，開啓選單後，即可點選要進行的動作。

STEP06 播放影片時，可以點選**分享**，就可以透過複製連結或其他應用程式將影片分享給朋友。

8-5-3 製作Short影片

Short是YouTube推出的短影片服務，除了可以觀看他人上傳的短影片外，還可以自行創作短影片，創作時可以搭配音樂、控制播放速度快慢等，以創作出不同風格的短影片。短影片具有可新增文字、自動新增字幕、錄製時間最多60秒(預設為15秒)、可加入行動裝置中的照片、可使用濾鏡特效等功能。

在YouTube App中點選**Shorts**分頁，即可看到使用者分享的短影片，觀看時可以針對該影片點選**喜歡**或**不喜歡**；點選**留言**則可以觀看所有的留言；點選**分享**則可以透過其他應用程式將影片分享給朋友。

進入留言頁面後即可看到所有的公開留言

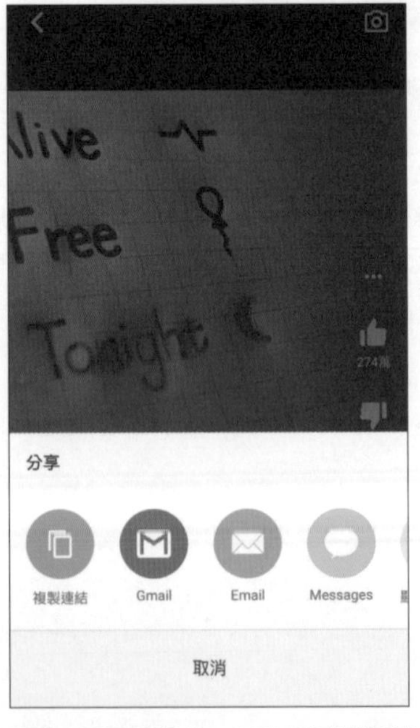

開啟分享選單後，可以點選**複製連結**將連結分享給朋友，或是**Email**、**Messages**方式分享

除了觀看他人的Short影片，也可以自行製作喔！

STEP01 進入YouTube App並登入，再點選⊕按鈕，於選單中點選**製作Short**。第一次使用會要求允許存取相機、麥克風等，這裡請都設定爲允許存取。

STEP02 都設定好後就會進入錄製的狀態，在錄製前，可以點選**新增音樂**，選取YouTube提供的音樂；點選**速度**設定影片的播放速度，都設定好後點選**計時器**，設定倒數計時時間，倒數完後即可開始錄製影片。

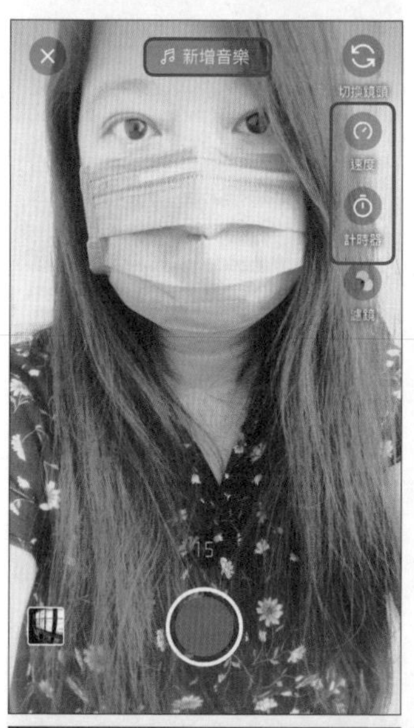

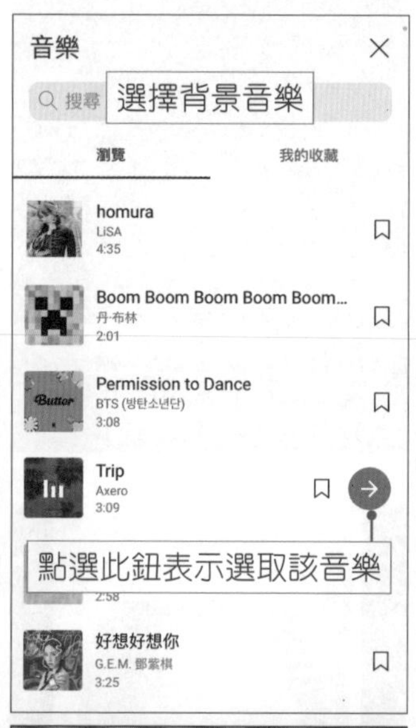

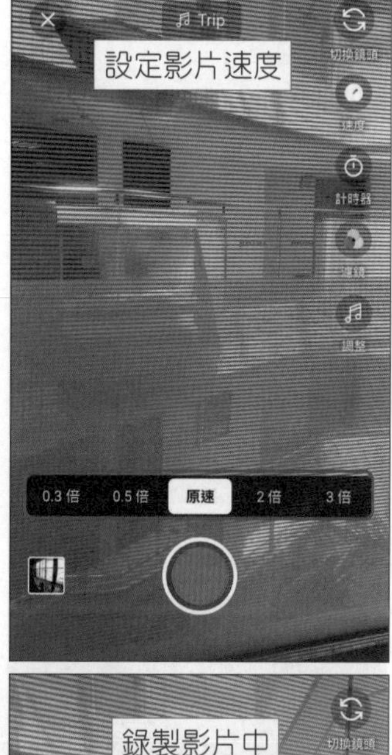

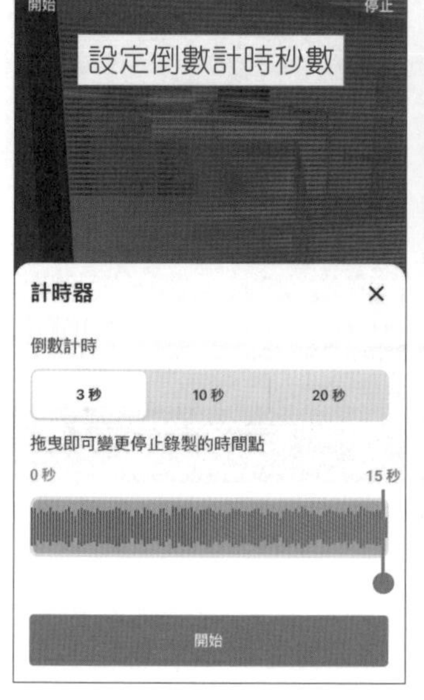

STEP03 錄製完成後，還可以幫影片進行音訊的調整、加入文字、時間軸調整及套用濾鏡等。都設定好後，點選**下一步**按鈕。

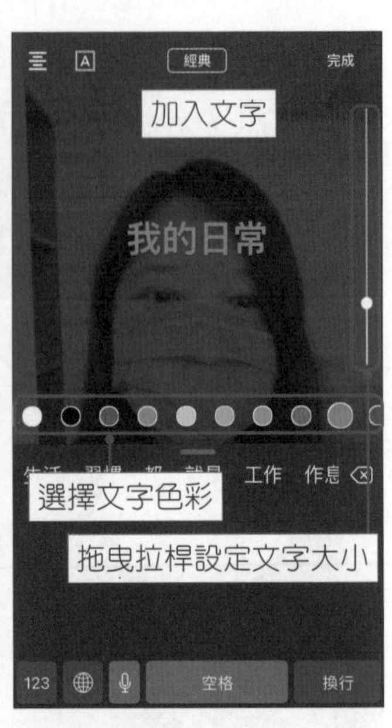

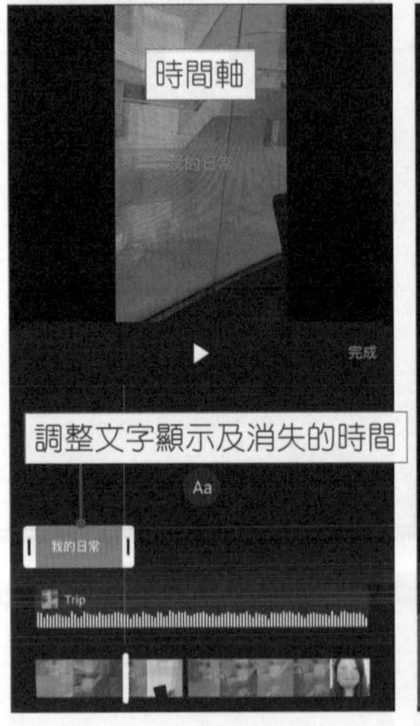

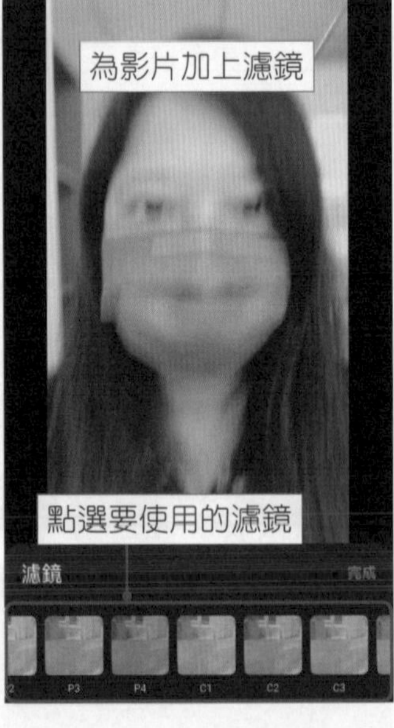

STEP04 最後幫影片加上標題、設定是否公開、選擇目標觀眾，都設定好後點選**上傳**按鈕，將製作好的影片上傳。

STEP05 上傳完成後，在**你的影片**中即可看到該影片，點選影片即可播放。

選擇題

( )1. 小桃想要上網觀看動力火車最近發行的新專輯MV，下列哪個網站比較符合她的需求呢？(A) Spotify (B) YouTube (C) Google Map (D) Gmail。

( )2. YouTube是影音分享平台，能接受上傳的檔案格式不包括下列哪一項？(A) PNG (B) AVI (C) MOV (D) MP4。

( )3. 在YouTube中的影片可經由以下哪種方式分享？(A) Facebook (B) 電子郵件 (C) Twitter (D) 以上皆可。

( )4. 小桃想要在YouTube中經營頻道，並透過頻道賺取收入，請問小桃要達到下列哪項門檻，才有資格賺取廣告費？(A)達到10位追蹤者 (B)達到100位追蹤者 (C)達到1,000位追蹤者 (D)達到10,000位追蹤者。

( )5. 在YouTube App中，下列關於Short影片的敘述，何者不正確？(A)錄製時間最多30秒 (B)提供濾鏡特效 (C)可以加入文字 (D)可以加入音樂。

實作題

1. 請至Socialblade.com網站，查看臺灣前10名的YouTube頻道，看看他們的訂閱人數、總觀看次數及影片數量，並說說你對他們的看法。

CHAPTER 09

網站建置—協作平台

9-1 認識Google協作平台

Google協作平台(Google Sites)是一個讓任何人都架設網站及設計網頁的工具，非常適合於企業及團隊內部合作時使用，或是架設個人網頁，因爲協作平台可以輕鬆共用(包括影片、日曆、簡報、表單、附件和文字等)資料。

Google協作平台還支援**響應式網頁設計**(Responsive Web Design, RWD)技術，不管使用的是電腦、平板或行動裝置進行瀏覽時，都能得到最佳顯示效果。

所謂的**響應式網頁設計**(又稱適應性網頁、自適應網頁設計、回應式網頁設計、多螢網頁設計)是一種可以讓網頁內容隨著不同裝置的寬度來調整畫面呈現的技術，而使用者不需要透過縮放的方式瀏覽網頁，進而提升了畫面的最佳視覺體驗及使用介面的親和度。

RWD網頁設計主要是以**HTML5**的標準及**CSS3**中的**媒體查詢**(Media Queries) 來達到，讓網頁在不同解析度下瀏覽時，能自動改變頁面的布局，解決了智慧型手機及平板電腦瀏覽網頁時的不便。

NOTE HTML 5是WHATWG(Web Hypertext Application Technology Working Group)團體所制定的，相較於原本的HTML標準，HTML 5最大的特色在於提供許多新的標籤與應用，將原本屬於網際網路外掛程式的特殊應用，透過標準化規範，加入至網頁標準中，用以減少瀏覽器對於外掛程式的需求。

9-2 建立Google協作平台

Google協作平台是以階層式來呈現，從首頁開始製作，再往下製作子網頁，子網頁下可以再有子網頁，且網頁除了可以插入一般文字及圖片外，其他像是檔案、YouTube影音、日曆、地圖、Google文件等各種檔案，都可以直接插入頁面，在使用上非常方便。

9-2-1 啟用Google協作平台

要使用協作平台時，只要進入Google Sites網站(https://sites.google.com/new)，使用Google帳戶登入，就可以開始建立協作平台。

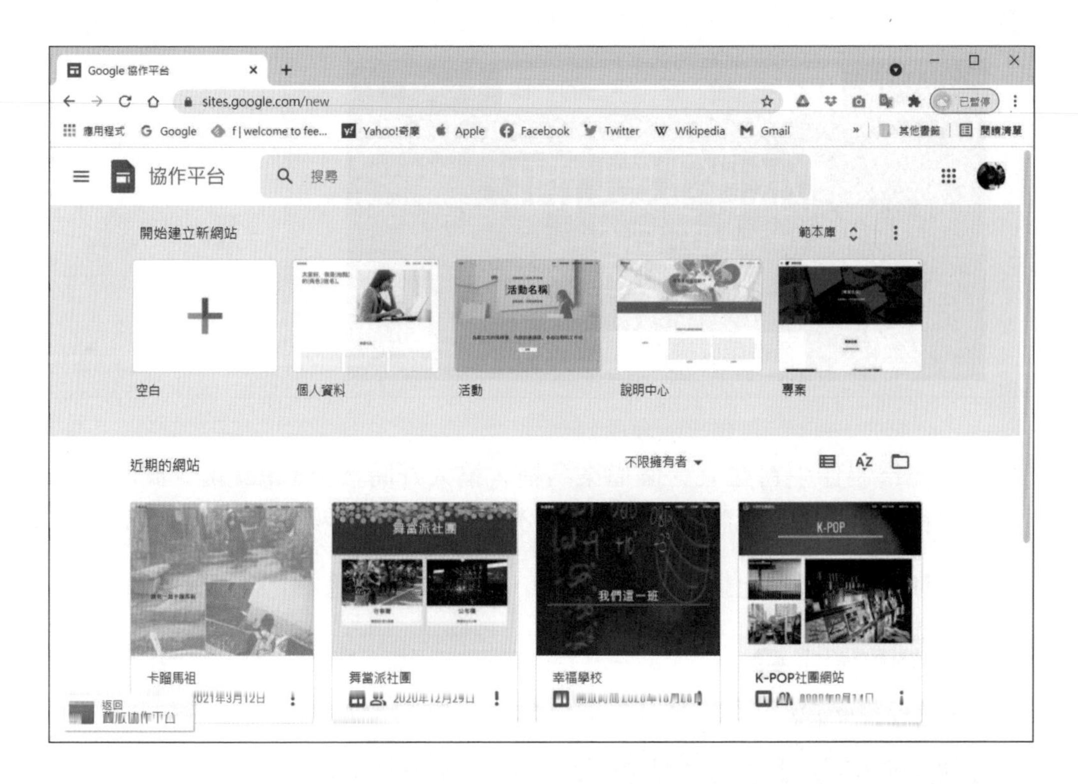

因協作平台已整合至雲端硬碟中，所以要建立協作平台時，也可以先進入雲端硬碟，再按下「**新增→更多→Google協作平台**」選項，即可開始使用協作平台。

9-2-2 建立網頁

建立網頁時，可以自行設計網頁頁面，或是直接使用範本製作網頁，讓製作網頁更輕鬆。

STEP01 進入協作平台後，按下**空白**，就會進入建立空白首頁的頁面。在最上方可以建立協作平台的**檔案名稱**，此檔案會自動新增到雲端硬碟中，且在編輯過程中都會自動儲存每一個變更；左上角的「**輸入網站名稱**」則是用來建立**協作平台名稱**，此名稱會顯示於標頭、網頁版或行動版的**視窗標題列**中；中間的文字區域則是頁面標題，此標題會顯示在**頁面頂端及導覽選單**中。

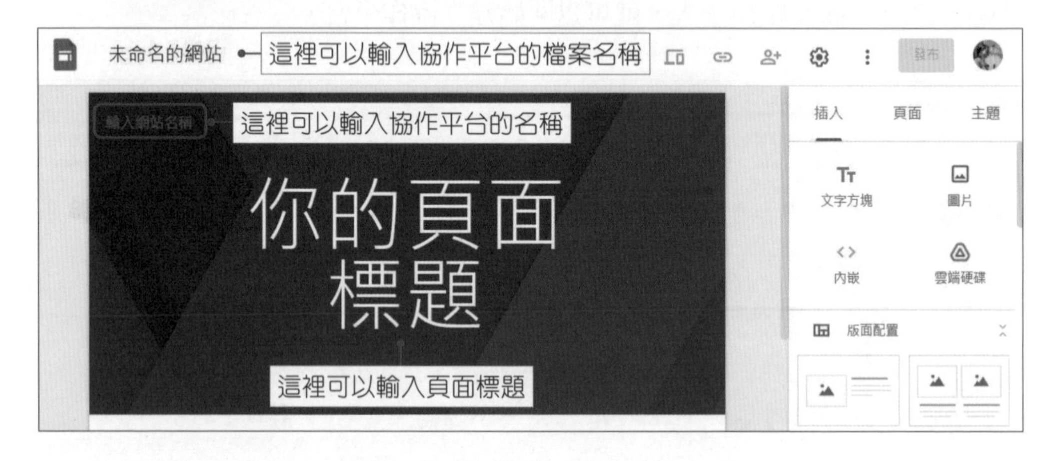

STEP02 首先為協作平台建立一個檔案名稱，輸入好時按下**Enter**鍵，此時網站名稱會自動顯示為該檔案名稱，若不想使用相同名稱時，可以自行修改。

STEP03 於**你的頁面標題**上按一下**滑鼠左鍵**，輸入頁面標題，中英文皆可。

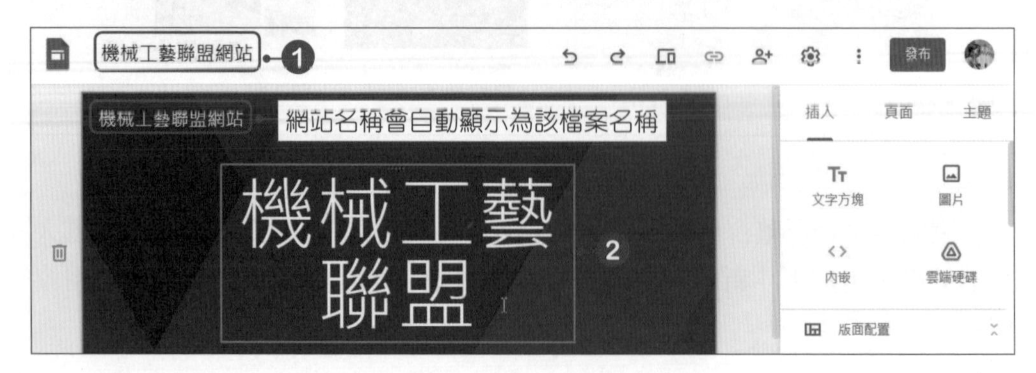

9-3 版面設計

協作平台建立完成後，即可進行網頁的版面設計，在網頁上的元件都是可以修改及調整的，這節就來看看該如何進行。

9-3-1 套用主題

Google協作平台提供了**主題**功能，讓我們可以直接套用，且每款主題都預設了背景、配色和字型等選項。

STEP01 點選右側選單的**主題**標籤，選擇要套用的主題。

STEP02 點選後即可再自行設定配色方式，按下**字型樣式**則可以選擇要使用的字型。

9-3-2 更換橫幅背景圖片

網站中的橫幅背景圖片可自行依需求進行更換，可以使用協作平台所提供的圖片，或是上傳自己準備的圖片。

STEP01 將滑鼠游標移至背景圖片，然後按一下**變更圖片**選單鈕，於選單中可以選擇要上傳自行準備的圖片，或是按下**選取圖片**，直接選取Google協作平台所提供的圖片。

STEP02 開啟**選取圖片**視窗後，點選要使用的圖片，再按下**選取**按鈕。

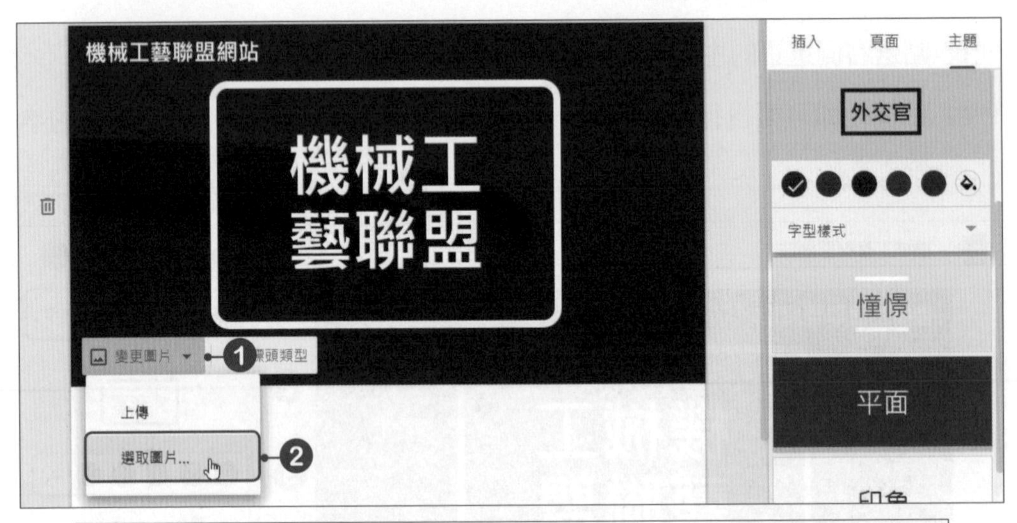

STEP03 背景圖片就會被更換為我們所選取的圖片。

9-3-3 變更標頭類型

Google協作平台提供了**封面**、**大型橫幅**、**橫幅**及**只有標題**四種標頭類型，在設計網站時可依需求選擇適當的標頭。要變更標頭時，先將滑鼠游標移至背景圖片，按下**標頭類型**按鈕，即可選擇要使用的標頭。

9-3-4 新增標誌

網站標題除了使用文字外，還可以在文字前加入一個代表性的標誌圖片。

STEP01 將滑鼠游標移至網站標題上，會顯示**新增標誌**按鈕，按下**新增標誌**按鈕，即可選擇要上傳的標誌圖片。

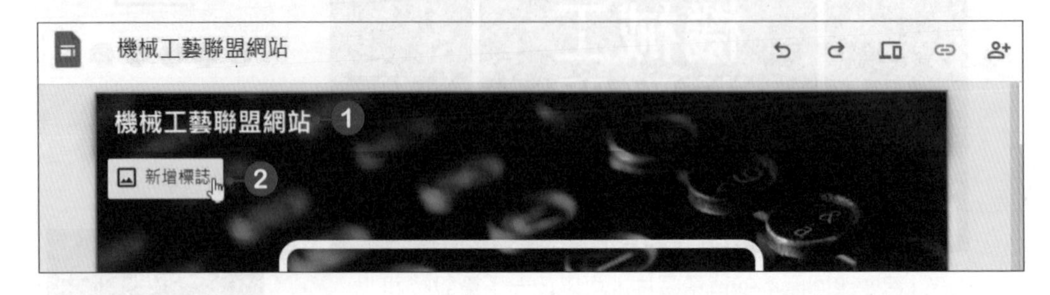

STEP02 在選單中點選**上傳**按鈕，於**開啓**視窗中選擇要上傳的標誌圖片，選擇好後按下**開啓**按鈕。

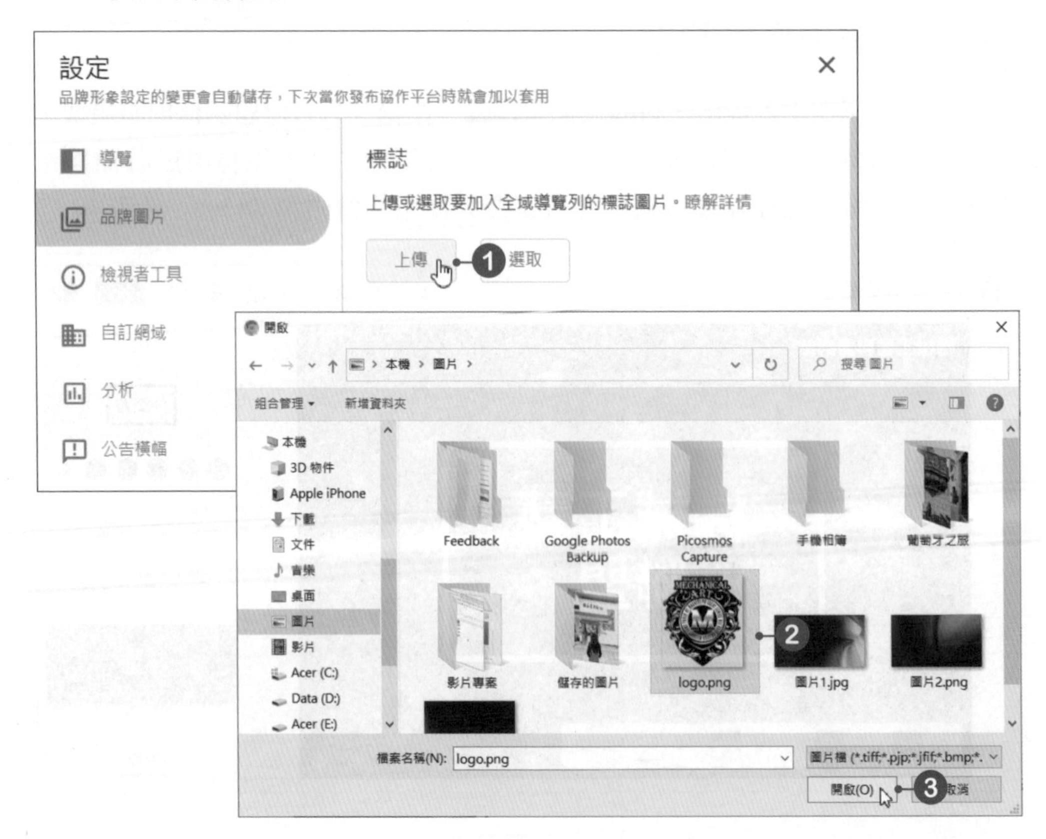

STEP03 上傳完成後，輸入圖片的替代文字，都設定好後按下右上角的 × **關閉**按鈕。

STEP04 此時在網站名稱前就會多了一個標誌圖片。

9-3-5 版面配置

設計頁面時，可以直接使用預設的版面配置，快速完成頁面的版面設計。

STEP01 點選右側選單的**插入**標籤，在**版面配置**選項中，預設了許多版面配置，直接點選要套用的配置方式。

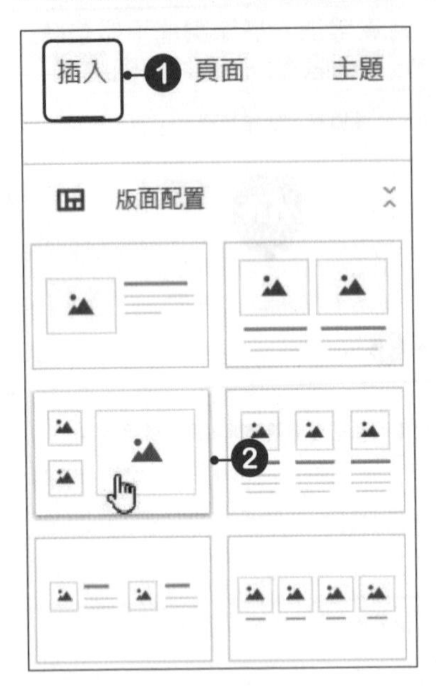

STEP02 套用版面配置後，即可在預設的版面中加入圖片或文字。

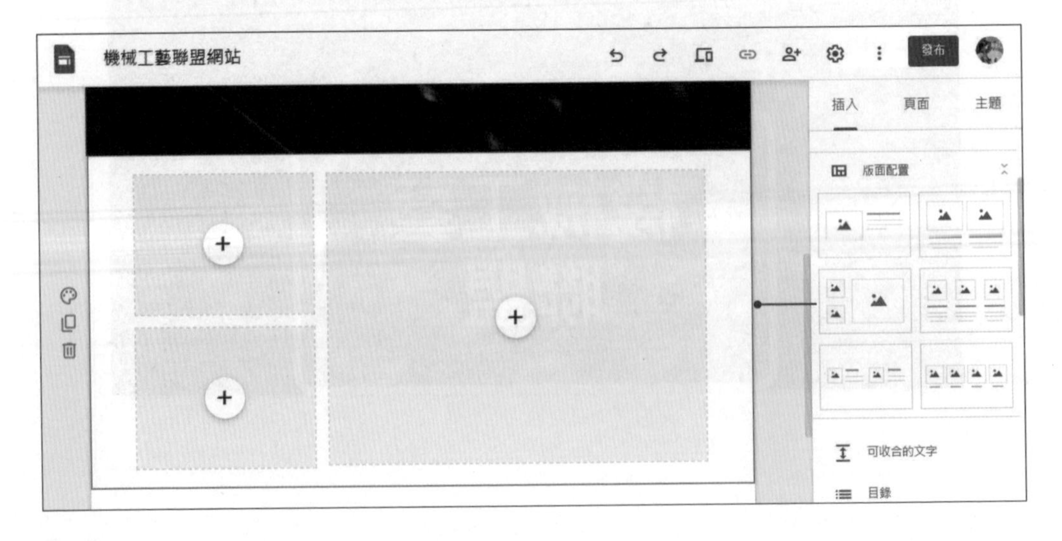

STEP03 按下 **+** 可以選擇要加入的物件，例如圖片、YouTube、日曆、地圖等。若要選擇電腦裡的物件時，點選**上傳**選項；若要選取協作平台提供的圖片，點選**選取圖片**選項；要插入雲端硬碟中的檔案，則點選**插入雲端硬碟檔案**選項。

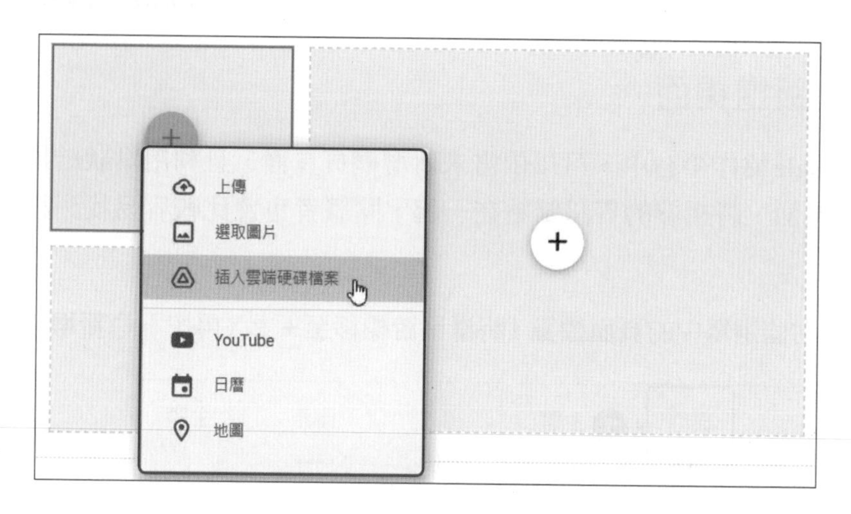

STEP04 物件加入後，會依配置區的大小自動調整物件，讓物件符合配置區的範圍。

9-4 新增頁面及導覽列的設定

首頁設定好後，即可依需求增加該網站所需的網頁，而Google協作平台會自動將這些網頁列在導覽列中，我們不需要另外設定，即可建構出一個網站。

9-4-1 新增頁面

在Google協作平台中，可以依需求新增網頁頁面，且利用巢狀結構分層處理各個頁面，將相關的資訊歸納在一起，閱讀者也會比較容易找到相關的訊息。

STEP01 點選右側選單中的**頁面**標籤，將滑鼠游標移至+上，再按下**新增頁面**。

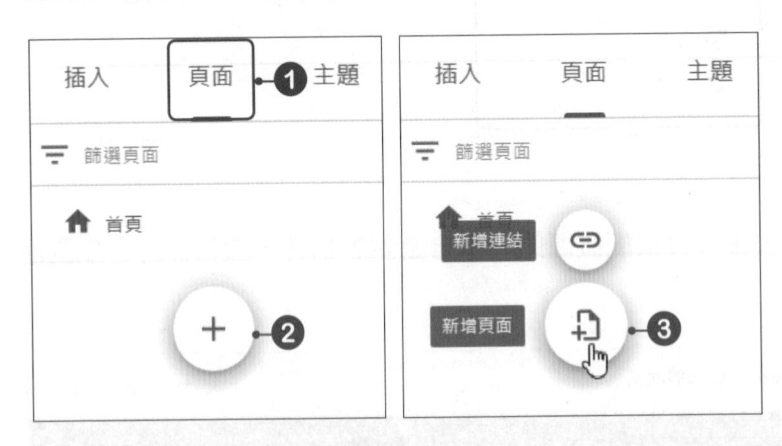

STEP02 在**名稱**欄位中輸入新頁面的名稱，輸入好後按下**完成**按鈕。

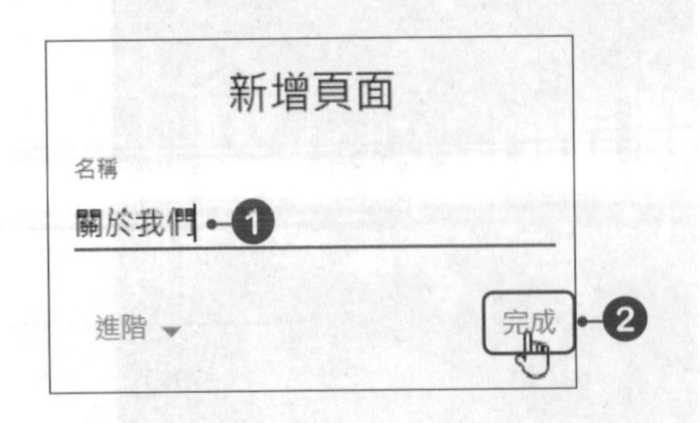

STEP03 此時就會產生一個新的頁面，頁面標籤會自動套上頁面名稱，且在導覽列上也會自動顯示該網頁名稱。

STEP04 若要再新增其他網頁頁面時，再按下 **新增頁面**按鈕即可。

STEP05 新增好網頁頁面後，即可針對該網頁進行標頭類型及變更圖片等相關設定。

9-4-2 建立子網頁

在網頁下還可以建立子網頁，這樣的巢狀結構，可以讓網站的層次更分明。

STEP01 按下要建立子網頁的頁面 ⋮ **更多**按鈕，開啓相關選單。

STEP02 在選單中點選**新增子頁面**，接著在**名稱**欄位中輸入新頁面的名稱，輸入好後按下**完成**按鈕，在頁面下就會多了一個剛剛新建立的子網頁。

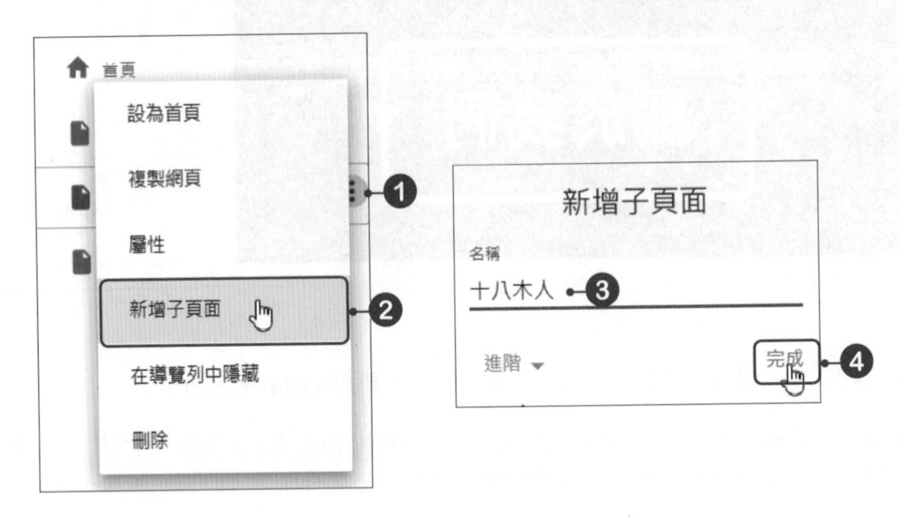

STEP03 在導覽列中也會自動加入子網頁的選項。

9-4-3 刪除頁面

若要刪除頁面時，只要按下要刪除頁面右側的 **⋮ 更多**按鈕，於選單中點選**刪除**選項即可。要注意的是，要刪除頁面是最底層的子頁面，若頁面下層還有其他子頁面，就不能被刪除。

9-4-4 調整頁面順序

要重新排列頁面的順序時，只要點選要調整的頁面，按著**滑鼠左鍵**不放並拖曳，即可重新排序。

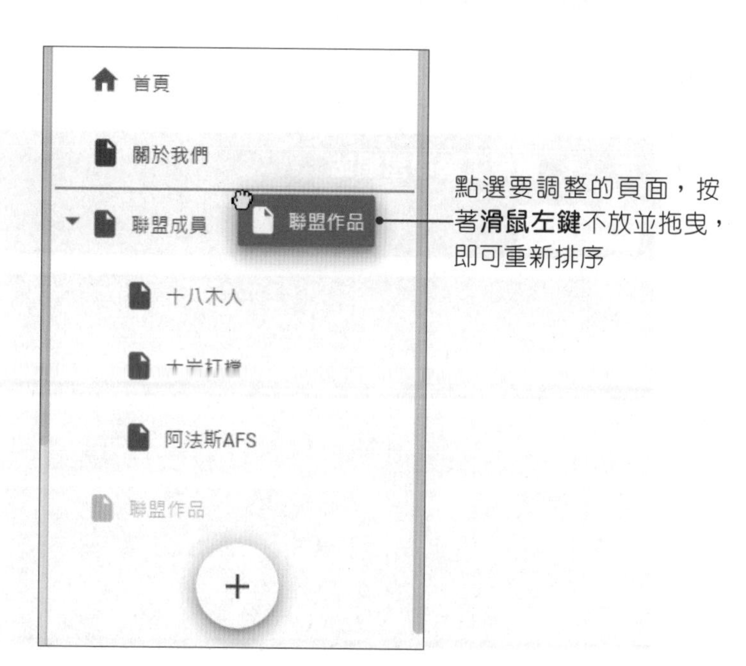

9-4-5 導覽列的設定

當訪客造訪網站時，可以利用導覽列選單快速前往各個頁面。在網站中若有多個網頁時，Google 協作平台就會自動加入導覽列，而導覽列預設是放在網站頂端，若要變更時，請依以下步驟設定：

STEP01 按下上方的 ⚙ **設定**按鈕，在開啟的**設定**視窗中，於**導覽**標籤中可設定導覽列的位置及顏色。

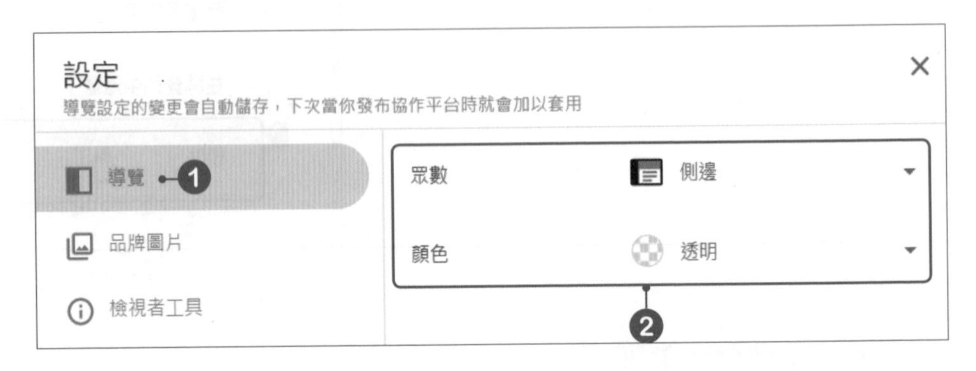

STEP02 若將導覽列設定為**側邊**時，在網頁的左上角便會出現 ☰ **顯示側欄**按鈕，按下 ☰ 按鈕即可看到該網站的所有網頁選項。

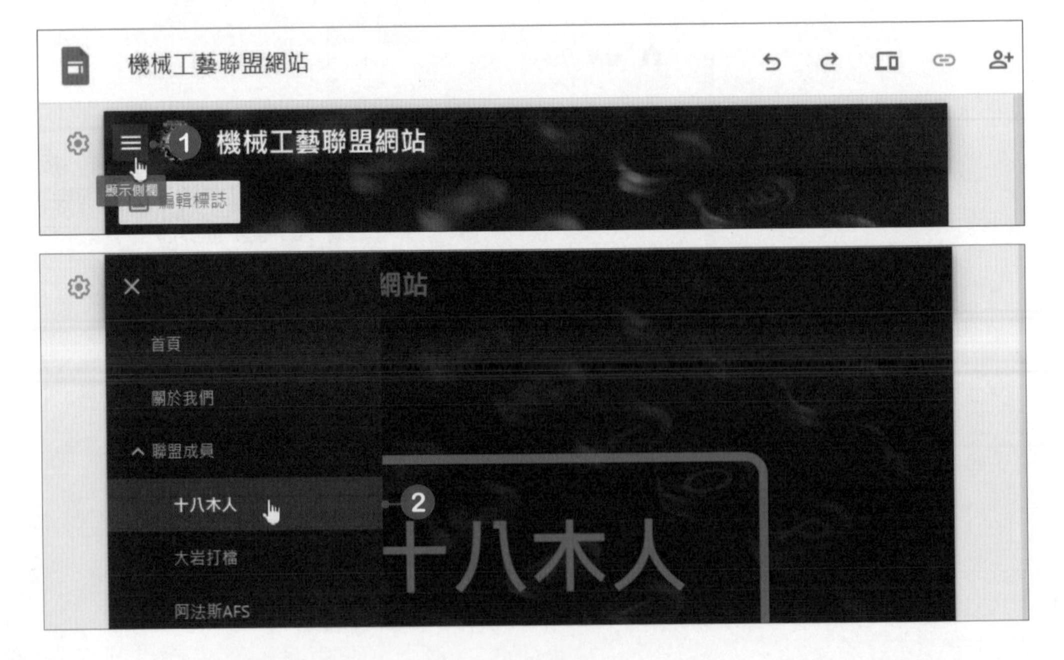

9-5 在網站中插入各種物件

在Google協作平台中除了可以加入基本的文字方塊及圖片外，還可以加入雲端硬碟中的檔案、圖片輪轉介面、Google文件、YouTube影片、地圖、日曆等項目，這節就來看看該如何將這些物件加入至網頁中。

9-5-1 文字方塊

要在網頁中加入文字時，可以使用文字方塊項目，來新增一般文字、標題、子標題等文字。

STEP01 點選右側選單中的**插入**標籤，按下**文字方塊**按鈕。

STEP02 點選後就會自動插入文字方塊物件，接著輸入文字，文字輸入完後，即可使用文字編輯工具列，進行文字格式、段落對齊方式、編號、項目符號等設定。

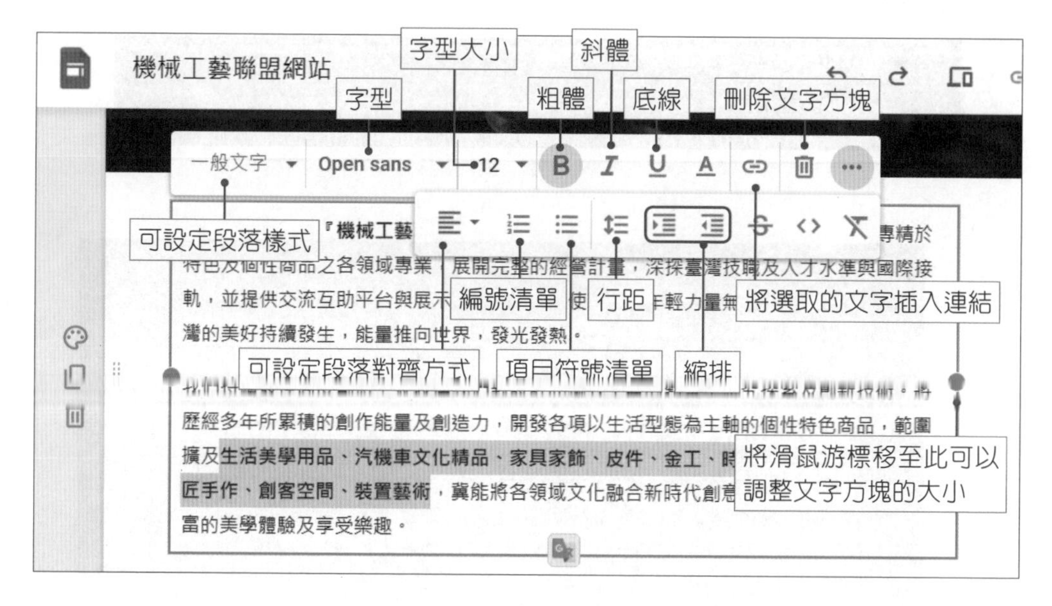

STEP 03 將滑鼠游標移至文字方塊區段上，在左側就會出現相關的設定按鈕，按下 **版面背景**按鈕，可以設定版面背景樣式。

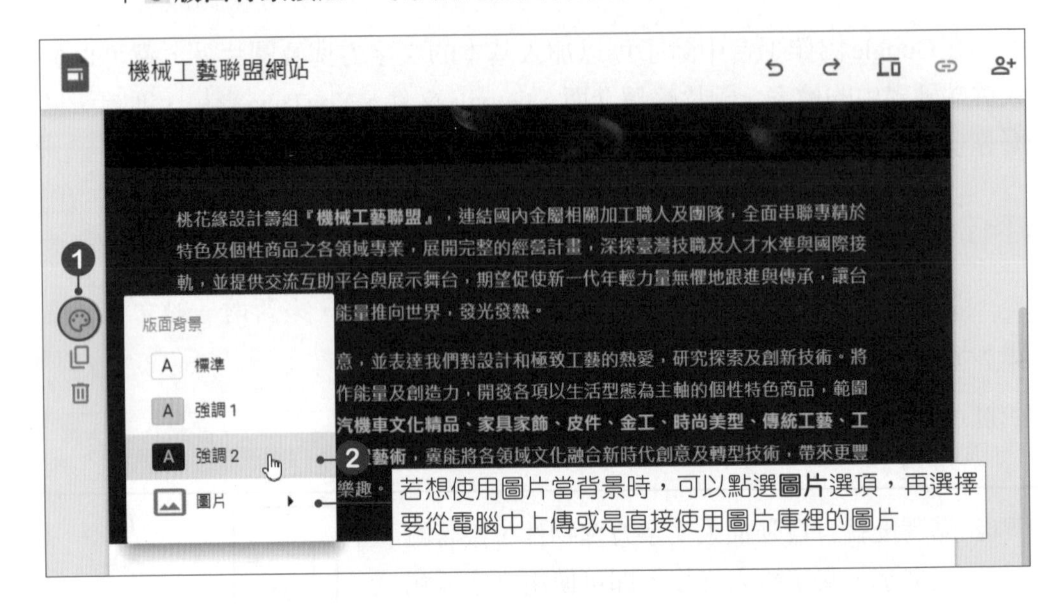

STEP 04 若要移動文字方塊區段時，只要將滑鼠游標移至 **移動區段**圖示上，按著**滑鼠左鍵**不放即可調整區段位置。

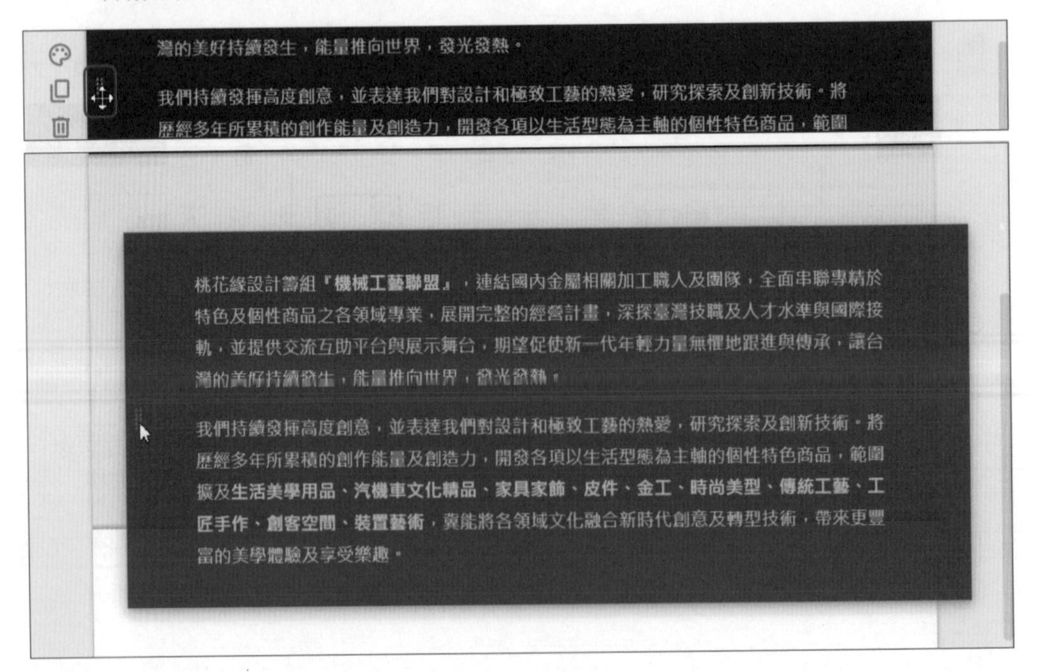

9-5-2 圖片

使用圖片項目，可以在網頁中加入網路上、相簿或是雲端硬碟中的圖片。

STEP01 點選右側選單中的**插入**標籤，按下**圖片**按鈕，選擇要**上傳**或**選取**圖片。

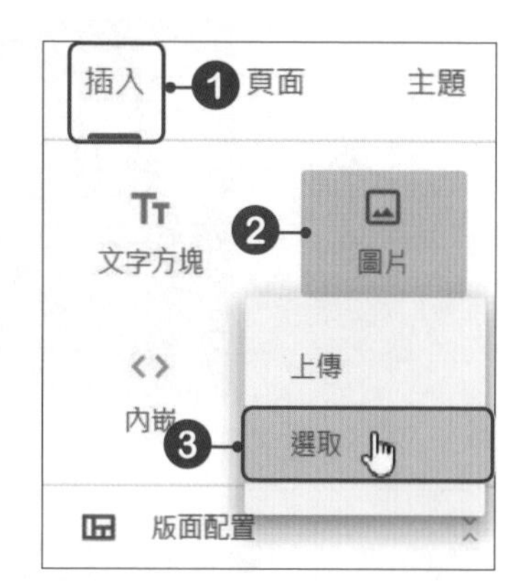

STEP02 選擇**選取**，開啟**選取圖片**視窗後，選擇要從何處插入圖片。這裡我們示範從Google雲端硬碟插入圖片，請點選**GOOGLE雲端硬碟**標籤，再點選要上傳的圖片，選擇好後按下**插入**按鈕，即可將圖片插入於網頁中。

STEP03 圖片就會被插入於區段中，若要再加入第二張圖片，再重複以上步驟即可。

STEP04 要移動圖片時，點選圖片，然後將圖片拖曳到區段中的其他位置即可，將滑鼠游標移至任一控點即可調整圖片大小。

STEP05 要裁剪圖片時，按下工具列上的 **裁剪**按鈕，即可縮放圖片大小，達到裁剪的效果。

STEP06 若要更換圖片時，點選要更換的圖片，按下工具列上的 **更多**按鈕，於選單中點選**取代圖片**，即可重新選擇要使用的圖片。

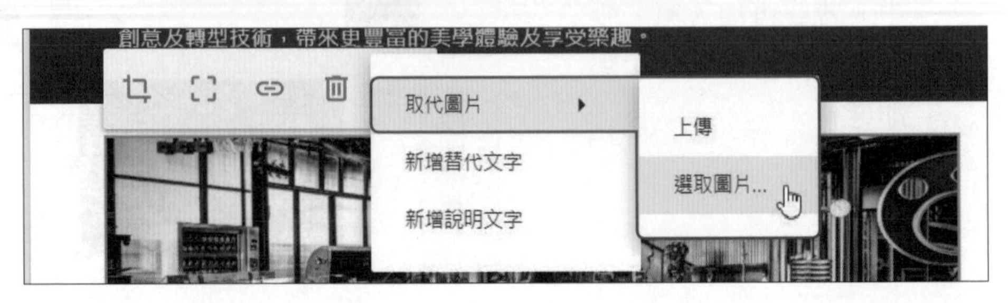

STEP07 在網頁中的圖片可以加入替代文字，當使用者將滑鼠游標移至圖片上時，系統便會顯示替代文字。按下工具列上的 ⋮ **更多**按鈕，於選單中點選**新增替代文字**，開啟**替代文字**視窗，於**說明**欄位中輸入相關文字，輸入好後按下**套用**按鈕即可完成設定。

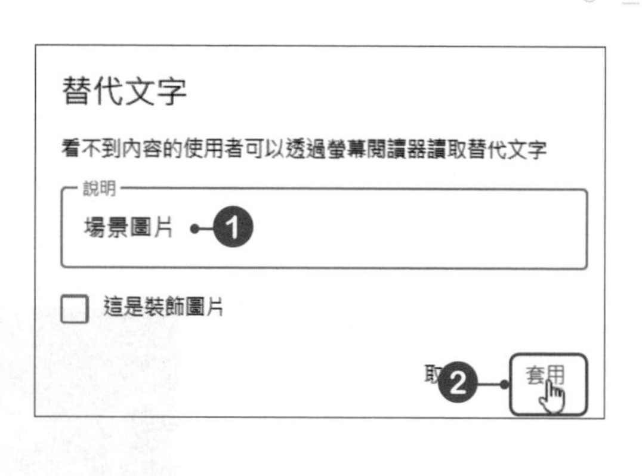

9-5-3 輪轉圖片介面

Google協作平台提供了圖片輪轉介面功能，可以輕鬆製作圖片幻燈片效果，除了可設定自動播放外，也可以使用滑鼠來切換圖片。在製作圖片輪轉時，建議先準備好所有圖片，並將圖片的尺寸統一，這樣在播放時，效果會比較好喔！

STEP01 點選右側選單中的**插入**標籤，按下**圖片輪轉介面**按鈕，開啟「插入圖片」視窗，按下**+**，選擇要上傳或選取圖片。

STEP02 圖片選取好後，將滑鼠游標移至圖片上，按下**新增文字**按鈕，可以設定圖片的替代說明文字。

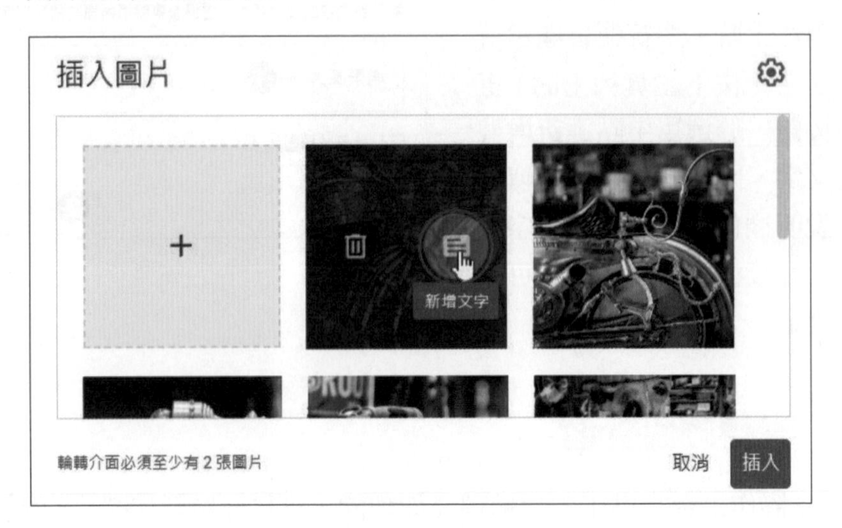

STEP03 按下右上角的 ⚙ **設定**按鈕，可以設定圖片輪轉是否要顯示說明文字、是否要自動開始及圖片的轉場速度等，都設定好後按下**插入**按鈕，完成製作。

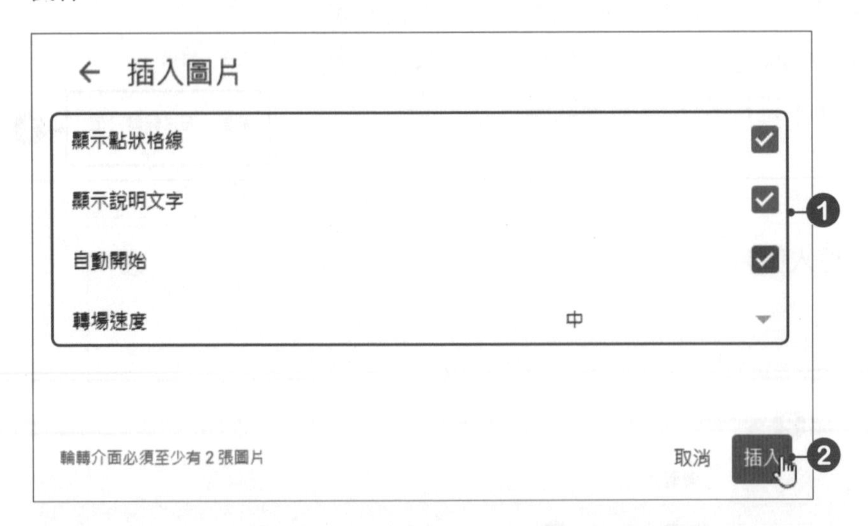

STEP04 圖片輪轉介面就會被插入於區段中，此時可以進行大小及位置的調整。而在使用瀏覽器瀏覽該網頁時，圖片就會自動輪播，或是使用滑鼠切換圖片。

9-5-4 加入超連結

利用超連結功能，可以將文字及圖片等物件加入連結，讓使用者直接點選連結後進入該網站或檔案中。

STEP01 選取要加入超連結的文字，按下工具列上的 **插入連結**按鈕。

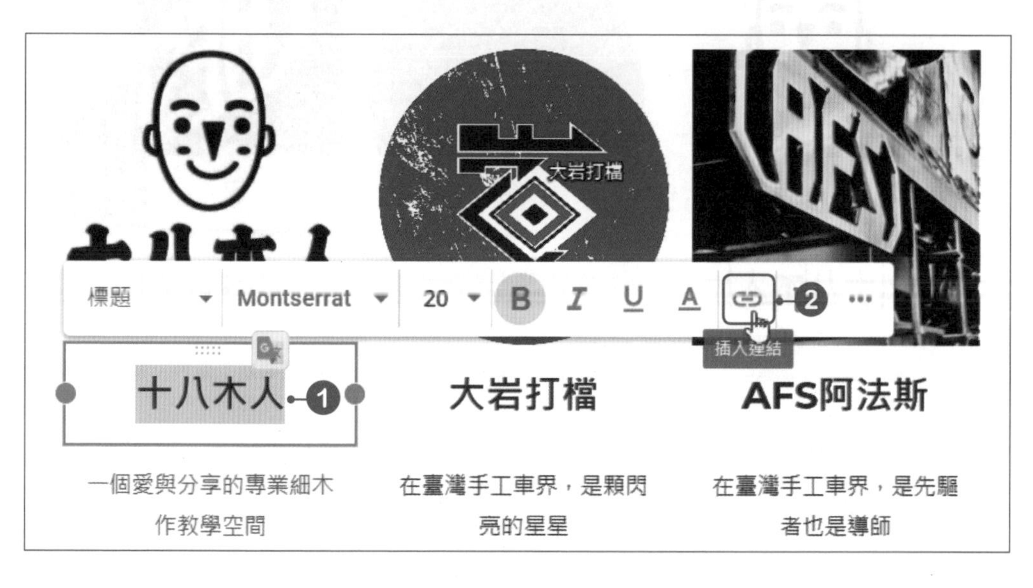

STEP02 在**連結**欄位中輸入要連結的網址，輸入好按下**套用**按鈕，即可完成超連結的設定。

STEP03 有設定超連結的文字會加入底線。若要修改設定，按下 **編輯連結**按鈕；若要移除設定請按下 **移除**按鈕。

NOTE 設定超連結時，也可以直接連結到雲端硬碟中的檔案。只要先進入雲端硬碟中，在要分享的檔案上按下**滑鼠右鍵**，於選單中點選**取得連結**，即可取得該檔案的連結網址，接著再貼到**連結**欄位中即可。

9-5-5 嵌入YouTube

在Google協作平台中，可以直接嵌入YouTube中的影片。

STEP01 點選右側選單中的**插入標籤**，按下**YouTube**按鈕。

STEP02 在搜尋欄位中輸入要搜尋的關鍵字，輸入好後按下 🔍 **搜尋**按鈕，即可搜尋出相關影片，選取要嵌入的影片，按下**選取**按鈕。

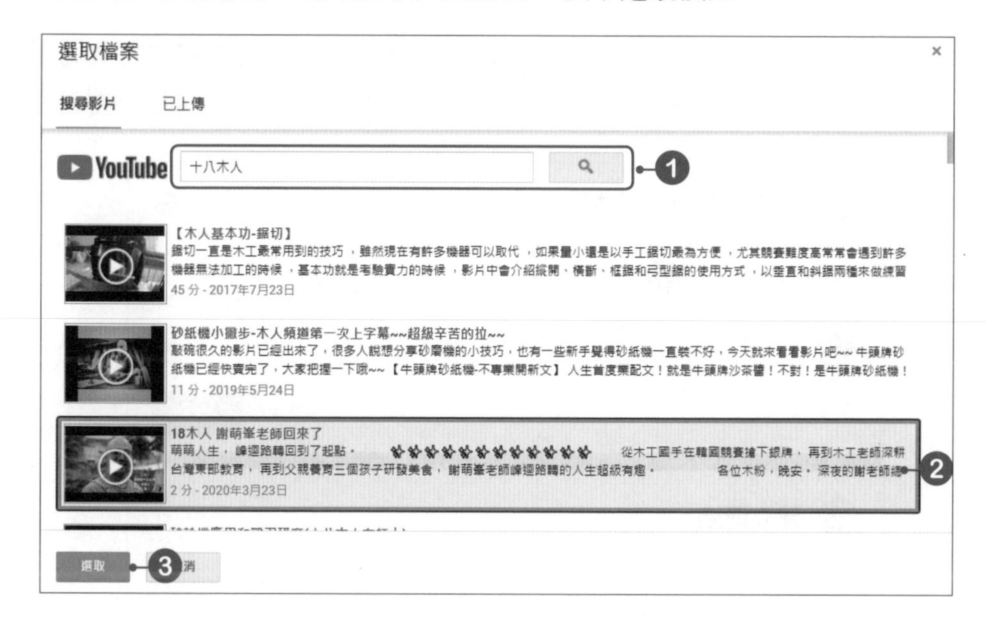

STEP03 影片嵌入後，即可調整影片的大小，按下工具列上的 ⚙ **設定**按鈕，可以進行一些相關的設定。

9-6 共用協作平台

建立協作平台時，除了自己製作外，還可以設定爲共用，讓相關人員可以一起建立協作平台的內容。

9-6-1 邀請共用者

STEP01 按下網站最上方的 與他人共用按鈕，開啓**與使用者和群組共用**視窗，於**新增使用者和群組**欄位中輸入要邀請的對象，輸入好後按下**傳送**按鈕。

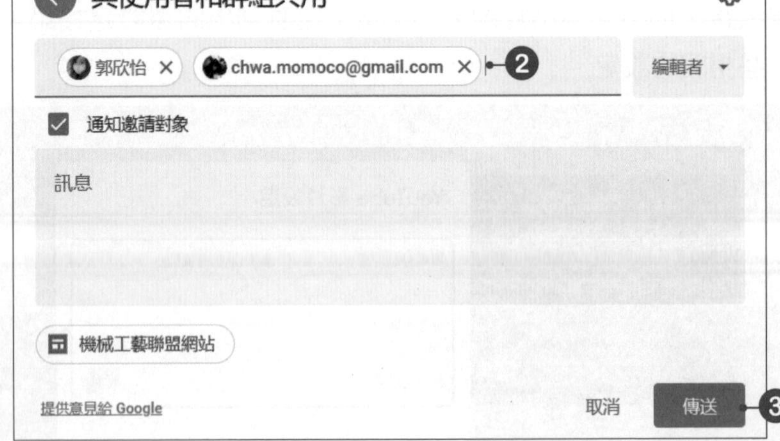

STEP02 被邀請者收到共用通知後，按下**開啓**按鈕，即可進入網站中進行編輯。

STEP03 日後若想修改或新增共用者清單，同樣按下 **與他人共用**按鈕，開啓**與使用者和群組共用**視窗，即可看到共用者清單。按下使用者的權限選單鈕，可以修改該使用者的共用權限，設定好後按下**完成**按鈕。

9-6-2 限制編輯者的變更權限

擁有者可以決定是否允許編輯者可以發布內容、變更其他編輯者的權限，或者新增編輯者。

按下網站最上方的 **與他人共用**按鈕，開啓**與他人共用**視窗，再按下視窗上方的 按鈕，可在視窗中點選或取消**編輯者可以發布內容、變更權限及新增使用者**清單的核取方塊，來設定編輯者的變更權限。

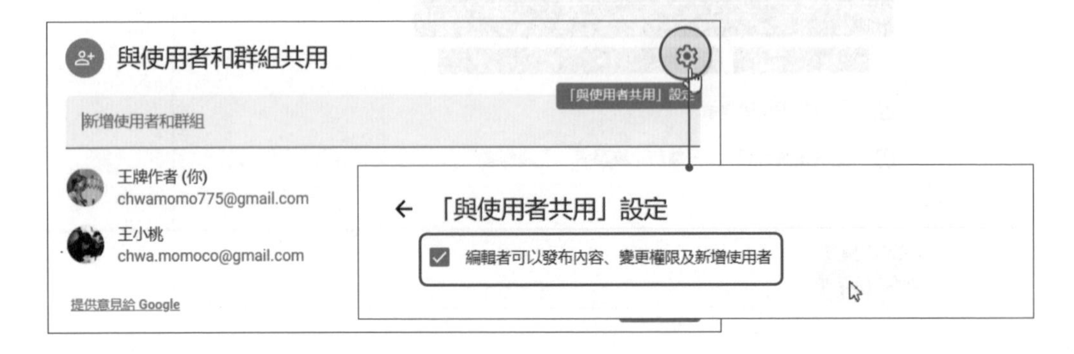

9-7 預覽及發布協作平台

當網站內容都製作完成後，即可進行預覽及發布，這節就來看看該如何進行吧！

9-7-1 預覽網站

要預覽網站所呈現的效果時，只要按下頁面最上方的 **預覽**按鈕，便會在網頁中開啓該網站畫面。

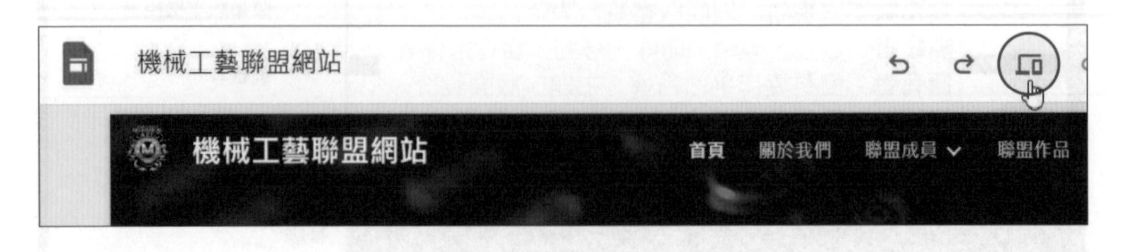

在預覽時，還可以預覽在各種裝置上的顯示情形，協作平台提供了**手機**、**平板電腦**、**大螢幕**等預覽模式。

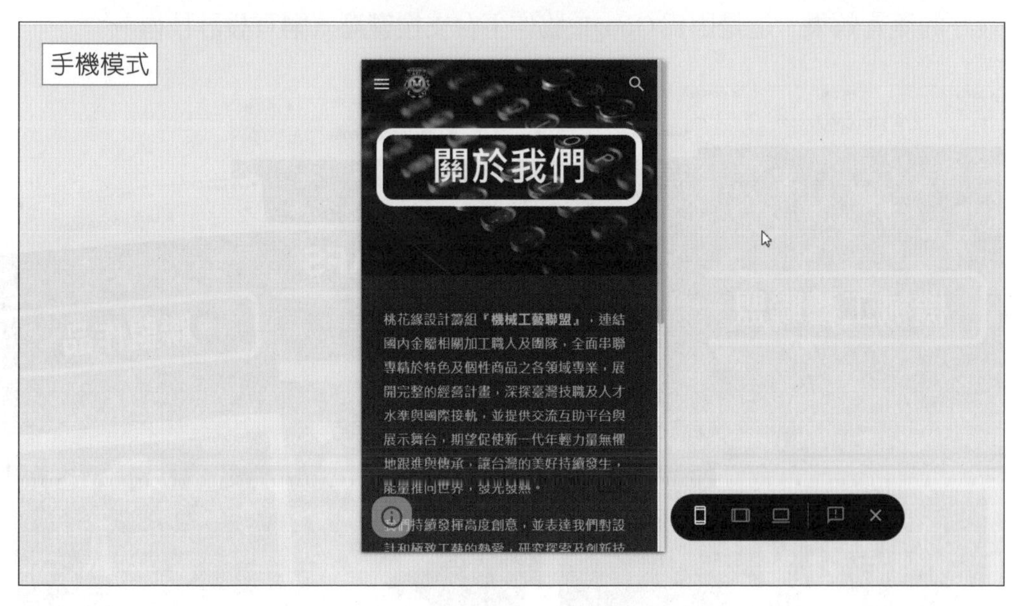

預覽完成後按下 **X** 按鈕，即可離開預覽模式。

實際使用行動裝置瀏覽網站時，網頁內容會自動調整版面，將畫面呈現出最好的瀏覽效果，這是因爲Google協作平台支援**響應式網頁設計**技術。

9-7-2 發布網站

預覽網站都沒問題後，即可進行發布的動作。

STEP01 按下**發布**按鈕，開啟**發布到網路**視窗，首次發布協作平台時，必須在協作平台網址中加上協作平台名稱，才能產生完整的網址。協作平台名稱中只能使用字母、數字和連字號，而網域是固定的，此部分則無法變更。該平台的網址為https://sites.google.com/view/XXXXXX，所以我們要在網址末端加入一個名稱。輸入好後按下**發布**按鈕，即可將網站發布出去。

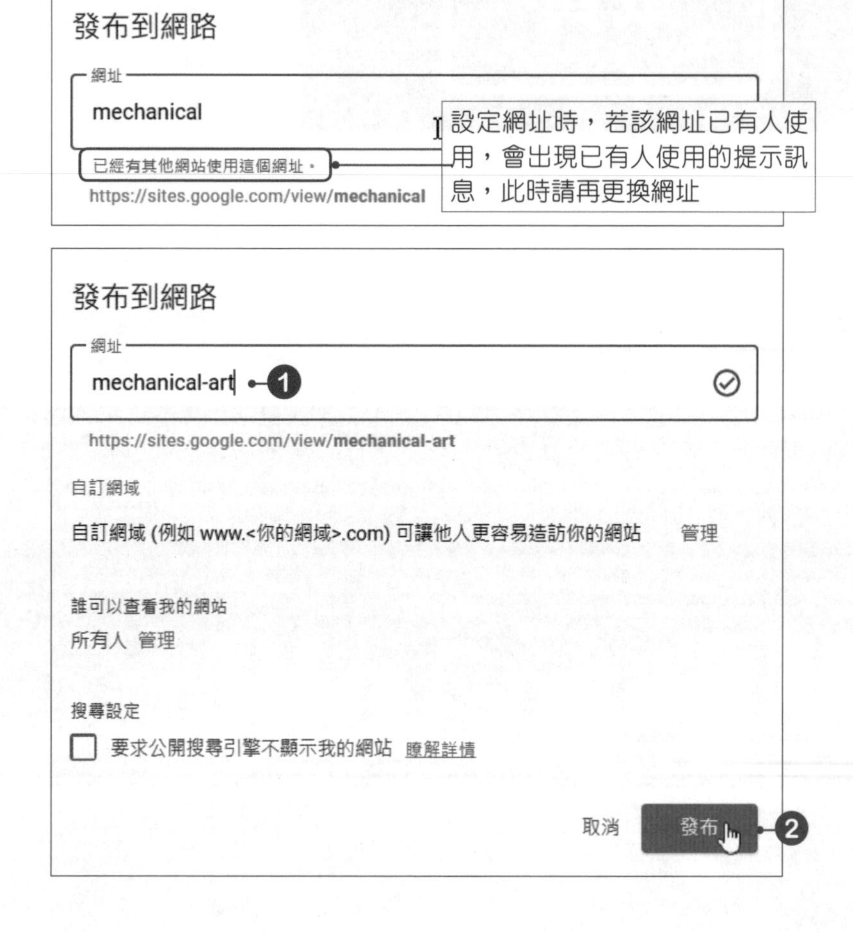

STEP02 發布成功後，按下**發布**選單鈕，於選單中點選**查看已發布的網站**，即可進入網站中。

STEP03 在網址列中就會看到我們所設定的網址。

9-7-3 變更協作平台網址

若想要變更協作平台的網址時，可以按下**發布**選單鈕，於選單中點選**發布設定**，即可變更協作平台網址名稱。

9-7-4 複製已發布協作平台的連結

協作平台發布後，可以按下 ⊂⊃ 按鈕，複製協作平台的網址，將此網址傳送給相關使用者，使用者即可進入網站中。

9-7-5　取消發布

如果不想再於線上公開協作平台，可以將協作平台取消發布，取消發布之後，還是可以存取及更新協作平台內容，也可以隨時使用相同或不同的網址再重新發布協作平台。

若使用者造訪了已取消發布的協作平台時，系統會顯示錯誤訊息。若想要取消發布協作平台時，可以按下**發布**選單鈕，於選單中點選**取消發布**即可。

取消時會顯示取消發布網站訊息，若確定要取消按下**我知道了**按鈕，完成取消發布。

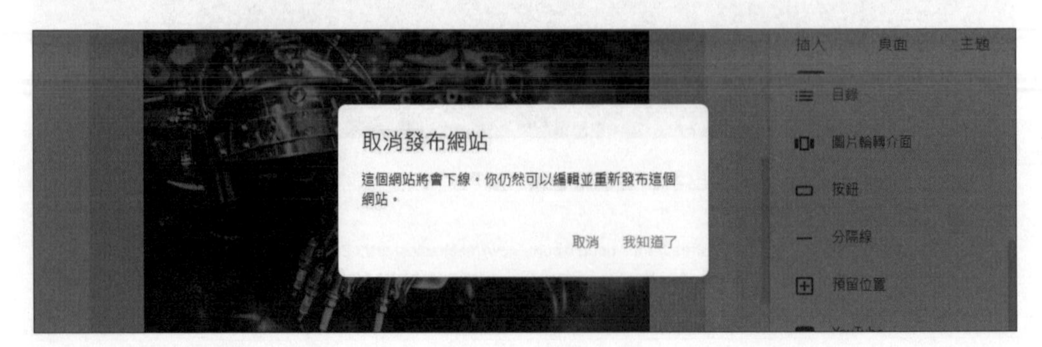

自我評量

選擇題

(　　) 1. 下列何者非Google協作平台提供的標頭類型？(A)大型橫幅　(B)橫幅　(C)標題及圖片　(D)只有標題。

(　　) 2. 在Google協作平台中，網頁裡無法嵌入下列哪個物件？(A)日曆　(B)翻譯　(C) YouTube　(D)地圖。

(　　) 3. 在Google協作平台中，關於圖片的說明，下列何者敘述有誤？(A)無法加入超連結設定　(B)可以裁剪圖片　(C)可以調整圖片大小　(D)可以加入替代文字。

(　　) 4. 在Google協作平台中，若要製作圖片幻燈片效果，可以使用下列哪項功能？(A)圖片版型　(B)圖片按鈕　(C)圖片輪轉介面　(D)圖片效果。

(　　) 5. 下列關於Google協作平台的敘述何者不正確？
(A)提供主題功能讓使用者可以直接套用
(B)建立頁面時可以使用巢狀結構來建立
(C)提供了導覽列功能
(D)協作平台一旦發布了便無法再更改網址名稱。

(　　) 6. 要預覽Google協作平台時，可以使用下列哪種模式進行預覽？(A)手機　(B)平板電腦　(C)大螢幕　(D)以上皆可。

(　　) 7. 下列關於發布Google協作平台的敘述，何者不正確？
(A)協作平台一旦發布後便無法取消發布
(B)協作平台的網址為https://sites.google.com/view/XXXXXX
(C)發布協作平台時可以設定瀏覽權限
(D)協作平台名稱中只能使用字母、數字和連字號。

(　　) 8. 在Google協作平台中，可以使用手機、平板電腦、大螢幕等裝置預覽網站的顯示情形，是因為Google協作平台支援下列何項技術？
(A) CSS (層疊樣式表)
(B) HTML (超文本標記語言)
(C) HTTP (超文本傳送協定)
(D) RWD (響應式網頁設計)。

實作題

1. 請使用Google協作平台建立一個「影像創作空間．趣攝影」網站，網站架構如下表。

網站首頁	包含網站橫幅圖片及網站標題
社團簡介	介紹網站製作小組成員
外拍活動	使用Google日曆建立外拍活動行事曆
攝影比賽	列出各類的攝影比賽訊息(請上網搜尋相關資訊)
作品分享	使用圖片輪轉介面製作，至少要使用10張圖片輪轉

作品參考(網址：https://sites.google.com/view/momo-photo/)

CHAPTER 10

實用工具—翻譯

10-1 Google翻譯的使用

Google翻譯是一個免費的翻譯服務，它支援多種不同的語言，能翻譯字詞、句子以及網頁。

10-1-1 文字翻譯

Google提供了翻譯服務網頁(https://translate.google.com.tw)，在無登入的狀態下即可使用。只要在Google首頁中，點選 **Google應用程式**按鈕，於選單中點選**翻譯**選項，即可進入Google翻譯服務的首頁中。

Google翻譯提供多國語言的翻譯服務，要進行文字翻譯時，按下**文字**按鈕後，在左邊窗格中輸入想要翻譯的內容，並指定語言，再選擇要翻譯成哪國語言後，便會即時的翻譯出文章內容。

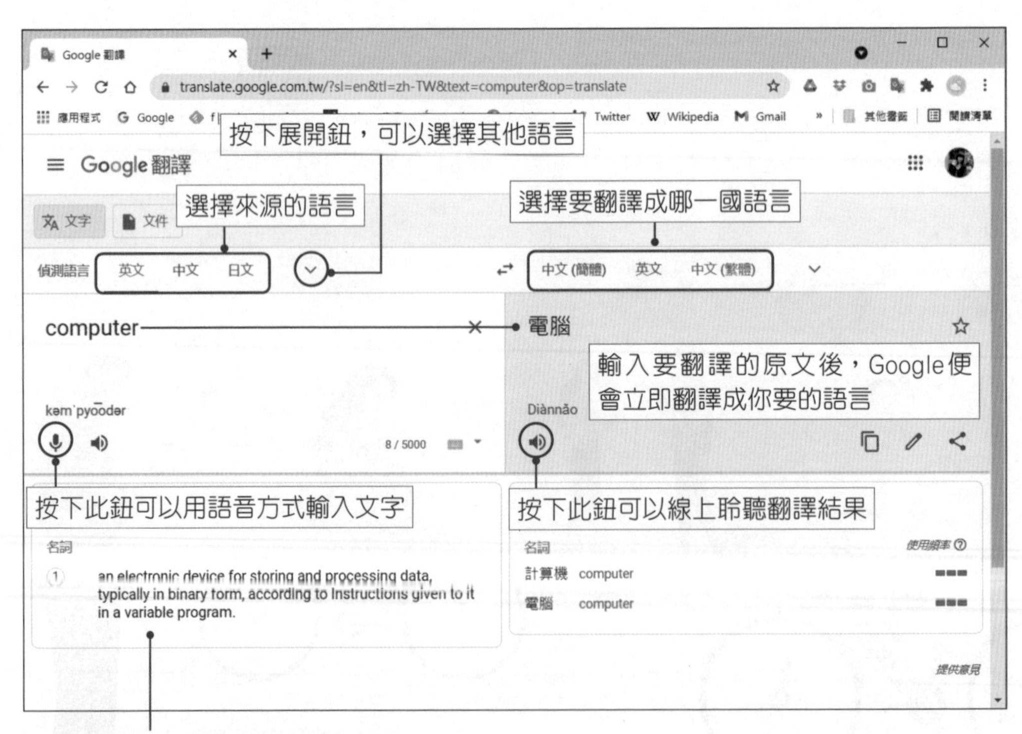

Google翻譯還提供了查看翻譯記錄的功能，只要按下**翻譯記錄**，便會列出之前所翻譯過的文章或句子，不過這項功能只有在已登入Google帳號時才能使用。

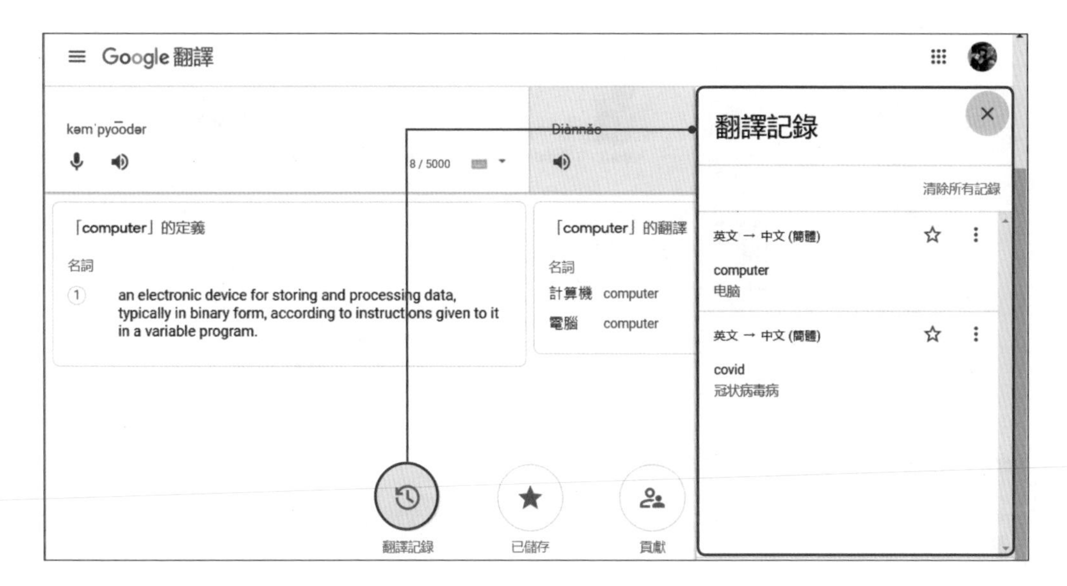

10-1-2 文件翻譯

Google翻譯除了提供文字翻譯外，還可以直接上傳文件，進行文件的翻譯，目前可以上傳的文件格式有.doc、.docx、.odf、.pdf、.ppt、.pptx、.ps、.rtf、.txt、.xls、.xlsx。

STEP01 進入Google翻譯頁面後，點選**文件**選項，設定該文件的語言，再設定要翻譯成何種語言，設定好後，按下**瀏覽你的電腦**按鈕。

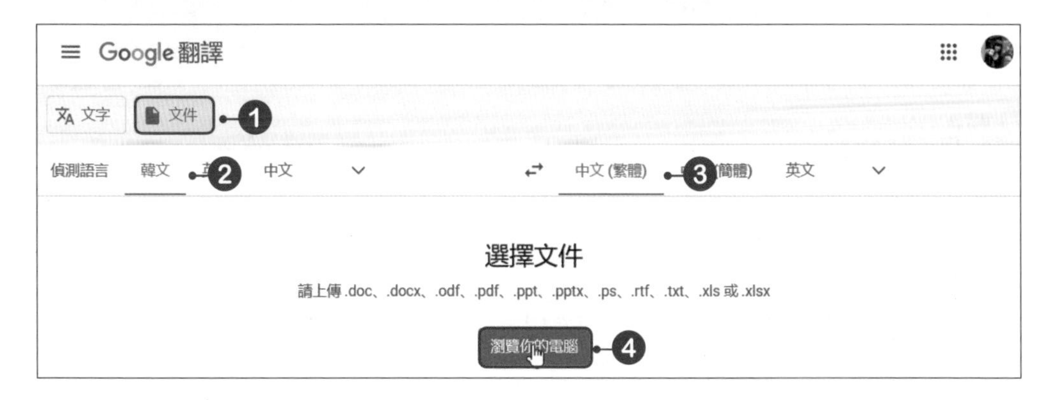

STEP 02 選擇要翻譯的文件。

STEP 03 文件上傳完成後，按下**翻譯**按鈕。

STEP 04 Google 翻譯便會開始進行翻譯，翻譯完成後，會將結果顯示於網頁上。

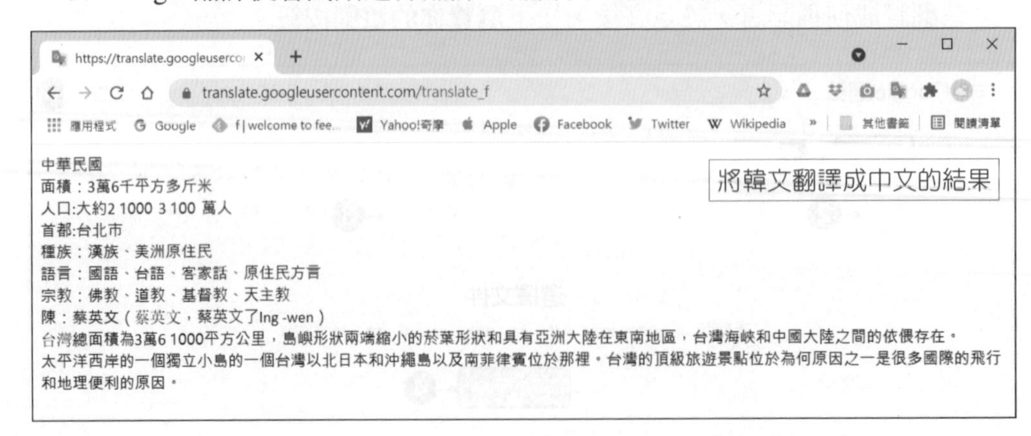

10-1-3 網頁全文翻譯

除了進入Google翻譯服務網頁中使用翻譯功能外，還能直接使用Google Chrome瀏覽器內建的翻譯功能，將整個網頁內容翻譯出來。當進入非中文網頁，網址列上便會出現圖示。點選**中文（繁體）**，便會將網頁內容翻譯為中文，或是按下 ⋮ **選擇其他語言**。

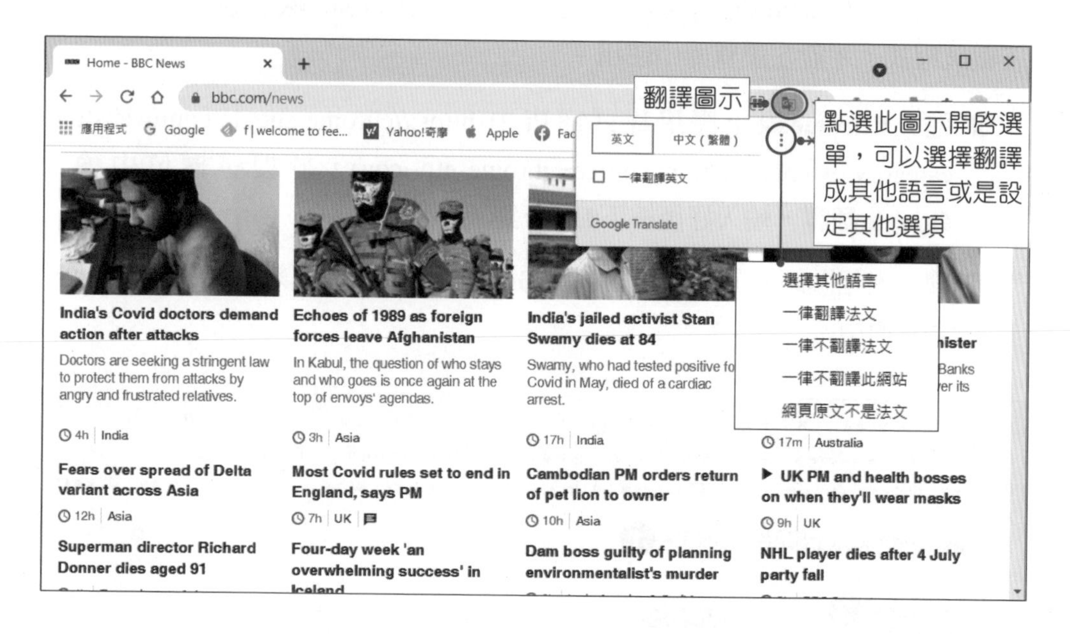

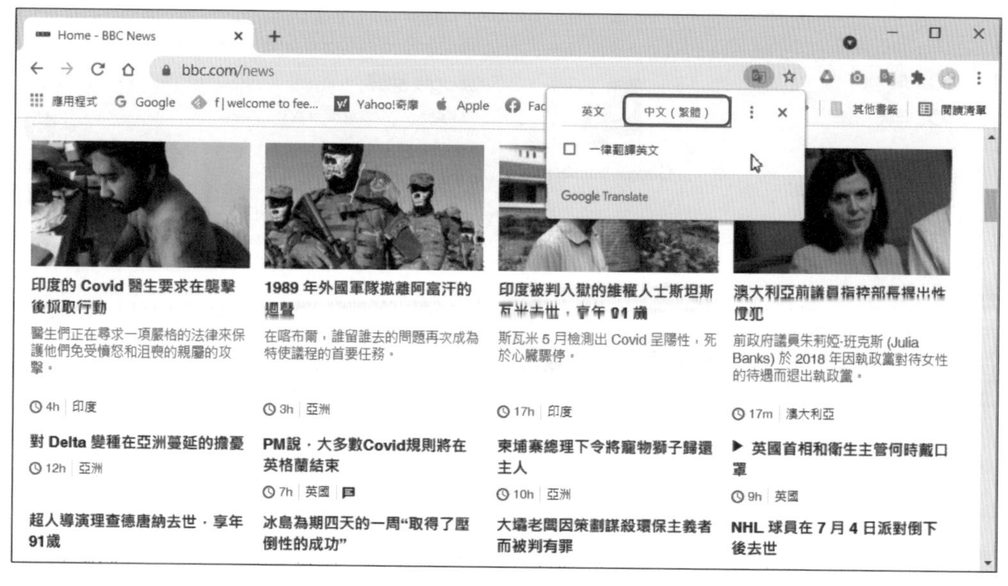

10-1-4 Google翻譯擴充功能

Google翻譯提供的擴充功能不但可以進行整頁翻譯，還可以直接圈選文章裡的部分單字，進行即時翻譯。

安裝「Google翻譯」擴充功能

要安裝「Google翻譯」擴充功能時，須進入Chrome線上應用程式商店中下載該程式，才能在瀏覽器中使用。

STEP01 進入**Chrome線上應用程式商店**中(https://chrome.google.com/webstore/category/extensions?utm_source=chrome-ntp-icon)，於搜尋欄位中輸入**Google翻譯**，輸入好後按下**Enter**鍵。

STEP02 搜尋出相關的擴充功能後，找到Google翻譯，按下該擴充功能，進入相關頁面中。

STEP03 進入頁面後，按下**加到 Chrome** 按鈕。

STEP04 開啓是否要新增的訊息，按下**新增擴充功能**按鈕，即可進行安裝的動作。

STEP05 安裝了Google翻譯擴充功能後，在Google瀏覽器工具列就會出現 按鈕。而在商店中的Google翻譯項目的按鈕會顯示爲**從 Chrome 移除**，表示已完成擴充功能的安裝。

使用「Google翻譯」擴充功能

安裝好「Google翻譯」擴充功能後，即可方便又快速的翻譯網頁中的文章了。

STEP01 進入要翻譯的網頁中，按下 按鈕，在選單中可以自己輸入要翻譯的單字，或是按下**翻譯這個網頁**選項，即可翻譯全文了。

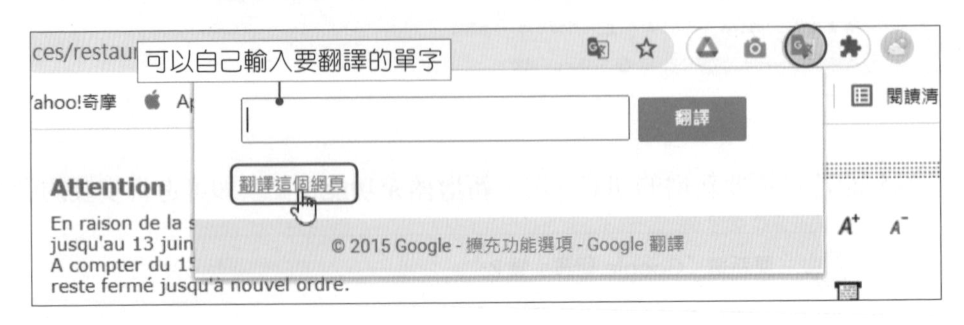

STEP02 在網頁的上方就會顯示Google翻譯工具列，告知該網頁被翻譯成什麼語言，若要取消翻譯，只要按下**顯示原文**按鈕即可。

STEP03 若只想翻譯網頁中的部分單字時，只要直接圈選文章裡的部分單字，就能即時彈出翻譯圖示，點選該圖示即可看到翻譯結果。

STEP04 按下**更多**選項，會進入Google翻譯網站。

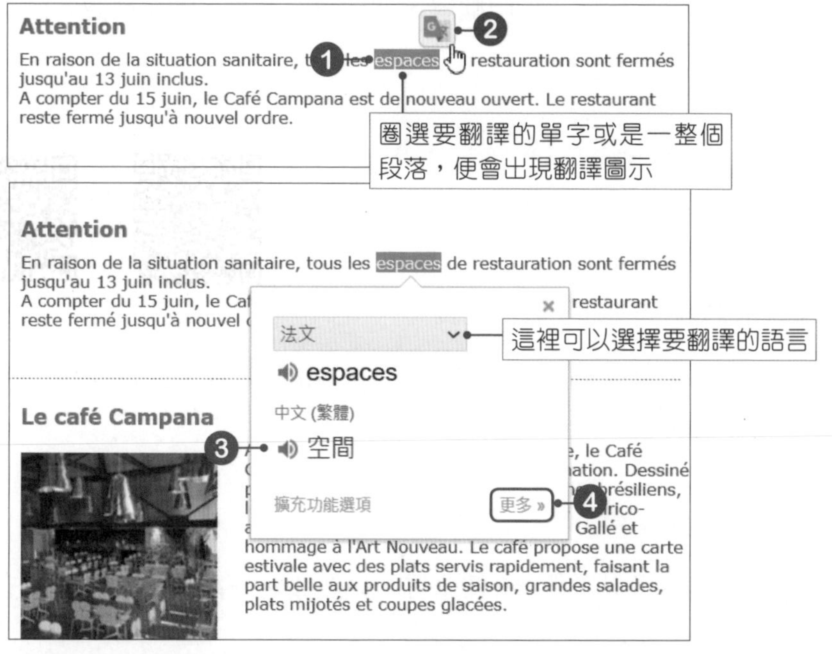

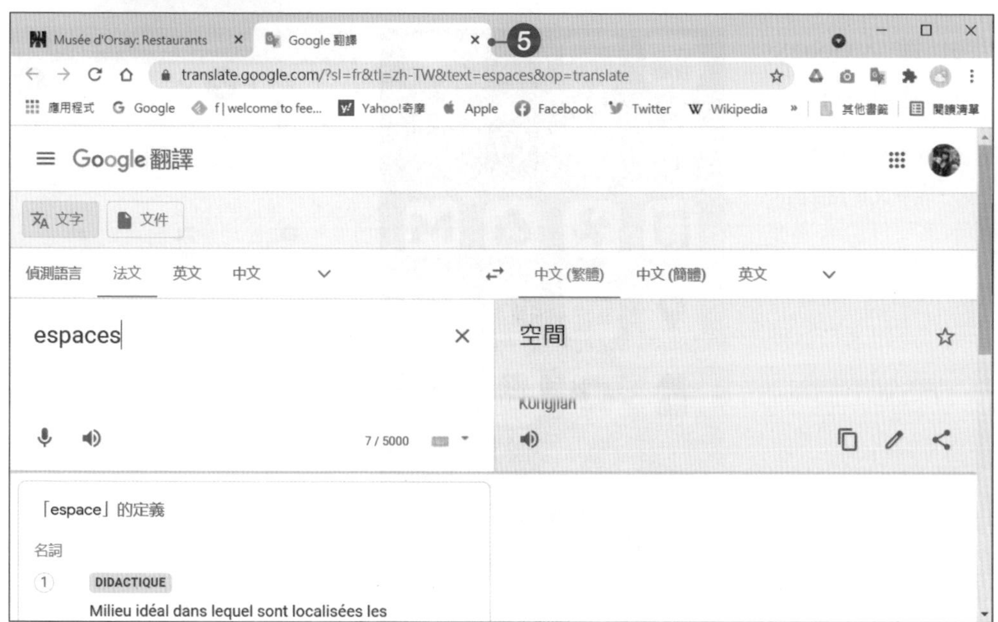

10-2 Google翻譯App的使用

除了在網頁上使用Google翻譯外，在行動裝置上也能使用，且App的翻譯功能更多，可以手寫翻譯、拍照翻譯、即時語音翻譯、離線翻譯、同步口譯等，這節就來看看該如何使用。

10-2-1 下載Google翻譯App

若使用Android系統的行動裝置，可以至Google Play下載，或是直接用行動裝置掃描本書所提供的QR Code，進行下載及安裝。

Android

iOS

若使用iOS系統的行動裝置，可以至App Store下載，或是直接用行動裝置掃描本書所提供的QR Code，進行下載及安裝。

10-2-2 文字翻譯

Google翻譯App可以互譯108種語言，只要設定好翻譯語言，即可立即顯示翻譯結果。

STEP01 進入Google翻譯App中，設定原文與譯文的語言。

STEP02 輸入要翻譯的文字，便會立即顯示翻譯結果。點選➔按鈕，即可查看詳情。

10-2-3 對話即時同步口譯

Google翻譯還提供了「對話即時同步口譯」的功能，可以直接使用對話方式，立即說出翻譯結果，讓兩個人可以用兩種不同語言自由對話。

STEP01 進入**翻譯**App中，設定原文與譯文的語言，例如：我說中文，對方說泰文，那就設定中文與泰文，設定好後點選 **對話**按鈕。

STEP02 點選 麥克風圖示，即可開始說話，Google翻譯會自動偵測接收到的語音是中文還是泰文，然後會以另一種語言顯示並說出翻譯結果，便可達到同步口譯的效果。

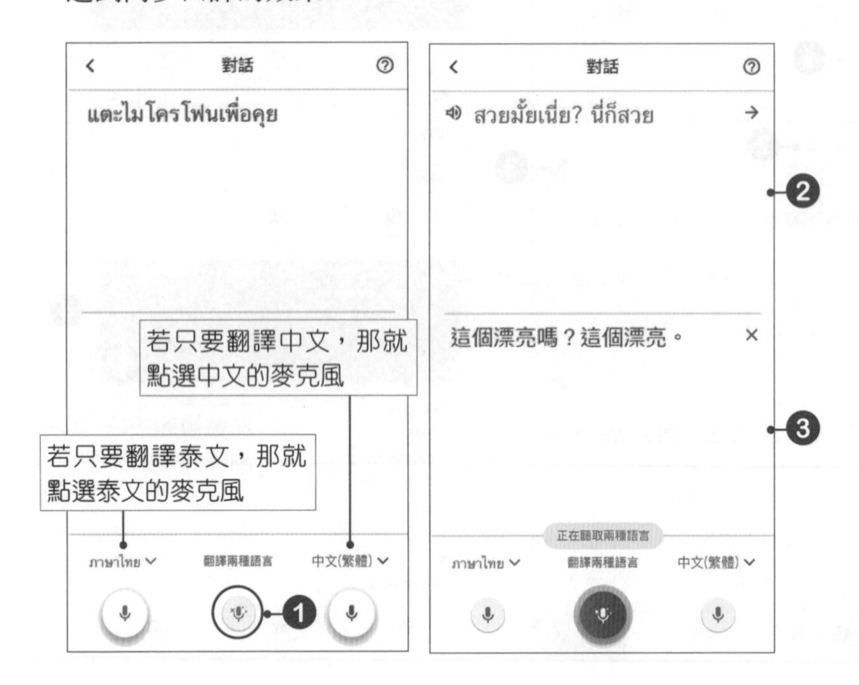

10-2-4 圖片翻譯

在閱讀書本或是購買外國產品時，遇到不懂的句子或單字，只要利用手機鏡頭拍下照片，即可使用Google翻譯App進行翻譯。

STEP01 進入**翻譯**App中，設定原文與譯文的語言，點選 **相機**按鈕，會要求麥克風的使用權限，這裡請點選**允許存取**按鈕。

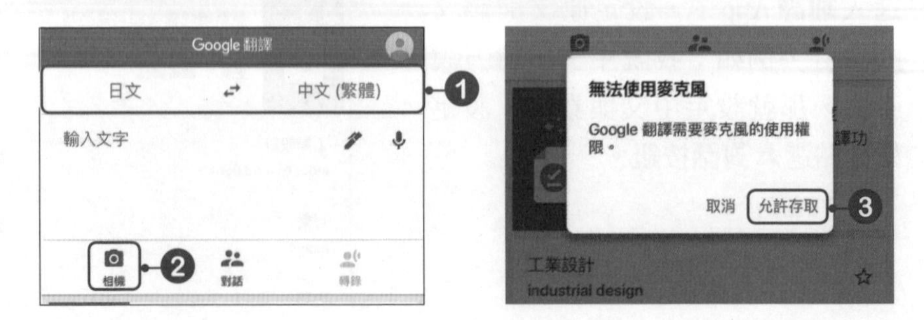

STEP 02 進入相機畫面後，點選下方中央的**掃描**功能，接著對齊想要進行翻譯的文字畫面，觸控畫面中的白色圓點，即可進行畫面辨識與掃描。

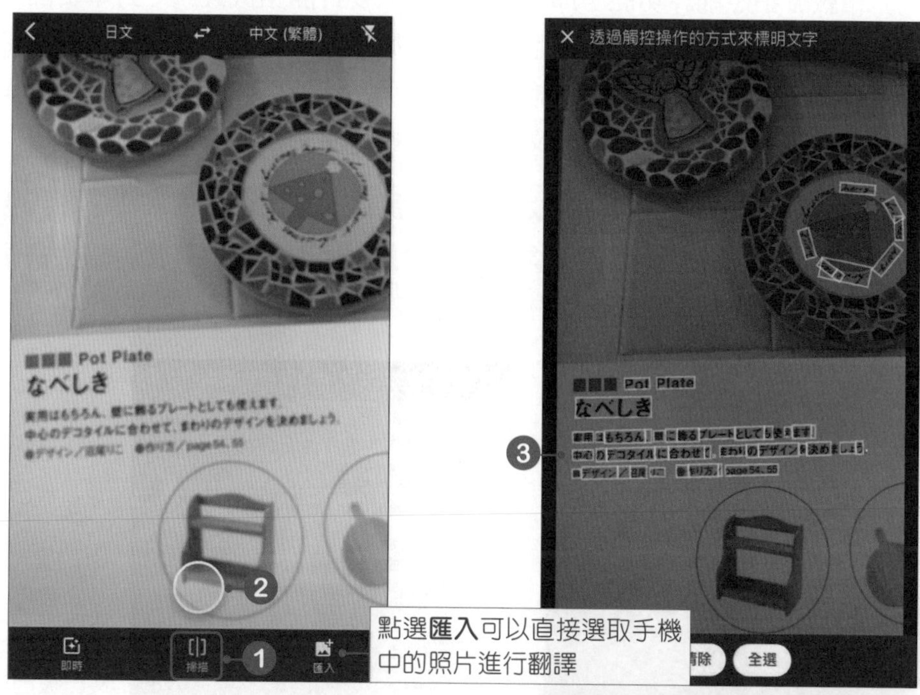

STEP 03 Google翻譯辨識為單字的部分以白色方框標示，這時我們只要用手指塗抹要翻譯的範圍(句子或單字都可)，上方就會立即顯示翻譯結果。

STEP 04 點選➔按鈕，即可查看詳細資料。

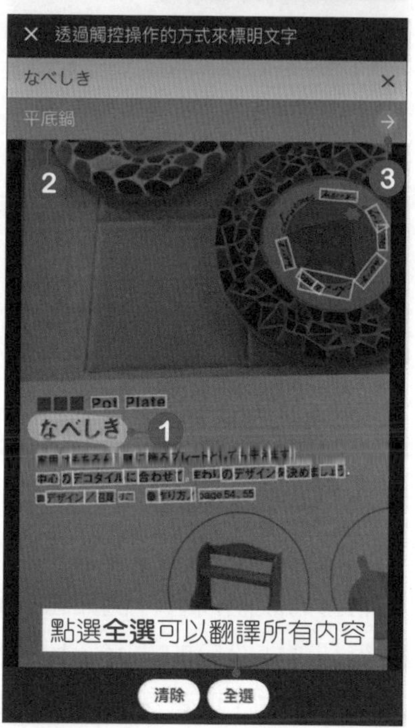

10-2-5 即時鏡頭翻譯

相較於拍照翻譯功能，即時鏡頭翻譯只要打開相機鏡頭，對準要翻譯的文字，翻譯結果就會即時顯示，且會以貼近原來圖像文字的方式呈現翻譯結果。使用者不論是看路標、街道看板、菜單等，都能使用即時鏡頭翻譯快速完成。目前支援繁體中文、法文、德文、西班牙文、俄文等超過94種語言。

進入**翻譯**App中，設定原文與譯文的語言，點選 **相機**按鈕，預設會進入**即時翻譯**狀態，此時手機畫面會呈現類似拍照畫面，只要直接將相機畫面對準想要翻譯的文字畫面，App就會在原文位置呈現即時翻譯的結果。

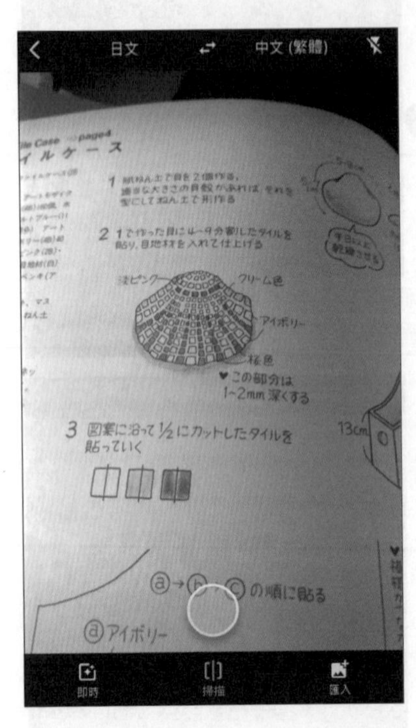

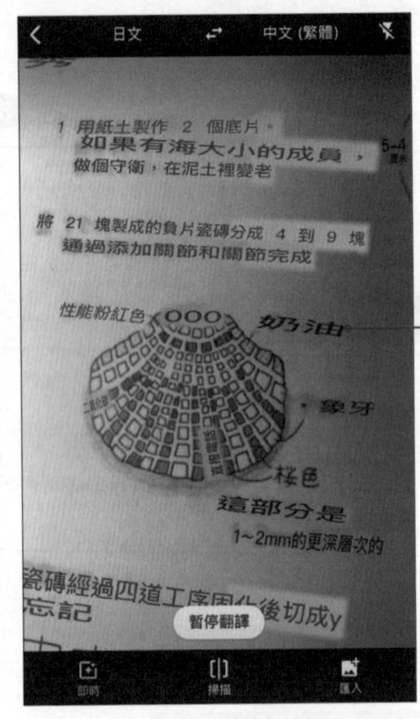

在即時鏡頭狀態下，畫面中的日文已被自動翻譯成中文

10-2-6 轉錄翻譯

Google翻譯App還提供了「**轉錄**」功能，可以以即時的模式，持續翻譯不同語言的談話內容，例如當在聽英文演講時，只要開啓**轉錄**功能，即可將演講內容翻譯成設定的語言。目前支援英文、中文、法文、德文、北印度文、葡萄牙文、俄文、西班牙文、泰文等語言。

STEP01 進入**翻譯**App中，設定原文與譯文的語言，設定好後點選 **轉錄**按鈕，此時會先開啓轉錄說明畫面，這裡請按下**我知道了**按鈕。

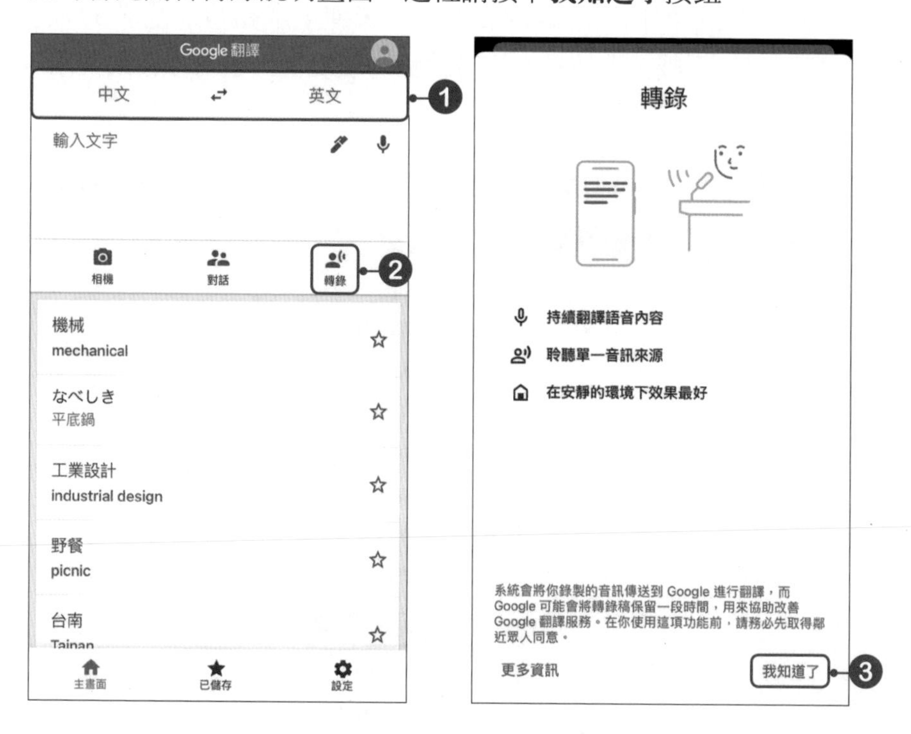

STEP02 進入轉錄畫面後，就會自動開始翻譯談話內容。要停止時，只要按下麥克風圖示即可。

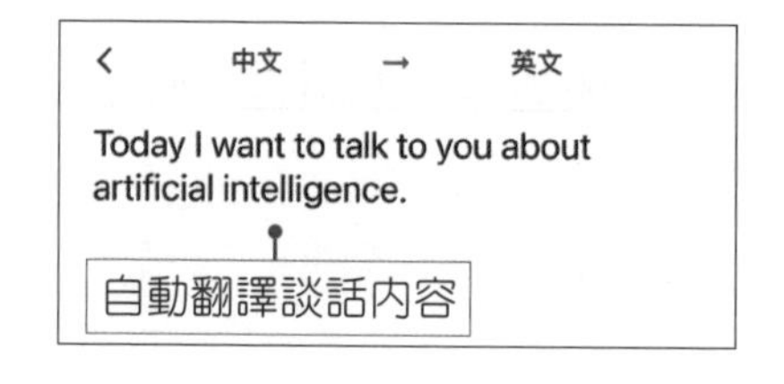

此狀態表示在聆聽談會內容並進行翻譯，若要停止時，按下該圖示即可

STEP03 按下 **設定**按鈕，可以設定文字大小及切換談話者使用的語言和譯文語言。

STEP04 要結束翻譯時，只要按下左上角的**<返回**按鈕即可。

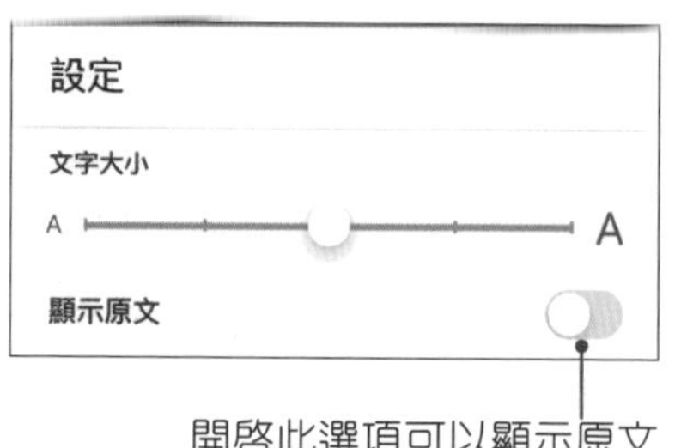

開啓此選項可以顯示原文

10-2-7 離線翻譯

Google翻譯App提供了離線翻譯功能，未連上網路也能翻譯59種語言，只要事先把語言包下載，即使是在沒有網路的環境下，也可以輕鬆使用Google翻譯。

STEP01 進入**翻譯**App中，點選✿**設定**按鈕，進入設定頁面，找到**離線翻譯**功能。

STEP02 在預設下，已經事先下載好一些語言包，要加入其他語言包時，請點選右上角的+，選擇要下載的語言包。

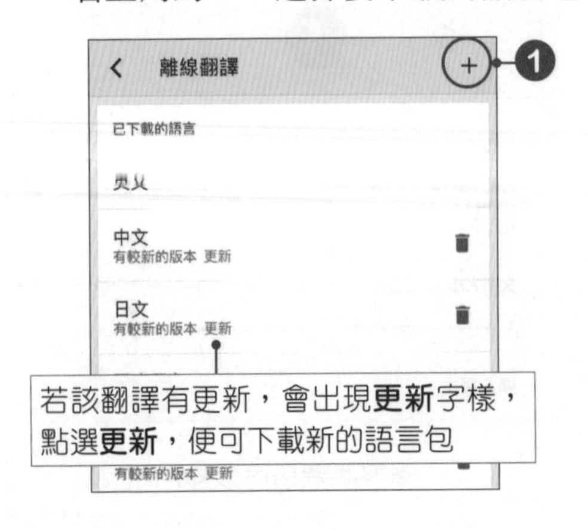

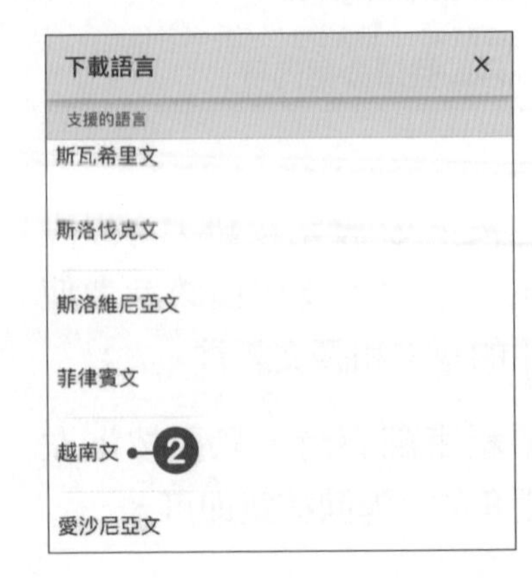

STEP03 點選**下載**按鈕，進行下載，下載完成後就可以離線翻譯。

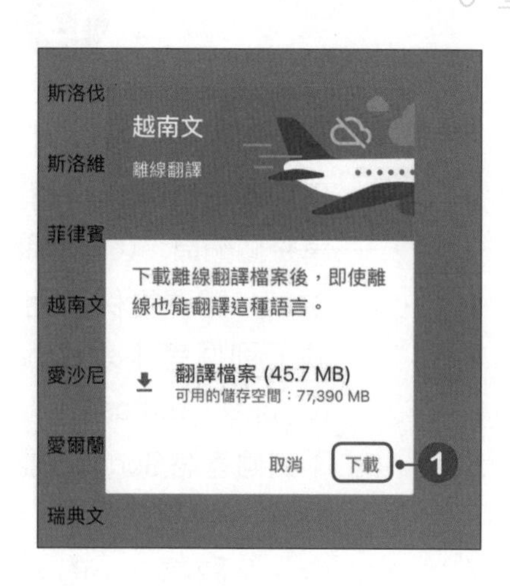

10-2-8 清除翻譯記錄

當翻譯資料越來越多時，可以點選 ✿ **設定**，進入設定頁面，點選**清除翻譯記錄**功能，即可將翻譯記錄清除。

選擇題

(　　) 1. 下列何者為Google翻譯所提供的功能？(A)提供多國語言翻譯　(B)可翻譯整個網頁　(C)可翻譯某個單字　(D)以上皆是。

(　　) 2. Google翻譯提供了上傳文件的功能，可以直接翻譯檔案中的內容，請問下列何者不是Google翻譯可以上傳的文件格式？(A) docx　(B) txt　(C) pptx　(D) psd。

(　　) 3. 下列何者為Google翻譯App所提供的功能？(A)即時鏡頭翻譯　(B)圖片翻譯　(C)離線翻譯　(D)以上皆是。

(　　) 4. Google翻譯App的基本文字翻譯目前支援了幾種語言？(A) 106　(B) 107　(C) 108　(D) 109。

(　　) 5. 小桃去參加了一場使用泰文演說的發表會，但小桃對於泰文只有略懂，此時，小桃可以使用Google翻譯App中的哪個功能來即時翻譯現場的演說內容？(A)轉錄翻譯　(B)圖片翻譯　(C)離線翻譯　(D)即時鏡頭翻譯。

實作題

1. 請連結至「里約狂歡節」活動網站(https://www.rio-carnival.net/)，以Google翻譯幫助你翻譯網頁中的葡萄牙文，告訴大家「里約狂歡節」的歷史自由及活動日期，並將你覺得感興趣的活動訊息與內容向大家分享。

CHAPTER 11

實用工具—地圖

11-1 Google地圖的基本操作

Google提供的「地圖」服務，可以快速尋找到指定的地理位置，並可以用衛星或是地圖方式呈現搜尋結果。這節就先來看看Google地圖的基本操作。

11-1-1 地理位置搜尋

使用Google地圖可以快速地搜尋某個地標，例如：輸入「三貂角燈塔」或地址，即可搜尋出該景點的所在位置。

STEP01 進入Google搜尋網頁中，按下右上角的 **Google應用程式**按鈕，於選單中點選**地圖**選項。

STEP02 輸入**「三貂角燈塔」**關鍵字，也可以直接輸入完整的地址，輸入完後，按下**Enter**鍵或是 按鈕。

STEP03 此時Google就會搜尋並標示出「三貂角燈塔」所在位置，將滑鼠游標移至地圖中，利用滑鼠滾輪可以放大或縮小地圖範圍。

STEP04 Google地圖提供了多種不同的檢視方式瀏覽地圖，只要點選左下角的「衛星」或「地圖」縮圖，即可在地圖與衛星影像之間進行切換。

STEP 05 在左側面板中會列出「三貂角燈塔」的相關資訊，若要收合左側面板時，按下◂按鈕即可；要再開啓面板時，再按下▸按鈕即可。

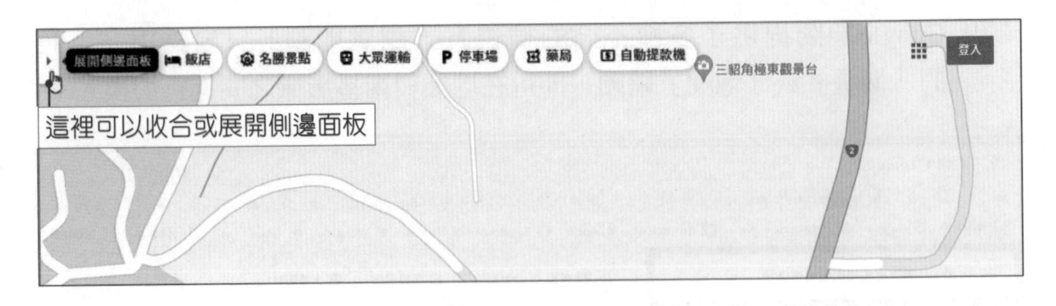

11-1-2 根據經緯度座標搜尋特定地點

有些商家會提供自己所在位置的經緯度座標，而我們只要在Google地圖中輸入經緯度座標，也能找到商家的位置，可使用的格式有：

- **度數、分數和秒數(DMS)**：41°24'12.2"N 2°10'26.5"E。
- **度數和小數分數(DMM)**：41 24.2028, 2 10.4418。
- **十進位度數(DD)**：41.40338, 2.17403。

輸入時先輸入緯度，再輸入經度，緯度座標的整數須介於-90和90之間；經度座標的整數須介於-180和180之間。

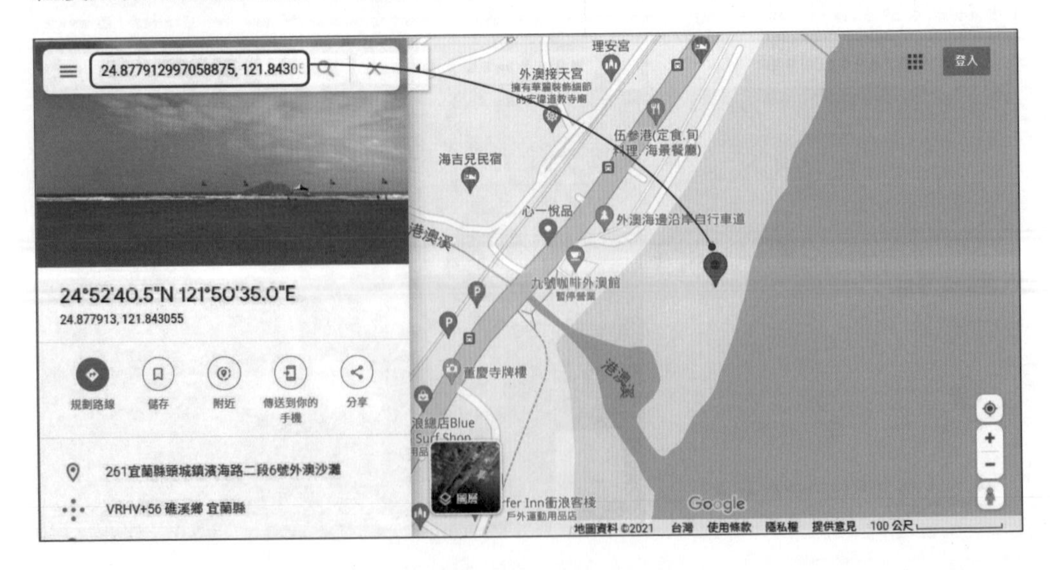

在Google地圖上查詢特定地點的座標時，於地圖上的位置或區域按一下**滑鼠右鍵**，於選單中點選**「這是哪裡？」**，便會顯示該地點的地址及座標資訊。

11-1-3 開啟Google地圖定位功能

Google地圖具有定位功能，可以在使用Google地圖時，先開啓定位，才能準確地規劃路線。要定位時，只要按下Google地圖右下角的 ◉ **定位功能**按鈕，此時會開啓是否允許定位的訊息，這裡請按下**允許**按鈕，即可完成定位。

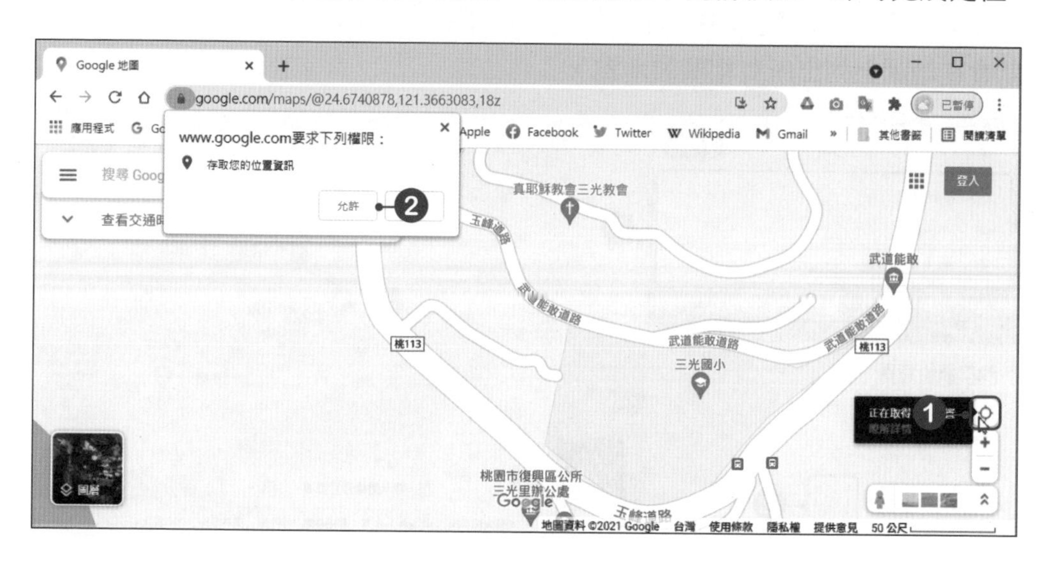

11-1-4 用關鍵字尋找美食所在位置

使用Google地圖時，還可以尋找出美食的所在位置，只要輸入美食關鍵字，便能立即尋找到相關資訊。

11-1-5 搜尋周邊餐廳、飯店或酒吧

若想要尋找某地點周邊有什麼餐廳的話，也可以利用Google地圖來搜尋，例如：想要搜尋高雄駁二藝術特區附近的餐廳時，先搜尋出高雄駁二藝術特區的位置，再點選**附近**選項，即可於選單中選擇要搜尋的項目，點選後Google就會在地圖上列出所有相關的地點。

除此之外，當搜尋出一個地點後，在地圖的上方就會顯示**餐廳**、**飯店**、**名勝古蹟**、**大衆運輸**等選項，直接點選這些選項就可以搜尋出該地點的資訊。例如搜尋出要去的旅遊地點後，再按下**飯店**選項，地圖就會顯示該地點的飯店，除了飯店外，還會顯示該飯店的價格等相關資訊。

11-1-6 顯示路況

Google地圖還可檢視該位置的路況，直接於搜尋欄位中輸入**「路況 台北101」**，即可顯示該區域目前的即時路況。

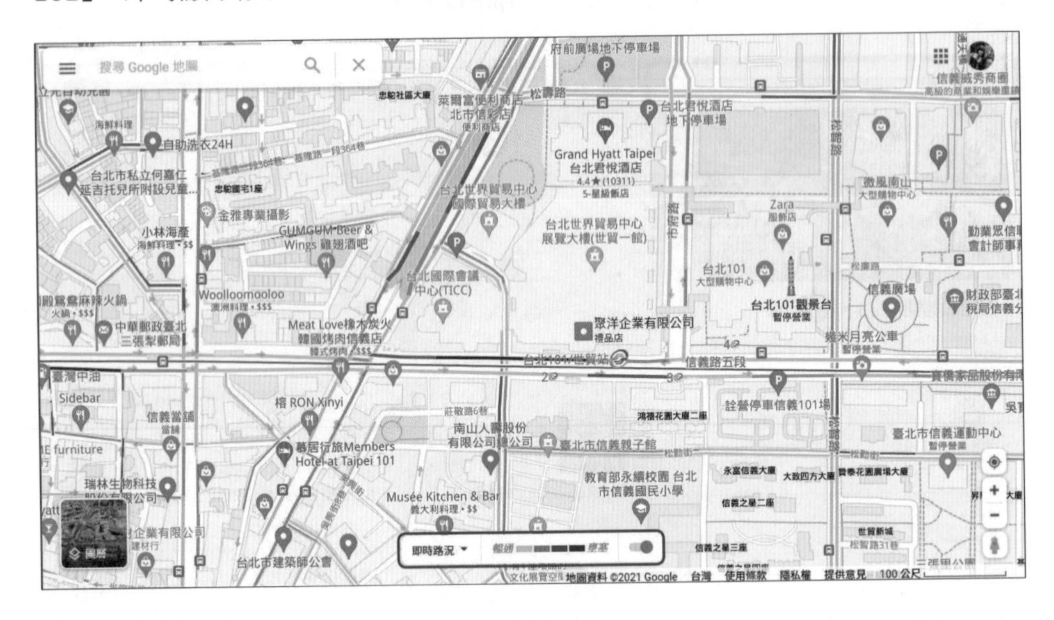

若已搜尋出該位置時，可以按下衛星縮圖，在選單中點選**路況**選項，即可立即顯示該區域目前的即時路況。

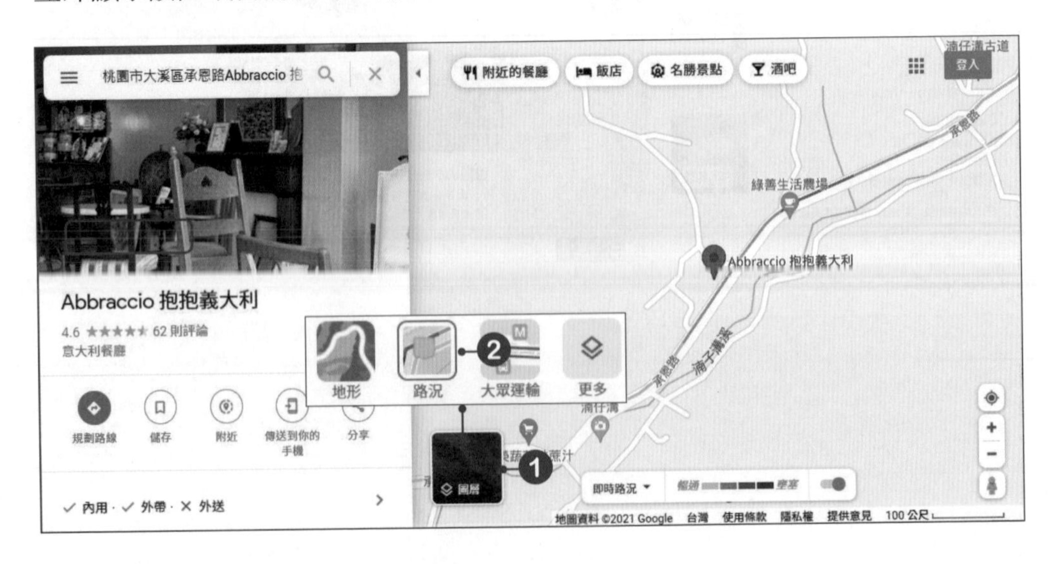

11-2 Google 地圖評論的使用

在Google地圖中，使用者可以針對去過的地點來撰寫評論，或是上傳該地點的照片，讓想去該地點的使用者能先查閱該地點的評論。

11-2-1 查看評論

在地圖上的地點，大部分都會有使用者留下對該地點的評論及評分，若要看這些評論時，直接點選評論選項，即可查看所有的評論及評分，若喜歡該評論可以點選**喜歡**選項，或是點選**分享**選項，將評論分享給其他人。

11-2-2 撰寫評論

除了查看網友的評論外，也可以自行撰寫評論，不過，要針對某地點撰寫評論時，必須要使用Google帳號登入Google地圖中，才能發表評論喔！而在評論中會顯示個人的資料姓名及相片。

STEP01 在Google地圖中進行登入，登入完成後，搜尋出要評論的地點，按下評論連結後，進入**所有評論**頁面中，點選**撰寫評論**按鈕。

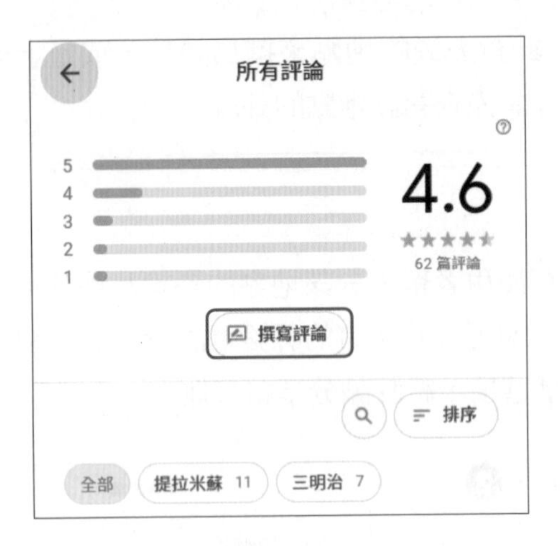

STEP02 接著就可以開始評分及撰寫評論內容，若要上傳圖片，按下圖示，即可選擇要上傳的圖片，以上都設定好後按下**張貼**按鈕。

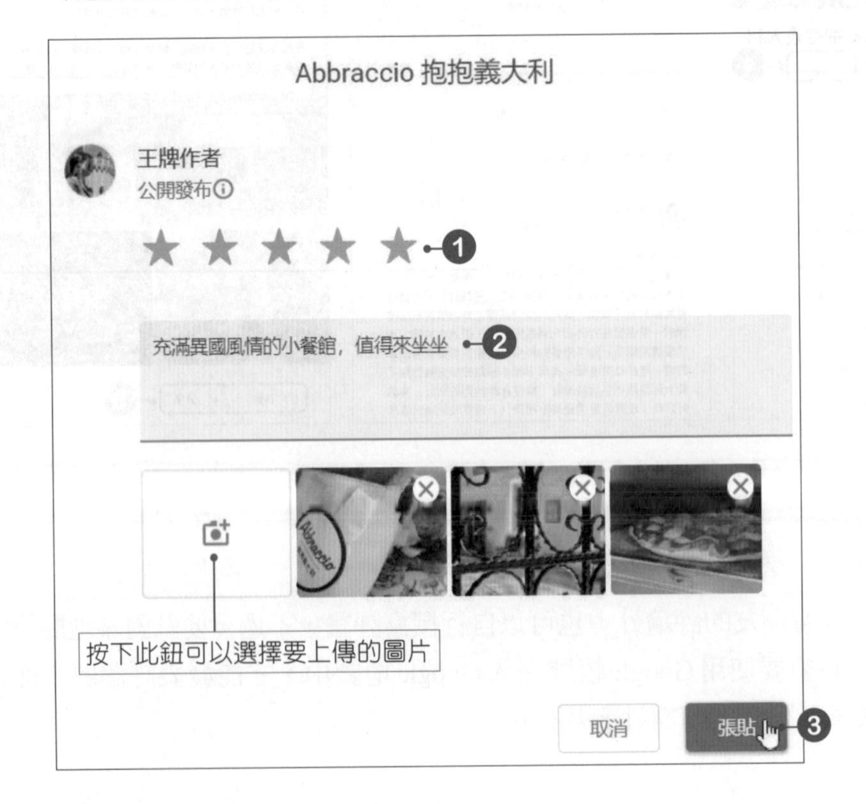

STEP03 張貼完成後，會顯示感謝你的評論訊息，這裡可以直接按下**完成**按鈕，或是按下**查看你的評論**，檢視個人的評論相關資訊。

STEP04 在該地點就會張貼你所撰寫的評論，若要修改評論內容，按下**編輯你的評論**按鈕即可。

按下此連結，可以查看自己曾經在哪些地點留下評分或評論

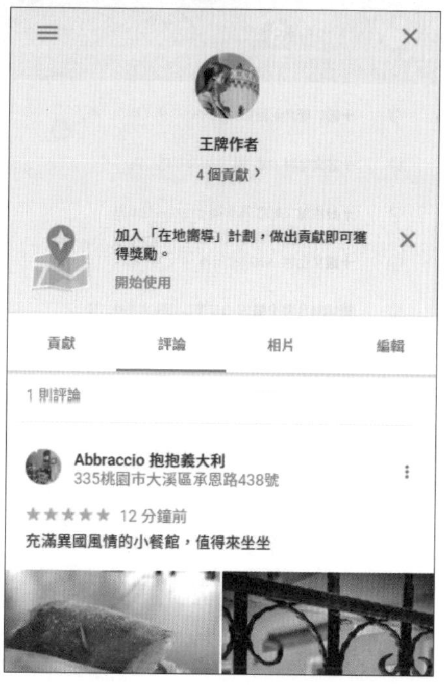

11-3 用Google地圖規劃路線

用Google地圖可以輕鬆又快速地規劃旅遊路線，不管是要自行開車，還是搭乘大眾運輸系統，甚至是步行，Google地圖通通都可以幫你規劃。

11-3-1 規劃旅遊行程路線

在出遊前可以先利用Google地圖規劃旅遊行程，這樣出發時，就不用擔心迷路的問題了。

STEP01 進入Google地圖網頁中，點選◆**路線**按鈕，在起點位置欄位及目的地欄位中輸入要去的地點，輸入好後按下**Enter**鍵。

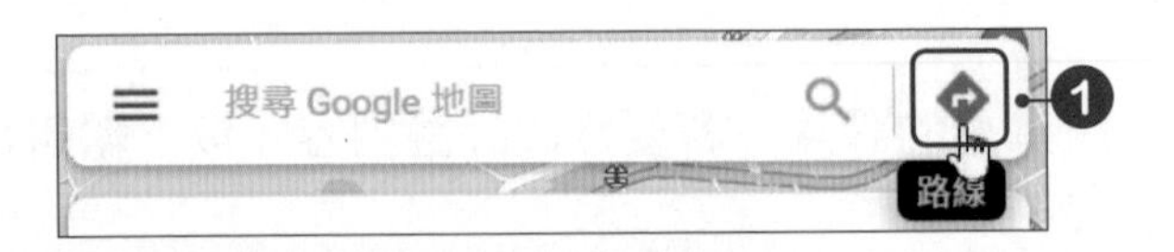

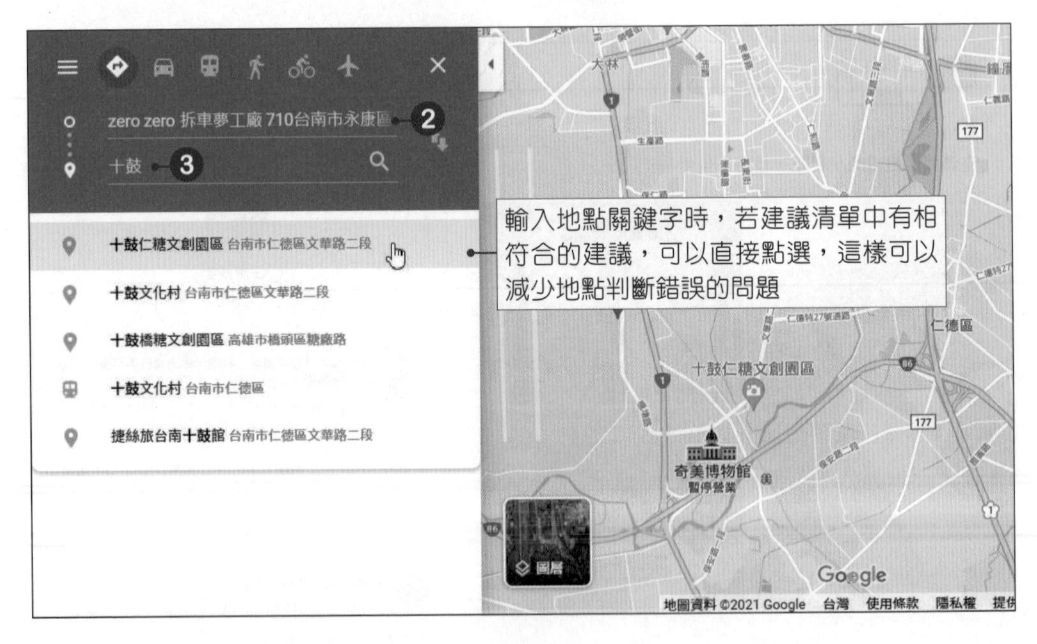

STEP02 Google就會規劃出路線，並顯示所需時間及距離，地圖上會顯示每個點的標誌及路線。

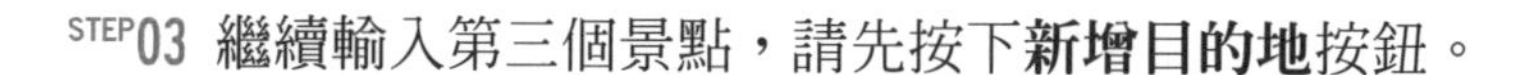

STEP03 繼續輸入第三個景點，請先按下**新增目的地**按鈕。

STEP04 輸入地點，輸入好後按下 **Enter** 鍵，Google 就會規劃出路線，並顯示所需時間及距離，若要觀看完整的路線，可以按下**詳細資訊**選項。

STEP05 在視窗的左邊就會顯示所有的路程及各路程之間的距離。

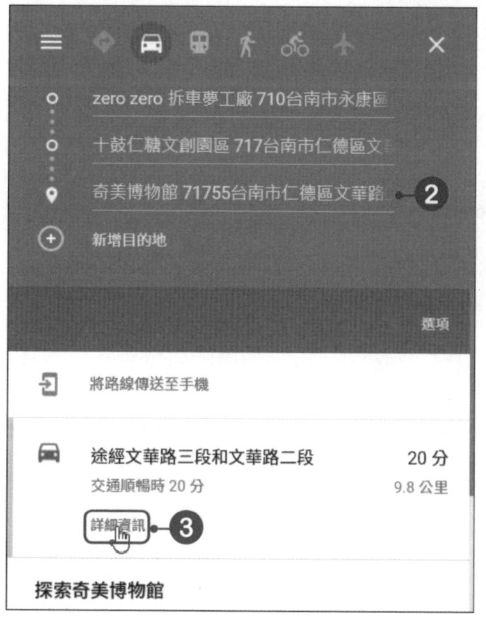

STEP 06 若想知道如何搭乘大眾運輸系統到達目的地的話，可以按下🚆按鈕，Google地圖會顯示所有建議路線及所需時間，並列出轉乘的公車或捷運及車資。

STEP 07 建立好路線之後，還可以直接在地圖上變更路線；按下**選項**按鈕，則可以自訂自己的路線，例如：在路線中避開或包含特定道路等。要變更路線時，只要將路線上的任一點拖曳到地圖的任何位置即可變更。

11-3-2 街景服務

Google的「**街景服務**」提供了360度街頭影像，讓我們可以直接進入該地理位置的實際街景。在Google地圖中，要進入街景服務時，只要將滑鼠游標移至圖示上，並按下**滑鼠左鍵**不放，將圖示拖曳到搜尋出來的位置。

進入街景服務頁面後，便可瀏覽該地區的實際景色，瀏覽時，可以按著**滑鼠左鍵**不放，並拖曳滑鼠，即可改變街景方向。若要返回地圖時，按下左上角的←按鈕。

除了在地圖上瀏覽街景外，Google還提供了街景服務網站(https://www.google.com.tw/intl/zh-TW/streetview/)，讓我們可以用虛擬的方式探索世界的風景名勝、自然奇觀等。

而Google的街景服務還跟商家合作，為商家製作身臨其境的虛擬導覽，這樣使用者就可以透過Google地圖，瀏覽商家的內部環境。

11-4 個人專屬地圖

Google地圖除了找出地理位置、規劃旅遊路線外，還可以建立個人專屬的地圖，收藏個人的私房景點，且還可以同步到Google Mpas App中。

11-4-1 建立地點清單

Google地圖提供了**你的地點**功能，可以將去過的或是想要去的地點儲存在地圖中，這樣就可以隨時查詢。

STEP01 登入Google帳號，進入Google地圖中，按下≡選單鈕，於選單中點選**你的地點**，進入**你的地點**後，點選**地圖**標籤，再按下**建立地圖**按鈕。

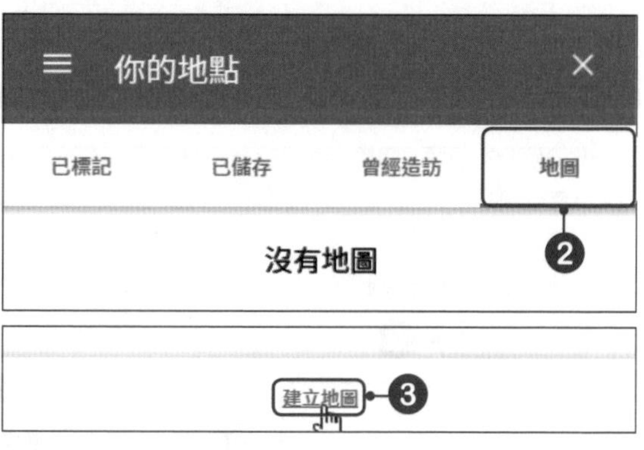

NOTE 因新冠肺炎疫情，有網友在Google地圖中自製了地圖提供大家查詢「確診者足跡」，以及所在地是否為高風險區，該地圖收錄了中央流行疫情指揮中心公告的確診者足跡及政府證實過的足跡，並以時間區段進行統整。有興趣的讀者可以連上該地圖查看相關資訊。網址：https://discord.gg/ePKuRGE9sF

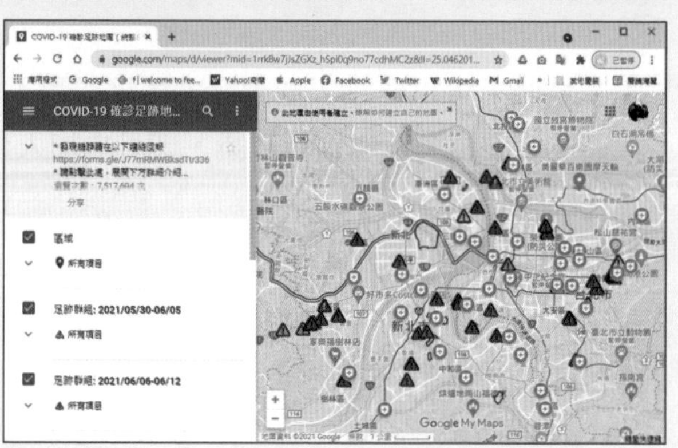

STEP02 在搜尋列中輸入要搜尋的地點關鍵字，出現搜尋結果後，在地圖上會顯示該地點的詳細資料，請按下**新增至地圖**按鈕，將此地點儲存起來。

STEP03 利用相同方式，加入其他地點，都加入好後，要將這些地點加入一個群組名稱，請點選**未命名的圖層**，輸入此圖層名稱，輸入好後按下**儲存**按鈕。

STEP04 在地圖上可以建立多個圖層，用來標示不同地點的組合，要再加入圖層時，只要按下**新增圖層**按鈕，即可再加入另一個圖層。

STEP05 新圖層加入後，即可加入地點，在加入時，請注意該圖層左側有藍色邊條，表示目前正在此圖層中，而加入的地點也會加入該圖層。

STEP06 地圖都建立完成後，按下**未命名的地圖**，為這份地圖加上名稱，名稱設定好後按下**儲存**按鈕即可。

STEP07 設定好的地圖可以按下**分享**按鈕，將地圖分享給好友。

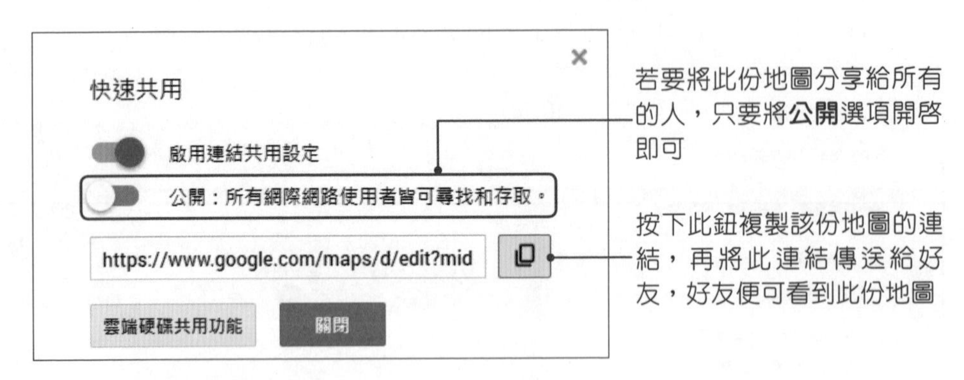

11-4-2 變更地點圖示

在地圖中的地點前都有一個標記圖示，利用此圖示可以區分地點性質，只要將滑鼠游標移至地點的右側，按下 圖示，即可開啟顏色及圖示設定畫面，於選單中選擇顏色與圖示即可。

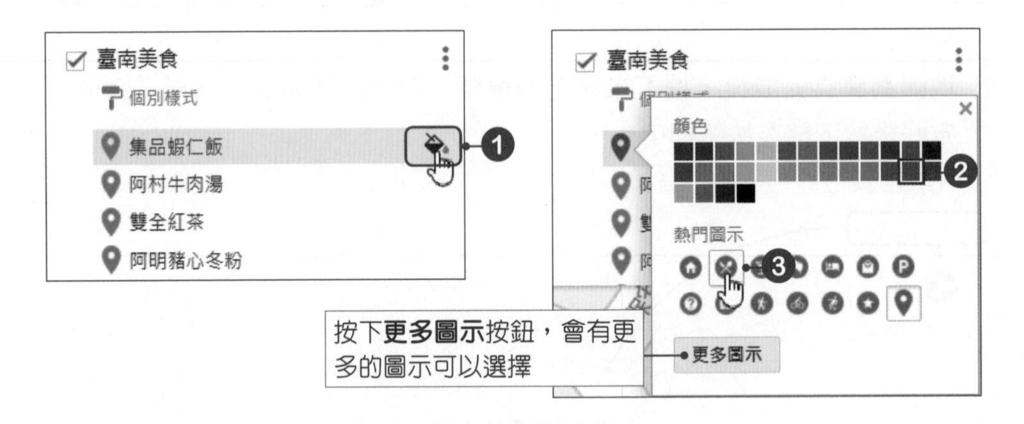

11-4-3 檢視地點地圖

地點都設定好後，按下**預覽**按鈕，即可進入地圖中，可以看到我們所儲存的地點都標示在地圖中。若只想看某個圖層時，只要取消勾選其他圖層，地圖便只會顯示該圖層的地點了。

在地圖中點選任一地點，即可進入該地點的頁面中，在此頁面可以進行路徑規畫，或是按下**在「Google地圖」中檢視**，就會進入Google地圖中。

要進入自己建立的地圖時，只要在**你的地點**選單中點選**地圖**標籤，即可看到建立好的地圖選項，點選該地圖後，便會進入此地圖中。

11-5 Google Maps App的使用

Google地圖在行動裝置上也能使用，開車出遊時，使用Google Maps App，可以幫我們導航出最佳路徑，順利抵達旅遊景點。

11-5-1 下載Google Maps App

若使用Android系統的行動裝置，可以至Google Play下載，或是直接用行動裝置掃描本書所提供的QR Code，進行下載及安裝。

若使用iOS系統的行動裝置，可以至App Store下載，或是直接用行動裝置掃描本書所提供的QR Code，進行下載及安裝。

Android

iOS

11-5-2 用Google Maps導航

Google Maps應用程式提供了語音導航功能，可協助我們輕鬆前往目的地，不管是開車、步行或騎自行車都可使用，語音導航會告知即時路況、轉彎點、可用車道等，且如果走錯路時，還會自動重新規劃出新的路線。

這裡以iOS系統爲例，看看該如何使用Google Maps，在開始之前，請先在手機中安裝Google Maps應用程式。

STEP01 進入**Google Maps** App中。

STEP02 進入Google Maps後，若有開啓該應用程式的定位服務，就會自動定位出目前所在位置，請點選**路線**圖示。

STEP03 點選**選擇目的地**欄位，輸入要到達的地點名稱，或是完整的地址。

STEP04 輸入地點後，Google Maps 便會規劃出最佳行車路徑(藍色)及替代路線(灰色)，並於下方顯示預計到達的時間及公里數。

STEP05 若要查看路線，可以點選**路線指示**，進入路線規劃畫面後，便可以看到 Google Maps 所規劃的完整路線。若規劃的路線沒問題後，點選**開始**，便會開始進行導航。若目的地的營業時間還沒到，或是抵達目的地時店家已結束營業，Google Maps 都會出現提示訊息。

STEP 06 若要查看路況或是要進行導航音量等設定時，請在左下角的時間上點一下，便會開啓選單，於選單中點選**設定**按鈕，即可進行導航的設定，若要查看路況，請將**在地圖上顯示路況**選項開啓，地圖上就會顯示該區域的路況。

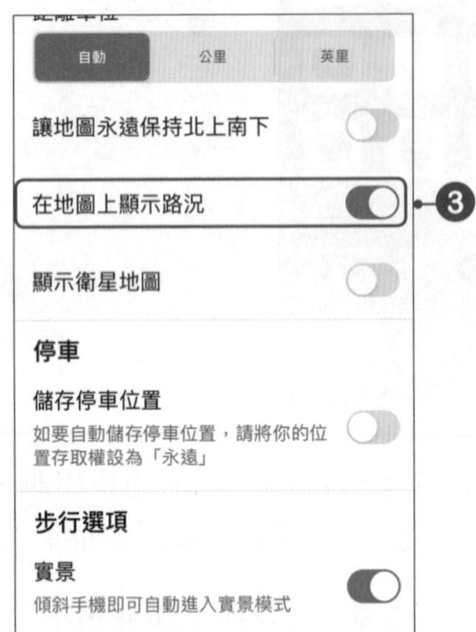

11-5-3 探索周邊

使用Google Maps App時，可以快速找出目前周邊的地方資訊，像是餐廳、加油站、飯店等，只要點選**探索**分頁，就會列出詳細的分類。

11-5-4 釘選地點

使用Google Maps App時，若某些地點是時常會去的，那麼可以將地點釘選起來，這樣就可以隨時使用。

STEP01 進入要前往的地點頁面中，按下**釘選**按鈕，此地點就會加入**出發**分頁中。

STEP02 進入**出發**分頁中，即可看到被釘選的地點，還可以看到預估抵達該地點的時間及交通狀況，若要去某個地點時，直接點選**開始**按鈕，即可立即進行導航。

STEP03 若要取消某個地點的釘選時，進入該地點後，按下**已釘選**按鈕，即可取消。

11-5-5 實景導航

Google Maps App提供了AR實景導航功能，當使用「步行模式」時，有時會搞不清楚地圖顯示的方向，此時使用實景導航，跟著箭頭走就不會多走冤枉路了。

STEP01 輸入要前往的目的地，並且選擇「步行」導航，按下**實景**按鈕。

STEP02 此時行動裝置的鏡頭會自動開啓，並說明使用方法，沒問題後將鏡頭對著眼前街道的建築物或路標，Google Mpas就會進行定位，定位完成後便會出現導航箭頭及街道。

按下**開始**按鈕，即可開始掃描建築物或路標，讓地圖進行定位

STEP03 在導航過程，若遇到路口需要轉彎時，街景會顯示箭頭符號，同時會告知下一步應該走哪個方向。

STEP04 導航過程中，會不斷出現警告標語，提醒使用者不要一邊看著行動裝置一邊行走，若行動裝置出現傾斜現象，也會出現相關訊息。

STEP05 到達目的地後，便會顯示完成訊息，按下**完成**，即可結束實景導航。

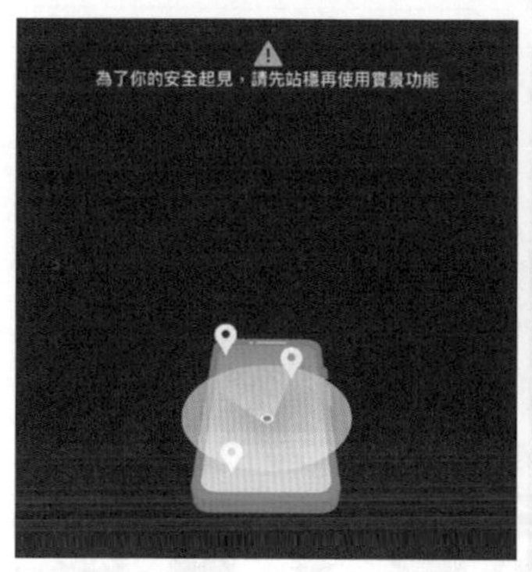

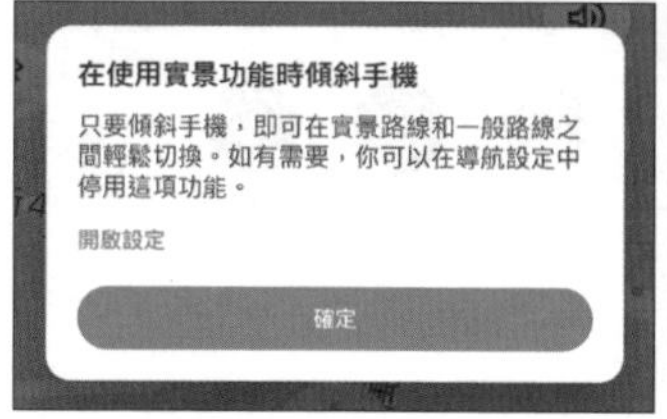

11-5-6 位置資訊分享

使用Google Maps App時，可以將目前所在位置分享給朋友，讓朋友們追蹤彼此的即時動態位置，且在導航路線時，還能傳送目前所在定位給朋友。

STEP01 按下左上方的個人Google圖像，於選單中點選**位置資訊分享**，進入後再按下**分享位置資訊**。

STEP02 設定分享位置資訊的期限，可設定最短15分鐘到最長3天，或者設定爲**直到你關閉這項設定**。接著選取分享對象，可以是Google聯絡人或是透過電話、電子郵件輸入想要分享的對象，若想要透過LINE、Facebook分享的話，則可以點選**更多選項**，來進行設定。

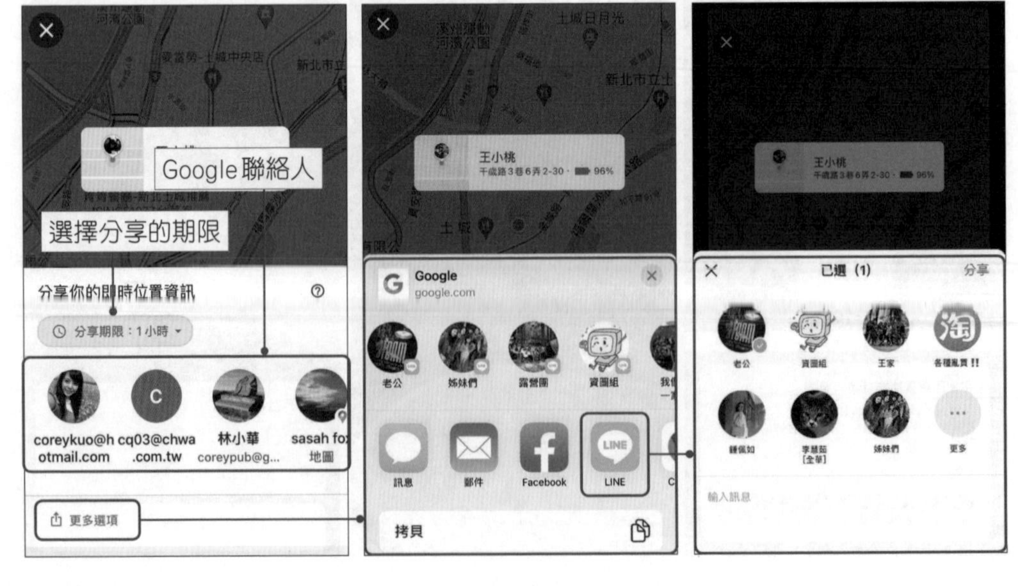

STEP03 分享對象選取好後，即可把位置分享給朋友囉！

STEP04 收到邀請的朋友，就能在自己的Google地圖中看見分享人的地點。

STEP05 分享人也會在地圖上看見特殊圖示，提醒正在分享自己的位置資訊，而位置分享人可以隨時停止位置分享。

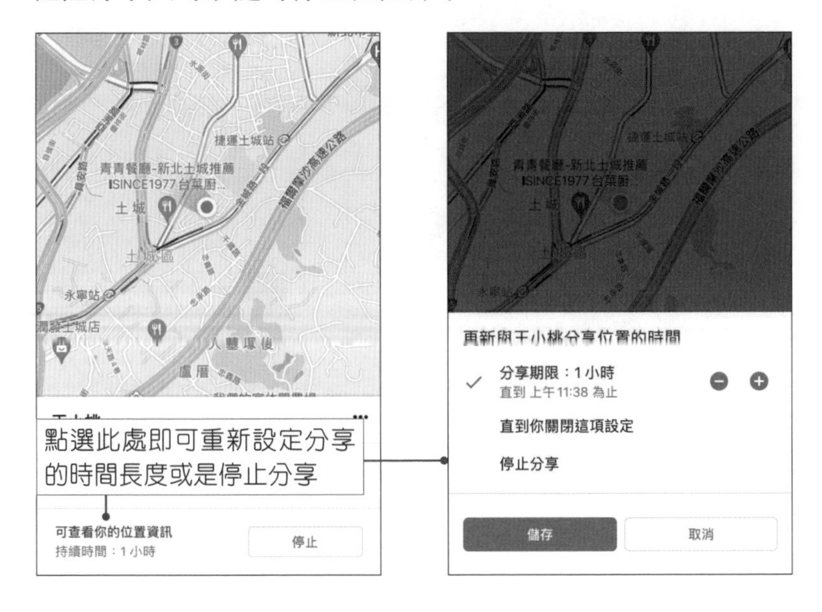

11-5-7 與電腦同步「你的地點」

前面介紹了如何利用Google地圖建立我的地圖，而建立好的地圖也可以直接在Google Maps App中使用喔！

STEP01 進入Google Maps App後，點選**已儲存**分頁，進入分頁中。

STEP02 點選**地圖**，會顯示之前所建立的地圖，點選該地圖，地圖就會標示我們所建立的各個地點，按下要去的地點後，點選**開始**，即可進行導航。

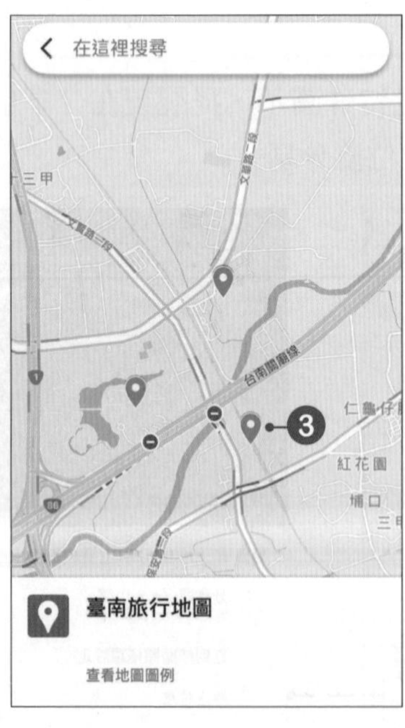

11-5-8 貢獻資訊

Google Mpas App提供了**貢獻**分頁，在此分頁中，可以新增地點、撰寫評論、上傳相片或提出修改建議等。除此之外，在分頁中還可以查看個人的貢獻瀏覽次數、影響力及追蹤貢獻者(最多可以追蹤10,000個貢獻者)的評論。

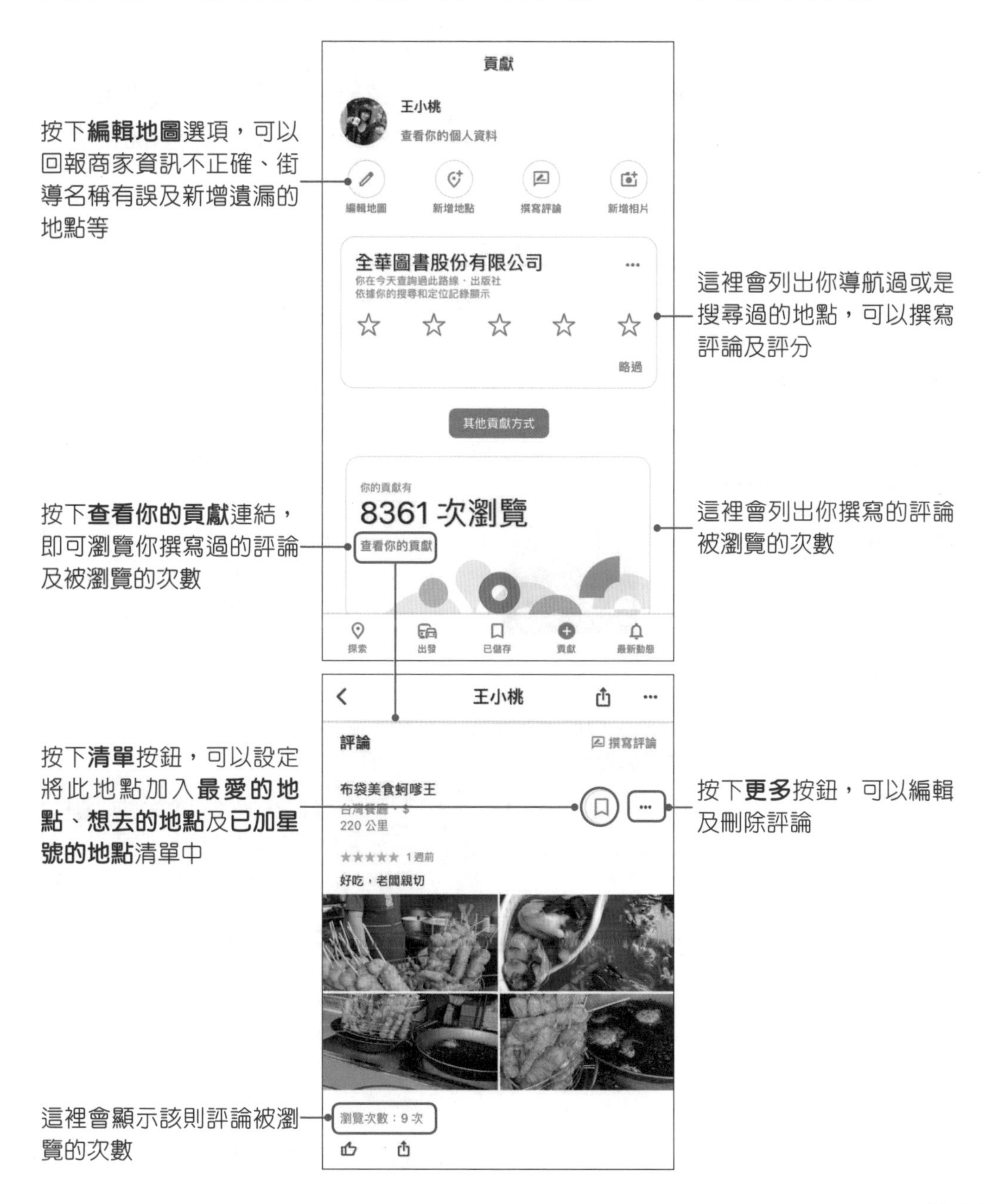

11-5-9 時間軸

使用**時間軸**功能，可以根據定位記錄(必須啓用「定位服務」和「定位記錄」功能)，列出去過的地點及走過的路線，且這些記錄不會對外公開，只有自己才看得到，該功能可以同時在行動裝置和電腦上使用。

在Google Maps App中，進入**已儲存**分頁，點選**時間軸**選項，即可依天、地點、城市及全球來查看所有定位記錄。按下⋯按鈕，於選單中點選**設定**，可以進入**個人內容**頁面中，設定各種時間軸選項，例如開啓定位服務、開啓定位記錄、刪除所有定位記錄等。

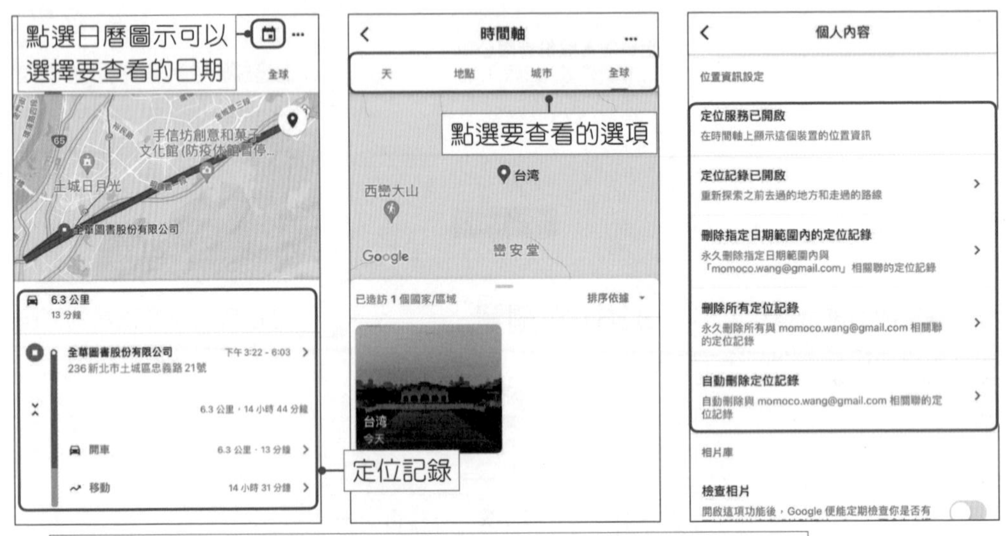

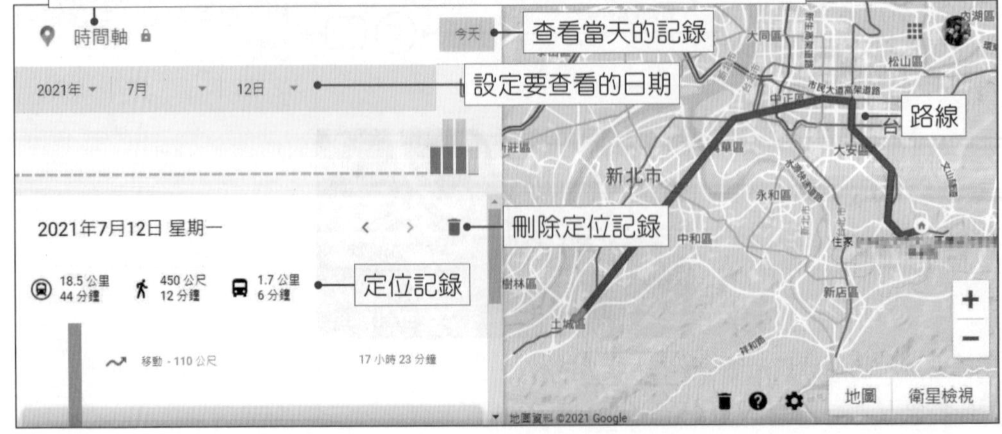